装配式建筑技术标准条文链接与解读

（GB/T 51231—2016、GB/T 51232—2016、GB/T 51233—2016）

袁锐文　魏海宽　编

本书对《装配式混凝土建筑技术标准》（GB/T 51231—2016）、《装配式钢结构建筑技术标准》（GB/T 51232—2016）、《装配式木结构建筑技术标准》（GB/T 51233—2016）三个标准中条文进行了深入解读，并对标准中条文的相关规范内容进行链接解读。

本书有助专业人员快速深入理解三个标准的内容，减少查阅相关资料的工作量。

本书可供从事装配式工程的设计人员、构件厂设计人员、审图机构人员、施工技术人员、监理工程师和从事装配式项目管理的人员参考使用，也可作为高等院校师生的参考用书。

图书在版编目(CIP)数据

装配式建筑技术标准条文链接与解读：GB/T51231—2016、GB/T51232—2016、GB/T51233—2016/袁锐文，魏海宽编．—北京：机械工业出版社，2017.11
ISBN 978-7-111-58324-0

Ⅰ.①装… Ⅱ.①袁… ②魏… Ⅲ.①装配式单元－国家标准－中国 Ⅳ.①TU3

中国版本图书馆 CIP 数据核字(2017)第 253808 号

机械工业出版社(北京市百万庄大街 22 号　邮政编码 100037)
策划编辑：张　晶　　责任编辑：张　晶　张大勇
责任校对：刘时光　　封面设计：马精明
责任印制：张　博
三河市国英印务有限公司印刷
2017 年 11 月第 1 版第 1 次印刷
184mm×260mm · 16.5 印张 · 462 千字
标准书号：ISBN 978-7-111-58324-0
定价：49.00 元

凡购本书，如有缺页、倒页、脱页，由本社发行部调换

电话服务	网络服务
服务咨询热线：010-88361066	机 工 官 网：www.cmpbook.com
读者购书热线：010-68326294	机 工 官 博：weibo.com/cmp1952
010-88379203	金 书 网：www.golden-book.com
封面无防伪标均为盗版	教育服务网：www.cmpedu.com

前言
FOREWORD

改革开放以来，建筑业成为国民经济支柱产业已是共识。但长期以来，建筑业的能源和资源消耗高、劳动生产率低、技术创新不强、建筑品质不高、工程质量安全存在一定隐患等问题没有得到根本解决，亟须大力推动建造方式的重大变革。

近年来，建筑产业现代化得到了各方面的高度重视和大力推动，呈现了良好的发展态势。建筑产业现代化的核心是建筑工业化，建筑工业化的重要特征是采用标准化设计、工厂化生产、装配化施工、一体化装修和全过程的信息化管理。建筑工业化是生产方式变革，是传统生产方式向现代工业化生产方式转变的过程。它不仅是房屋建设自身的生产方式变革，也是推动我国建筑业转型升级，实现国家新型城镇化发展、节能减排战略的重要举措。

发展新型建造模式，大力推广装配式建筑，是实现建筑产业转型升级的必然选择，是推动建筑业在“十三五”和今后一个时期赢得新跨越、实现新发展的重要引擎。装配式建筑可大大缩短建造工期，全面提升工程质量，在节能、节水、节材等方面效果非常显著，并且可以大幅度减少建筑垃圾和施工扬尘，更加有利于保护环境。

为推进建筑产业现代化，适应新型建筑工业化的发展要求，大力推广应用装配式建筑技术，指导企业正确掌握装配式建筑技术原理和方法，便于工程技术人员在工程实践中操作和应用，编写了《装配式建筑技术标准条文链接与解读》。本书以条文解析和条文链接的形式，对《装配式混凝土建筑技术标准》（GB/T 51231—2016）、《装配式钢结构建筑技术标准》（GB/T 51232—2016）、《装配式木结构建筑技术标准》（GB/T 51233—2016）进行深入的解析，便于读者快速了解和掌握装配式建筑相关标准、规范的相关内容。

本书在编写过程中，参考了大量的文献资料。为了编写方便，未能对所引用的文献资料一一注明，在此，我们向有关专家和原作者表示真诚的感谢。由于编者的水平有限，书中难免会有疏漏和不足之处，恳请广大读者批评指正。

编　者

目录 CONTENTS

前言

第一部分　装配式混凝土建筑技术标准

1. 总则 …… 2
2. 术语和符号 …… 2
   2.1 术语 …… 2
   2.2 符号 …… 4
3. 基本规定 …… 4
4. 建筑集成设计 …… 5
   4.1 一般规定 …… 5
   4.2 模数协调 …… 7
   4.3 标准化设计 …… 10
   4.4 集成设计 …… 12
5. 结构系统设计 …… 14
   5.1 一般规定 …… 14
   5.2 结构材料 …… 19
   5.3 结构分析和变形验算 …… 24
   5.4 构件与连接设计 …… 28
   5.5 楼盖设计 …… 33
   5.6 装配整体式框架结构 …… 37
   5.7 装配整体式剪力墙结构 …… 44
   5.8 多层装配式墙板结构 …… 53
   5.9 外挂墙板设计 …… 56
6. 外围护系统设计 …… 60
   6.1 一般规定 …… 60
   6.2 预制外墙 …… 64
   6.3 现场组装骨架外墙 …… 65
   6.4 建筑幕墙 …… 67
   6.5 外门窗 …… 69
   6.6 屋面 …… 70
7. 设备与管线系统设计 …… 72
   7.1 一般规定 …… 72
   7.2 给水排水 …… 74
   7.3 供暖、通风、空调及燃气 …… 76
   7.4 电气和智能化 …… 77
8. 内装系统设计 …… 78
   8.1 一般规定 …… 78
   8.2 内装部品设计选型 …… 79
   8.3 接口与连接 …… 80
9. 生产运输 …… 81
   9.1 一般规定 …… 81
   9.2 原材料及配件 …… 83
   9.3 模具 …… 91
   9.4 钢筋及预埋件 …… 94
   9.5 预应力构件 …… 97
   9.6 成型、养护及脱模 …… 100
   9.7 预制构件检验 …… 104
   9.8 存放、吊运及防护 …… 112
   9.9 资料及交付 …… 113
   9.10 部品生产 …… 115
10. 施工安装 …… 115
   10.1 一般规定 …… 115
   10.2 施工准备 …… 118
   10.3 预制构件安装 …… 120
   10.4 预制构件连接 …… 123

10.5 部品安装 …… 128
10.6 设备与管线安装 …… 131
10.7 成品保护 …… 131
10.8 施工安全与环境保护 …… 132
11. 质量验收 …… 134
11.1 一般规定 …… 134
11.2 预制构件 …… 135
11.3 预制构件安装与连接 …… 138
11.4 部品安装 …… 142
11.5 设备与管线安装 …… 145

第二部分 装配式钢结构建筑技术标准

1. 总则 …… 149
2. 术语 …… 149
3. 基本规定 …… 151
4. 建筑设计 …… 151
4.1 一般规定 …… 151
4.2 建筑性能 …… 151
4.3 模数协调 …… 154
4.4 标准化设计 …… 154
4.5 建筑平面与空间 …… 155
5. 集成设计 …… 156
5.1 一般规定 …… 156
5.2 结构系统 …… 156
5.3 外围护系统 …… 173
5.4 设备与管线系统 …… 180
5.5 内装系统 …… 183
6. 生产运输 …… 185
6.1 一般规定 …… 185
6.2 结构构件生产 …… 186
6.3 外围护部品生产 …… 189
6.4 内装部品生产 …… 190
6.5 包装、运输与堆放 …… 191
7. 施工安装 …… 191
7.1 一般规定 …… 191
7.2 结构系统施工安装 …… 193
7.3 外围护系统安装 …… 197
7.4 设备与管线系统安装 …… 201
7.5 内装系统安装 …… 201
8. 质量验收 …… 203
8.1 一般规定 …… 203
8.2 结构系统验收 …… 204
8.3 外围护系统验收 …… 206
8.4 设备与管线系统验收 …… 209
8.5 内装系统验收 …… 210
8.6 竣工验收 …… 211
9. 使用维护 …… 211
9.1 一般规定 …… 211
9.2 结构系统使用维护 …… 213
9.3 外围护系统使用与维护 …… 213
9.4 设备与管线系统使用维护 …… 214
9.5 内装系统使用维护 …… 215

第三部分 装配式木结构建筑技术标准

1. 总则 …… 217
2. 术语 …… 217
3. 材料 …… 218
3.1 木 …… 218
3.2 钢材与金属连接件 …… 219
3.3 其他材料 …… 220
4. 基本规定 …… 222
5. 建筑设计 …… 225
5.1 一般规定 …… 225
5.2 建筑平面与空间 …… 226
5.3 围护系统 …… 227
5.4 集成化设计 …… 229
6. 结构设计 …… 232
6.1 一般规定 …… 232

6.2 结构分析 …… 234
6.3 梁柱构件设计 …… 235
6.4 墙体、楼盖、屋盖设计 …… 235
6.5 其他组件设计 …… 236
7. 连接设计 …… 237
7.1 一般规定 …… 237
7.2 木组件之间连接 …… 238
7.3 木组件与其他结构连接 …… 238
8. 防护 …… 240
9. 制作、运输和储存 …… 241
9.1 一般规定 …… 241
9.2 制作 …… 241
9.3 运输和储存 …… 245
10. 安装 …… 246
10.1 一般规定 …… 246
10.2 安装准备 …… 248
10.3 安装 …… 248
11. 验收 …… 249
11.1 规定 …… 249
11.2 主控项目 …… 251
11.3 一般项目 …… 253
12. 使用和维护 …… 255
12.1 规定 …… 255
12.2 检查要求 …… 255
12.3 维护要求 …… 256

第一部分

装配式混凝土建筑技术标准

1 总 则

1.0.1 为规范我国装配式混凝土建筑的建设，按照适用、经济、安全、绿色、美观的要求，全面提高装配式混凝土建筑的环境效益、社会效益和经济效益，制定本标准。

1.0.2 本标准适用于抗震设防烈度为8度及8度以下地区装配式混凝土建筑的设计、生产运输、施工安装和质量验收。

1.0.3 装配式混凝土建筑应遵循建筑全寿命期的可持续性原则，并应标准化设计、工厂化生产、装配化施工、一体化装修、信息化管理和智能化应用。

1.0.4 装配式混凝土建筑应将结构系统、外围护系统、设备与管线系统、内装系统集成，实现建筑功能完整、性能优良。

1.0.5 装配式混凝土建筑的设计、生产运输、施工安装、质量验收除应执行本标准外，尚应符合国家现行有关标准的规定。

2 术语和符号

2.1 术语

2.1.1 装配式建筑

结构系统、外围护系统、设备与管线系统、内装系统的主要部分采用预制部品部件集成的建筑。

2.1.2 装配式混凝土建筑

建筑的结构系统由混凝土部件（预制构件）构成的装配式建筑。

2.1.3 建筑系统集成

以装配化建造方式为基础，统筹策划、设计、生产和施工等，实现建筑结构系统、外围护系统、设备与管线系统、内装系统一体化的过程。

2.1.4 集成设计

建筑结构系统、外围护系统、设备与管线系统、内装系统一体化的设计。

2.1.5 协同设计

装配式建筑设计中通过建筑、结构、设备、装修等专业相互配合，并运用信息化技术手段满足建筑设计、生产运输、施工安装等要求的一体化设计。

2.1.6 结构系统

由结构构件通过可靠的连接方式装配而成，以承受或传递荷载作用的整体。

2.1.7 外围护系统

由建筑外墙、屋面、外门窗及其他部品部件等组合而成，用于分隔建筑室内外环境的部品部件的整体。

2.1.8 设备与管线系统

由给水排水、供暖通风空调、电气和智能化、燃气等设备与管线组合而成，满足建筑使用功能的整体。

2.1.9 内装系统

由楼地面、墙面、轻质隔墙、吊顶、内门窗、厨房和卫生间等组合而成，满足建筑空间使用要求的整体。

2.1.10 部件

在工厂或现场预先生产制作完成，构成建筑结构系统的结构构件及其他构件的统称。

2.1.11　部品

由工厂生产，构成外围护系统、设备与管线系统、内装系统的建筑单一产品或复合产品组装而成的功能单元的统称。

2.1.12　全装修

所有功能空间的固定面装修和设备设施全部安装完成，达到建筑使用功能和建筑性能的状态。

2.1.13　装配式装修

采用干式工法，将工厂生产的内装部品在现场进行组合安装的装修方式。

2.1.14　干式工法

采用干作业施工的建造方法。

2.1.15　模块

建筑中相对独立，具有特定功能，能够通用互换的单元。

2.1.16　标准化接口

具有统一的尺寸规格与参数，并满足公差配合及模数协调的接口。

2.1.17　集成式厨房

由工厂生产的楼地面、吊顶、墙面、橱柜和厨房设备及管线等集成并主要采用干式工法装配而成的厨房。

2.1.18　集成式卫生间

由工厂生产的楼地面、墙面（板）、吊顶和洁具设备及管线等集成并主要采用干式工法装配而成的卫生间。

2.1.19　整体收纳

由工厂生产、现场装配、满足储藏需求的模块化部品。

2.1.20　装配式隔墙、吊顶和楼地面

由工厂生产的，具有隔声、防火、防潮等性能，且满足空间功能和美学要求的部品集成，并主要采用干式工法装配而成的隔墙、吊顶和楼地面。

2.1.21　管线分离

将设备与管线设置在结构系统之外的方式。

2.1.22　同层排水

在建筑排水系统中，器具排水管及排水支管不穿越本层结构楼板到下层空间、与卫生器具同层敷设并接入排水立管的排水方式。

2.1.23　预制混凝土构件

在工厂或现场预先生产制作的混凝土构件，简称预制构件。

2.1.24　装配式混凝土结构

由预制混凝土构件通过可靠的连接方式装配而成的混凝土结构。

2.1.25　装配整体式混凝土结构

由预制混凝土构件通过可靠的连接方式进行连接并与现场后浇混凝土、水泥基灌浆料形成整体的装配式混凝土结构，简称装配整体式结构。

2.1.26　多层装配式墙板结构

全部或部分墙体采用预制墙板构建成的多层装配式混凝土结构。

2.1.27　混凝土叠合受弯构件

预制混凝土梁、板顶部在现场后浇混凝土而形成的整体受弯构件，简称叠合梁、叠合板。

2.1.28　预制外挂墙板

安装在主体结构上，起围护、装饰作用的非承重预制混凝土外墙板，简称外挂墙板。

2.1.29　钢筋套筒灌浆连接

在金属套筒中插入单根带肋钢筋并注入灌浆料拌合物，通过拌合物硬化形成整体并实现传力的钢筋对接连接方式。

2.1.30 钢筋浆锚搭接连接

在预制混凝土构件中预留孔道，在孔道中插入需搭接的钢筋，并灌注水泥基灌浆料而实现的钢筋搭接连接方式。

2.1.31 水平锚环灌浆连接

同一楼层预制墙板拼接处设置后浇段，预制墙板侧边甩出钢筋锚环并在后浇段内相互交叠而实现的预制墙板竖缝连接方式。

2.2 符号

2.2.1 材料性能

f_c——混凝土轴心抗压强度设计值；

f_t——混凝土轴心抗拉强度设计值；

f_y、f'_y——普通钢筋抗拉、抗压强度设计值；

f_{yv}——横向钢筋抗拉强度设计值。

2.2.2 作用和作用效应

N——轴向力设计值；

V——剪力设计值；

V_{jd}——持久设计状况和短暂设计状况下接缝剪力设计值；

V_{jdE}——地震设计状况下接缝剪力设计值；

V_{mua}——被连接构件端部按实配钢筋面积计算的斜截面受剪承载力设计值；

V_u——持久设计状况下接缝受剪承载力设计值；

V_{uE}——地震设计状况下接缝受剪承载力设计值；

q_{Ek}——垂直于外挂墙板平面的分布水平地震作用标准值；

G_k——外挂墙板的重力荷载标准值。

2.2.3 计算系数及其他

α_{max}——水平地震影响系数最大值；

γ_{RE}——承载力抗震调整系数；

γ_0——结构重要性系数；

η_j——接缝受剪承载力增大系数；

ψ_w——风荷载组合系数；

β_E——动力放大系数；

Δu_e——弹性层间位移；

$[\theta_e]$——弹性层间位移角限值；

Δu_p——弹塑性层间位移；

$[\theta_p]$——弹塑性层间位移角限值；

ϕ——表示钢筋直径的符号，ϕ20 表示直径为 20mm 的钢筋。

3 基本规定

3.0.1 装配式混凝土建筑应采用系统集成的方法统筹设计、生产运输、施工安装，实现全过程的协同。

3.0.2 装配式混凝土建筑设计应按照通用化、模数化、标准化的要求，以少规格、多组合的原则，实现建筑及部品部件的系列化和多样化。

3.0.3 部品部件的工厂化生产应建立完善的生产质量管理体系，设置产品标识，提高生产精度，保障产品质量。

3.0.4 装配式混凝土建筑应综合协调建筑、结构、设备和内装等专业，制定相互协同的施工组织方案，并应采用装配式施工，保证工程质量，提高劳动效率。

3.0.5 装配式混凝土建筑应实现全装修，内装系统应与结构系统、外围护系统、设备与管线系统一体化设计建造。

3.0.6 装配式混凝土建筑宜采用建筑信息模型（BIM）技术，实现全专业、全过程的信息化管理。

3.0.7 装配式混凝土建筑宜采用智能化技术，提升建筑使用的安全、便利、舒适和环保等性能。

3.0.8 装配式混凝土建筑应进行技术策划，对技术选型、技术经济可行性和可建造性进行评估，并应科学合理地确定建造目标与技术实施方案。

3.0.9 装配式混凝土建筑应满足适用性能、环境性能、经济性能、安全性能、耐久性能等要求，并应采用绿色建材和性能优良的部品部件。

4 建筑集成设计

4.1 一般规定

4.1.1 装配式混凝土建筑应模数协调，采用模块组合的标准化设计，将结构系统、外围护系统、设备与管线系统和内装系统进行集成。

条文解读

▲4.1.1

建筑模数协调是指对建筑物及其构（配）件的设计、制作、安装所规定的标准尺度体系，原称建筑模数制。制定建筑模数协调体系的目的是用标准化的方法实现建筑制品、建筑构（配）件的生产工业化。

组成建筑模数协调的内容如下：

（1）模数数列。在建筑设计中要求用有限的数列作为实际工作的参数，它是运用叠加原则和倍数原理在基本数列基础上发展起来的。我国《建筑模数协调统一标准》GBJ 2 中的模数数列表，包括基本模数、扩大模数和分模数，各有适用范围。

（2）模数化网格。由三向直角坐标组成的、三向均为模数尺寸的模数化空间网格，在水平和垂直面上的投影称为模数化网格。网格的单位尺度是基本模数或扩大模数。网格的三个方向或同一方向可以采用不同的扩大模数。网格的基本形式有基本模数化网格和扩大模数化网格两种。

（3）定位原则。在网格中每个构件都要按三个方向借助于边界定位平面和中线（或偏中线）定位平面来定位。所谓边界定位是指模数化网格线位于构件的边界面，而中线（或偏中线）定位是指模数化网格线位于构件中心线（或偏中心线）。

（4）公差和接缝。公差是两个允许限值之差，包括制作公差、安装公差、就位公差等。接缝是两个或两个以上相邻构件之间的缝隙。在设计和制造构件时，应考虑到接缝因素。

模数协调主要适用于建筑工业化生产和装配化施工。对于就地取材、土法施工的小批量工程，还应以因地制宜原则为主，不受模数协调的制约。对于只用预制水平构件而墙身砌砖的砖混结构批量建筑，水平和竖向尺寸、门窗洞口尺寸应遵守模数协调规则，墙身和楼板的厚度为基本尺寸，不受扩大模数数列的限制。对于以预制构件为主的全装配建筑，则建筑平面、剖面和主要构件尺寸在 X、Y、Z 三个轴向尺寸都应严格遵守模数协调规则。

条文链接 ★4.1.1

根据《建筑模数协调标准》GB/T 50002 的有关规定：

（1）模数协调应利用模数数列调整建筑与部件或分部件的尺寸关系，减少种类，优化部件或分部件的尺寸。

（2）部件与安装基准面关联到一起时，应利用模数协调明确各部件或分部件的位置，使设计、加工及安装等各个环节的配合简单、明确，达到高效率和经济性。

（3）主体结构部件和内装、外装部件的定位可通过设置模数网格来控制，并应通过部件安装接口要求进行主体结构、内装、外装部件和分部件的安装。

4.1.2 装配式混凝土建筑应按照集成设计原则，将建筑、结构、给水排水、暖通空调、电气、智能化和燃气等专业之间进行协同设计。

条文解读

▲4.1.2

协同设计是当下设计行业技术更新的一个重要方向，也是设计技术发展的必然趋势，其中有两个技术分支，一是主要适合于大型公建，复杂结构的三维 BIM 协同，二是主要适合普通建筑及住宅的二维 CAD 协同。

通过协同设计建立统一的设计标准，包括图层、颜色、线型、打印样式等，在此基础上，所有设计专业及人员在一个统一的平台上进行设计，从而减少现行各专业之间（以及专业内部）由于沟通不畅或沟通不及时导致的错、漏、碰、缺，真正实现所有图样信息元的单一性，实现一处修改其他自动修改，提升设计效率和设计质量。同时，协同设计也对设计项目的规范化管理起到重要作用，包括进度管理、设计文件统一管理、人员负荷管理、审批流程管理、自动批量打印、分类归档等。

4.1.3 装配式混凝土建筑设计宜建立信息化协同平台，采用标准化的功能模块、部品部件等信息库，统一编码、统一规则，全专业共享数据信息，实现建设全过程的管理和控制。

4.1.4 装配式混凝土建筑应满足建筑全寿命期的使用维护要求，宜采用管线分离的方式。

条文解读

▲4.1.4

建筑全寿命期简单地说就是指从材料与构建生产、规划与设计、建造与运输、运行与维护直到拆除与处理（废弃、再循环和再利用等）的全循环过程。其分为四个阶段，即规划阶段、设计阶段、施工阶段、运营阶段。

4.1.5 装配式混凝土建筑应满足国家现行标准有关防火、防水、保温、隔热及隔声等要求。

条文链接 ★4.1.5

根据《建筑设计防火规范》GB 50016 的有关规定：

（1）民用建筑的耐火等级应根据其建筑高度、使用功能、重要性和火灾扑救难度等确定，并应符合下列规定：

1）地下或半地下建筑（室）和一类高层建筑的耐火等级不应低于一级。

2）单、多层重要公共建筑和二类高层建筑的耐火等级不应低于二级。

（2）建筑高度大于 100m 的民用建筑，其楼板的耐火极限不应低于 2.00h。

一、二级耐火等级建筑的上人平屋顶，其屋面板的耐火极限分别不应低于 1.50h 和 1.00h。

根据《住宅设计规范》GB 50096 的有关规定：

（1）住宅的屋面、地面、外墙、外窗应采取防止雨水和冰雪融化水侵入室内的措施。

条文链接

（2）住宅的屋面和外墙的内表面在设计的室内温度、湿度条件下不应出现结露。

4.2　模数协调

4.2.1　装配式混凝土建筑设计应符合现行国家标准《建筑模数协调标准》GB/T 50002 的有关规定。

条文解读

▲4.2.1

装配式混凝土建筑设计应采用模数来协调结构构件、内装部品、设备与管线之间的尺寸关系，做到部品部件设计、生产和安装等相互间尺寸协调，减少和优化各部品部件的种类和尺寸。

4.2.2　装配式混凝土建筑的开间与柱距、进深与跨度、门窗洞口宽度等宜采用水平扩大模数数列 2*n*M、3*n*M（*n* 为自然数）。

条文链接　**★4.2.2**

根据《建筑模数协调标准》GB/T 50002 的有关规定：

建筑物的开间或柱距，进深或跨度，梁、板、隔墙和门窗洞口等分部件的截面尺寸宜采用水平基本模数和水平扩大模数数列，且水平扩大模数数列宜采用 2*n*M、3*n*M（*n* 为自然数）。

4.2.3　装配式混凝土建筑的层高和门窗洞口高度等宜采用竖向扩大模数数列 *n*M。

4.2.4　梁、柱、墙等部件的截面尺寸宜采用竖向扩大模数数列 *n*M。

条文链接　**★4.2.3～4.2.4**

根据《建筑模数协调标准》GB/T 50002 的有关规定：

建筑物的高度、层高和门窗洞口高度等宜采用竖向基本模数和竖向扩大模数数列，且竖向扩大模数数列宜采用 *n*M。

4.2.5　构造节点和部件的接口尺寸宜采用分模数数列 *n*M/2、*n*M/5、*n*M/10。

条文链接　**★4.2.5**

根据《建筑模数协调标准》GB/T 50002 的有关规定：

构造节点和分部件的接口尺寸等宜采用分模数数列，且分模数数列宜采用 M/10、M/5、M/2。

4.2.6　装配式混凝土建筑的开间、进深、层高、洞口等优先尺寸应根据建筑类型、使用功能、部品部件生产与装配要求等确定。

条文解读

▲4.2.6

住宅建筑应选用下列常用优选尺寸，见表 1-1～表 1-4。

表 1-1　集成式厨房的优选尺寸　（单位：mm）

厨房家具布置形式	厨房最小净宽度	厨房最小净长度
单排型	1500（1600）/2000	3000
双排型	2200/2700	2700

条文解读

（续）

厨房家具布置形式	厨房最小净宽度	厨房最小净长度
L形	1600/2700	2700
U形	1900/2100	2700
壁柜型	700	2100

表1-2　集成式卫生间的优选尺寸　（单位：mm）

卫生间平面布置形式	卫生间最小净宽度	卫生间最小净长度
单设便器卫生间	900	1600
设便器、洗面器两件洁具	1500	1550
设便器、洗浴器两件洁具	1600	1800
设三件洁具（喷淋）	1650	2050
设三件洁具（浴缸）	1750	2450
设三件洁具无障碍卫生间	1950	2550

表1-3　楼梯的优选尺寸　（单位：mm）

楼梯类别	踏步最小宽度	踏步最大高度
共用楼梯	260	175
服务楼梯，住宅套内楼梯	220	200

表1-4　门窗洞口的优选尺寸　（单位：mm）

类别	最小洞宽	最小洞高	最大洞宽	最大洞高
门洞口	700	1500	2400	2300（2200）
窗洞口	600	600	2400	2300（2200）

条文链接 ★4.2.6

根据《住宅设计规范》GB 50096的有关规定：

（1）住宅层高宜为2.80m。

（2）卧室、起居室（厅）的室内净高不应低于2.40m，局部净高不应低于2.10m，且局部净高的室内面积不应大于室内使用面积的1/3。

（3）利用坡屋顶内空间作卧室、起居室（厅）时，至少有1/2的使用面积的室内净高不应低于2.10m。

4.2.7　装配式混凝土建筑的定位宜采用中心定位法与界面定位法相结合的方法。对于部件的水平定位宜采用中心定位法，部件的竖向定位和部品的定位宜采用界面定位法。

条文解读

▲4.2.7

对于框架结构体系，宜采用中心定位法。框架结构柱子间设置的分户墙和分室隔墙，一般宜采用中心定位法；当隔墙的一侧或两侧要求模数空间时宜采用界面定位法。

条文解读

住宅建筑集成式厨房和集成式卫生间的内装部品（厨具橱柜、洁具、固定家具等）、公共建筑的集成式隔断空间、模块化吊顶空间等，宜采用界面定位方式，以净尺寸控制模数化空间；其他空间的部品可采用中心定位来控制。

门窗、栏杆、百叶等外围护部品，应采用模数化的工业产品，并与门窗洞口、预埋节点等的模数规则相协调，宜采用界面定位方式。

条文链接 ★4.2.7

根据《建筑模数协调标准》GB/T 50002的有关规定：

部件定位是指确定部件在模数网格中的位置和所占的领域。

部件定位主要依据部件基准面（线）、安装基准面（线）的所在位置决定，基准面（线）的位置确定可采用中心线定位法、界面定位法或以上两种方法的混合。

中心线定位法：指基准面（线）设于部件上（多为部件的物理中心线），且与模数网格线重叠的方法。

界面线定位法：指基准面（线）设于部件边界，且与模数网格线重叠的方法。

当采用中心线定位法定位时，部件的中心基准面（线）并不一定必须与部件的物理中心线重合，如偏心定位的外墙等。

当部件不与其他部件毗邻连接时，一般可采用中心定位法，如框架柱的定位。

当多部件连续毗邻安装，且需沿某一界面部件安装完整平直时，一般采用界面定位法，并通过双线网格保证部件占满指定领域。

为保证部件的互换性和位置可变性，可同时采用不同的定位方法。

在模数空间网格中，部件的定位根据其安装基准面的所在位置，采用中心线定位法、界面定位法或两种方式的混合。

为了保证上、下道工序的部件安装都能够处在模数空间网格之中，部件定位宜采用界面定位法。

4.2.8　部品部件尺寸及安装位置的公差协调应根据生产装配要求、主体结构层间变形、密封材料变形能力、材料干缩、温差变形、施工误差等确定。

条文解读

▲4.2.8

装配式建筑应严格控制预制构件、预制与现浇构件之间的建筑公差。接缝的宽度应满足主体结构层间变形、密封材料变形能力、施工误差、温差引起变形等的要求，防止接缝漏水等质量事故发生。

实施模数协调的工作是一个渐进的过程，对重要的部件，以及影响面较大的部位可先期运行，如门窗、厨房、卫生间等。重要的部件和组合件应优先推行规格化、通用化。

条文链接 ★4.2.8

根据《建筑模数协调标准》GB/T 50002的有关规定：

公差与配合应符合下列规定：

（1）部件的安装位置与基准面之间的距离，应满足公差与配合的状况，且应大于或等于连接空间尺寸，并应小于或等于制作公差、安装公差、位形公差和连接公差的总和，且连接公差的最小尺寸可为0。

（2）公差应根据功能部位、材料、加工等因素选定。在精度范围内，宜选用大的基本公差。

4.3 标准化设计

4.3.1 装配式混凝土建筑应采用模块及模块组合的设计方法，遵循少规格、多组合的原则。

条文解读

▲4.3.1

模块化是标准化设计的一种方法。模块化设计应满足模数协调的要求，通过模数化和模块化的设计为工厂化生产和装配化施工创造条件。模块应进行精细化、系列化设计，关联模块间应具备一定的逻辑及衍生关系，并预留统一的接口，模块之间可采用刚性连接或柔性连接。

（1）刚性连接模块的连接边或连接面的几何尺寸、开口应吻合，采用相同的材料和部品部件进行直接连接。

（2）无法进行直接连接的模块可采用柔性连接方式进行间接相连，柔性连接的部分应牢固可靠，并需要对连接方式、节点进行详细设计。

4.3.2 公共建筑应采用楼电梯、公共卫生间、公共管井、基本单元等模块进行组合设计。

4.3.3 住宅建筑应采用楼电梯、公共管井、集成式厨房、集成式卫生间等模块进行组合设计。

条文链接 **★4.3.2～4.3.3**

根据《建筑设计防火规范》GB 50016 的有关规定：

建筑内的电梯井等竖井应符合下列规定：

（1）电梯井应独立设置，井内严禁敷设可燃气体和甲、乙、丙类液体管道，不应敷设与电梯无关的电缆、电线等。电梯井的井壁除设置电梯门、安全逃生门和通气孔洞外，不应设置其他开口。

（2）电缆井、管道井、排烟道、排气道、垃圾道等竖向井道，应分别独立设置。井壁的耐火极限不应低于1.00h，井壁上的检查门应采用丙级防火门。

（3）建筑内的电缆井、管道井应在每层楼板处采用不低于楼板耐火极限的不燃材料或防火封堵材料封堵。

建筑内的电缆井、管道井与房间、走道等相连通的孔隙应采用防火封堵材料封堵。

（4）建筑内的垃圾道宜靠外墙设置，垃圾道的排气口应直接开向室外，垃圾斗应采用不燃材料制作，并应能自行关闭。

（5）电梯层门的耐火极限不应低于1.00h，并应符合现行国家标准《电梯层门耐火试验完整性、隔热性和热通量测定法》GB/T 27903 规定的完整性和隔热性要求。

4.3.4 装配式混凝土建筑的部品部件应采用标准化接口。

条文解读

▲4.3.4

模块间宜采用通用化、标准化的接口，统一接口的几何尺寸、材料和连接方式，实现直接或间接连接。

4.3.5 装配式混凝土建筑平面设计应符合下列规定：

（1）应采用大开间大进深、空间灵活可变的布置方式。

（2）平面布置应规则，承重构件布置应上下对齐贯通，外墙洞口宜规整有序。

（3）设备与管线宜集中设置，并应进行管线综合设计。

条文解读

▲4.3.5

装配式建筑设计应重视其平面、立面和剖面的规则性，宜优先选用规则的形体，同时便于工厂化、集约化生产加工，提高工程质量，并降低工程造价。

采用大空间的平面，合理布置承重墙及管井位置，不但有利于结构布置，而且可减少预制楼板的类型。但设计时也应适当考虑实际的构件运输及吊装能力，以免构件尺寸过大导致运输及吊装困难。

条文链接 ★4.3.5

根据《住宅区及住宅管线综合设计标准》DB11/1339 的有关规定：

(1) 室外给水管道不应穿过化粪池、中水原水处理构筑物；严禁在污水、雨水检查井及排水灌渠内穿越。

(2) 住宅区化粪池距离地下取水构筑物的距离不得小于30m。

(3) 燃气管道不得从建筑物和大型构筑物（不包括架空的建筑物和大型构筑物）下面穿越。

(4) 地下室、半地下室、设备层敷设燃气管线时，应采用非燃烧体实体墙与弱电间、配变电室、修理间、储藏室、卧室、休息室隔开。

(5) 燃气水平干管和立管不得穿过配变电室、电缆沟、烟道、风道和电梯井等。

4.3.6 装配式混凝土建筑立面设计应符合下列规定：

(1) 外墙、阳台板、空调板、外窗、遮阳设施及装饰等部品部件宜进行标准化设计。

(2) 装配式混凝土建筑宜通过建筑体量、材质肌理、色彩等变化，形成丰富多样的立面效果。

(3) 预制混凝土外墙的装饰面层宜采用清水混凝土、装饰混凝土、免抹灰涂料和反打面砖等耐久性强的建筑材料。

条文解读

▲4.3.6

装配式建筑外墙可通过预制装饰混凝土反打面砖、装饰构件、清水混凝土、彩色混凝土等多种形式使建筑立面多样化，也可通过单元组合、色彩搭配、阳台交错设置等做法丰富外立面。

条文链接 ★4.3.6

根据《清水混凝土应用技术规程》JGJ 169 的有关规定：

(1) 处于潮湿管径和干湿交替环境的混凝土，应选用非碱活性骨料。

(2) 对于处于露天环境的清水混凝土结构，其纵向受力钢筋的混凝土保护层最小厚度应符合表1-5 的规定。

表1-5　纵向受力钢筋的混凝土保护层最小厚度　（单位：mm）

部　位	保护层最小厚度
板、墙、壳	25
梁	35
柱	35

注：钢筋的混凝土保护层厚度为钢筋外边缘至混凝土表面的距离。

4.3.7 装配式混凝土建筑应根据建筑功能、主体结构、设备管线及装修等要求，确定合理的层高及净高尺寸。

条文链接 ★4.3.7

参考第一部分4.2.6条的条文链接。

4.4 集成设计

4.4.1 装配式混凝土建筑的结构系统、外围护系统、设备与管线系统和内装系统均应进行集成设计，提高集成度、施工精度和效率。

条文链接 ★4.4.1

参考第一部分4.3.5条的条文链接。

4.4.2 各系统设计应统筹考虑材料性能、加工工艺、运输限制、吊装能力等要求。

4.4.3 结构系统的集成设计应符合下列规定：

（1）宜采用功能复合度高的部件进行集成设计，优化部件规格。

（2）应满足部件加工、运输、堆放、安装的尺寸和重量要求。

4.4.4 外围护系统的集成设计应符合下列规定：

（1）应对外墙板、幕墙、外门窗、阳台板、空调板及遮阳部件等进行集成设计。

（2）应采用提高建筑性能的构造连接措施。

（3）宜采用单元式装配外墙系统。

条文解读

▲4.4.4

门窗洞口尺寸规整既有利于门窗的标准化加工生产，又有利于墙板的尺寸统一和减少规格。宜采用单元化、一体化的装配式外墙系统，如具有装饰、保温、防水、采光等功能的集成式单元墙体。

条文链接 ★4.4.4

根据《装配式钢结构建筑技术标准》GB/T 51232的有关规定：

（1）外围护系统可在一个流水段主体结构分项工程验收合格后，与主体结构同步施工，但应采取可靠防护措施，避免施工过程中损坏已安装墙体及保证作业人员安全。

（2）本条主要对施工安装前的准备工作作相应要求。

1）围护部品零配件及辅助材料的品种、规格、尺寸和外观要求应在设计文件中明确规定，安装时应按设计要求执行。对进场部品、辅材、保温材料、密封材料等应按相关规范、标准及设计文件进行质量检查和验收，不得使用不合格和过期材料。

2）应根据控制线，结合图样放线，在底板上弹出水平位置控制线；并将控制线引到钢梁、钢柱上。

（3）围护部品起吊和就位时，对吊点应进行复核，对于尺寸较大的构件，宜采用分配梁等措施，起吊过程应保持平稳，确保吊装准确、可靠安全。

（4）预制外墙吊装就位后，应通过临时固定和调整装置，调整墙体轴线位置、标高、垂直度、接缝宽度等，经测量校核合格后，才能永久固定。为确保施工安全，墙板永久固定前，起重机不得松钩。

4.4.5 设备与管线系统的集成设计应符合下列规定：

（1）给水排水、暖通空调、电气智能化、燃气等设备与管线应综合设计。

（2）宜选用模块化产品，接口应标准化，并应预留扩展条件。

条文解读

▲4.4.5

墙板应结合内装要求，对设置在预制部件上的电气开关、插座、接线盒、连接管线等进行预留，这个过程用集成设计的方法有利于系统化和工厂化。

条文链接　★4.4.5

根据《建筑给水排水设计规范》GB 50015 的有关规定：

（1）城镇给水管道严禁与自备水源的供水管道直接连接。

（2）中水、回用雨水等非生活饮用水管道严禁与生活饮用水管道连接。

（3）严禁生活饮用水管道与大便器（槽）、小便斗（槽）采用非专用冲洗阀直接连接冲洗。

（4）当构造内无存水弯的卫生器具与生活污水管道或其他可能产生有害气体的排水管道连接时，必须在排水口以下设存水弯。存水弯的水封深度不得小于50mm。严禁采用活动机械密封替代水封。

（5）排水管道不得穿越卧室。

（6）排水管道不得穿越生活饮用水池部位的上方。

（7）室内排水管道不得布置在遇水会引起燃烧、爆炸的原料、产品和设备的上面。

（8）排水横管不得布置在食堂、饮食业厨房的主副食操作、烹调和备餐的上方。当受条件限制不能避免时，应采取防护措施。

（9）带水封的地漏水封深度不得小于50mm。

（10）严禁采用钟罩（扣碗）式地漏。

4.4.6　内装系统的集成设计应符合下列规定：

（1）内装设计应与建筑设计、设备与管线设计同步进行。

（2）宜采用装配式楼地面、墙面、吊顶等部品系统。

（3）住宅建筑宜采用集成式厨房、集成式卫生间及整体收纳等部品系统。

条文解读

▲4.4.6

集成式厨房、集成式卫生间的相关规格参照第一部分4.2.6条的条文解读。

4.4.7　接口及构造设计应符合下列规定：

（1）结构系统部件、内装部品部件和设备管线之间的连接方式应满足安全性和耐久性要求。

（2）结构系统与外围护系统宜采用干式工法连接，其接缝宽度应满足结构变形和温度变形的要求。

（3）部品部件的构造连接应安全可靠，接口及构造设计应满足施工安装与使用维护的要求。

（4）应确定适宜的制作公差和安装公差设计值。

（5）设备管线接口应避开预制构件受力较大部位和节点连接区域。

条文解读

▲4.4.7

围护系统（外墙和内墙）均应遵循订制化、轻量化、干式工法的方向，连接技术尽量采用高强螺栓连接、卡扣件连接、模块式连接等新技术和新工艺，以提升装配化和效率为核心。而对于部分特殊区域（如卫浴区、设备区、管线井等），考虑二次装修和机电敷设，允许采用半湿式作业工艺（如聚合物砂浆接缝和粘贴瓷砖），但基墙尽量采用订制规格和模数，减少现场切割和垃圾。

5 结构系统设计

5.1 一般规定

5.1.1 装配式混凝土结构设计，本章未作规定的，应按现行行业标准《装配式混凝土结构技术规程》JGJ 1 的有关规定执行。

条文链接 ★5.1.1

根据《装配式混凝土结构技术规程》JGJ 1 的有关规定：

预制结构构件采用钢筋套筒灌浆连接时，应在构件生产前进行钢筋套筒灌浆连接接头的抗拉强度试验，每种规格的连接接头试件数量不应少于3个。

5.1.2 装配整体式框架结构、装配整体式剪力墙结构、装配整体式框架-现浇剪力墙结构、装配整体式框架-现浇核心筒结构、装配整体式部分框支剪力墙结构的房屋最大适用高度应满足表1-6的要求，并应符合下列规定：

（1）当结构中竖向构件全部为现浇且楼盖采用叠合梁板时，房屋的最大适用高度可按现行行业标准《高层建筑混凝土结构技术规程》JGJ 3 中的规定采用。

（2）装配整体式剪力墙结构和装配整体式部分框支剪力墙结构，在规定的水平力作用下，当预制剪力墙构件底部承担的总剪力大于该层总剪力的50%时，其最大适用高度应适当降低；当预制剪力墙构件底部承担的总剪力大于该层总剪力的80%时，最大适用高度应取表1-6中括号内的数值。

（3）装配整体式剪力墙结构和装配整体式部分框支剪力墙结构，当剪力墙边缘构件竖向钢筋采用浆锚搭接连接时，房屋最大适用高度应比表1-6中数值降低10m。

（4）超过表1-6内高度的房屋，应进行专门研究和论证，采取有效的加强措施。

表1-6 装配整体式混凝土结构房屋的最大适用高度 （单位：m）

结构类型	抗震设防烈度			
	6度	7度	8度（0.20g）	8度（0.30g）
装配整体式框架结构	60	50	40	30
装配整体式框架-现浇剪力墙结构	130	120	100	80
装配整体式框架-现浇核心筒结构	150	130	100	90
装配整体式剪力墙结构	130（120）	110（100）	90（80）	70（60）
装配整体式部分框支剪力墙结构	110（100）	90（80）	70（60）	40（30）

注：1. 房屋高度指室外地面到主要屋面的高度，不包括局部突出屋顶的部分。
2. 部分框支剪力墙结构指地面以上有部分框支剪力墙的剪力墙结构，不包括仅个别框支墙的情况。

条文解读

▲5.1.2

装配整体式框架结构、装配整体式框架-现浇剪力墙结构、装配整体式剪力墙结构、装配整体式部分框支剪力墙结构的最大适用高度与现行行业标准《装配式混凝土结构技术规程》JGJ 1一致。

新增加“装配整体式框架-现浇核心筒结构”的最大适用高度要求。装配整体式框架-现浇核心筒结构中，混凝土核心筒采用现浇结构，框架的性能与现浇框架等同，整体结构的适用高度与现浇的框架-核心筒结构相同。

条文解读

装配整体式剪力墙结构与装配整体式部分框支剪力墙结构的最大适用高度与现行行业标准《装配式混凝土结构技术规程》JGJ 1 一致。在计算预制剪力墙构件底部承担的总剪力与该层总剪力比值时，可选取结构竖向构件主要采用预制剪力墙的起始层；如结构各层竖向构件均采用预制剪力墙，则计算底层的剪力比值；如底部 2 层竖向构件采用现浇剪力墙，其他层采用预制剪力墙，则计算第 3 层的剪力比值。

条文链接 ★5.1.2

根据《装配式混凝土结构技术规程》JGJ 1 的有关规定：

装配整体式框架结构、装配整体式剪力墙结构、装配整体式框架-现浇剪力墙结构、装配整体式框架-现浇核心筒结构、装配整体式部分框支剪力墙结构的房屋最大适用高度应满足表 1-7 的要求。

表 1-7　装配整体式结构房屋的最大适用高度　（单位：m）

结构类型	非抗震设计	抗震设防烈度			
		6 度	7 度	8 度（0.2g）	8 度（0.3g）
装配整体式框架结构	70	60	50	40	30
装配整体式框架-现浇剪力墙结构	150	130	120	100	80
装配整体式剪力墙结构	140（130）	130（120）	110（100）	90（80）	70（60）
装配整体式部分框支剪力墙结构	120（110）	110（100）	90（80）	70（60）	40（30）

5.1.3　高层装配整体式混凝土结构的高宽比不宜超过表 1-8 的数值。

表 1-8　高层装配整体式混凝土结构适用的最大高宽比

结构类型	抗震设防烈度	
	6 度、7 度	8 度
装配整体式框架结构	4	3
装配整体式框架-现浇剪力墙结构	6	5
装配整体式剪力墙结构	6	5
装配整体式框架-现浇核心筒结构	7	6

条文链接 ★5.1.3

根据《装配式混凝土结构技术规程》JGJ 1 的有关规定：

高层装配整体式结构的高宽比不宜超过表 1-9 的数值。

表 1-9　高层装配整体式结构适用的最大高宽比

结构类型	非抗震设计	抗震设防烈度	
		6 度、7 度	8 度
装配整体式框架结构	5	4	3
装配整体式框架-现浇剪力墙结构	6	6	5
装配整体式剪力墙结构	6	6	5

根据《高层建筑混凝土结构技术规程》JGJ 3 的有关规定：

条文链接 ★5.1.3

钢筋混凝土高层建筑结构的高宽比不宜超过表1-10的规定。

表1-10 钢筋混凝土高层建筑结构适用的最大高宽比

结构类型	非抗震设计	抗震设防烈度		
		6度、7度	8度	9度
框架	5	4	3	—
板柱-剪力墙	6	5	4	—
框架-剪力墙、剪力墙	7	6	5	4
框架-核心筒	8	7	6	4
筒中筒	8	8	7	5

5.1.4 装配整体式混凝土结构构件的抗震设计，应根据设防类别、烈度、结构类型和房屋高度采用不同的抗震等级，并应符合相应的计算和构造措施要求。丙类装配整体式混凝土结构的抗震等级应按表1-11确定。其他抗震设防类别和特殊场地类别下的建筑应符合国家现行标准《建筑抗震设计规范》GB 50011、《装配式混凝土结构技术规程》JGJ 1、《高层建筑混凝土结构技术规程》JGJ 3中对抗震措施进行调整的规定。

表1-11 丙类建筑装配整体式混凝土结构的抗震等级

<table>
<tr><th colspan="2" rowspan="2">结构类型</th><th colspan="10">抗震设防烈度</th></tr>
<tr><th colspan="2">6度</th><th colspan="4">7度</th><th colspan="4">8度</th></tr>
<tr><td rowspan="3">装配整体式框架结构</td><td>高度/m</td><td>≤24</td><td>>24</td><td colspan="2">≤24</td><td colspan="2">>24</td><td colspan="2">≤24</td><td colspan="2">>24</td></tr>
<tr><td>框架</td><td>四</td><td>三</td><td colspan="2">三</td><td colspan="2">二</td><td colspan="2">二</td><td colspan="2">一</td></tr>
<tr><td>大跨度框架</td><td colspan="2">三</td><td colspan="4">二</td><td colspan="4">一</td></tr>
<tr><td rowspan="3">装配整体式框架-现浇剪力墙结构</td><td>高度/m</td><td>≤60</td><td>>60</td><td>≤24</td><td colspan="2">>24且≤60</td><td>>60</td><td>≤24</td><td colspan="2">>24且≤60</td><td>>60</td></tr>
<tr><td>框架</td><td>四</td><td>三</td><td>四</td><td colspan="2">三</td><td>二</td><td>三</td><td colspan="2">二</td><td>一</td></tr>
<tr><td>剪力墙</td><td>三</td><td>三</td><td>三</td><td colspan="2">二</td><td>二</td><td>二</td><td colspan="2">一</td><td>一</td></tr>
<tr><td rowspan="2">装配整体式框架-现浇核心筒结构</td><td>框架</td><td colspan="2">三</td><td colspan="4">二</td><td colspan="4">一</td></tr>
<tr><td>核心筒</td><td colspan="2">二</td><td colspan="4">二</td><td colspan="4">一</td></tr>
<tr><td rowspan="2">装配整体式剪力墙结构</td><td>高度/m</td><td>≤70</td><td>>70</td><td>≤24</td><td colspan="2">>24且≤70</td><td>>70</td><td>≤24</td><td colspan="2">>24且≤70</td><td>>70</td></tr>
<tr><td>剪力墙</td><td>四</td><td>三</td><td>四</td><td colspan="2">三</td><td>二</td><td>三</td><td colspan="2">二</td><td>一</td></tr>
<tr><td rowspan="4">装配整体式部分框支剪力墙结构</td><td>高度</td><td>≤70</td><td>>70</td><td>≤24</td><td colspan="2">>24且≤70</td><td>>70</td><td>≤24</td><td colspan="2">>24且≤70</td><td rowspan="4"></td></tr>
<tr><td>现浇框支框架</td><td>二</td><td>二</td><td>二</td><td colspan="2">二</td><td>一</td><td>一</td><td colspan="2">一</td></tr>
<tr><td>底部加强部位剪力墙</td><td>三</td><td>二</td><td>三</td><td colspan="2">二</td><td>一</td><td>二</td><td colspan="2">一</td></tr>
<tr><td>其他区域剪力墙</td><td>四</td><td>三</td><td>四</td><td colspan="2">三</td><td>二</td><td>三</td><td colspan="2">二</td></tr>
</table>

注：1. 大跨度框架指跨度不小于18m的框架。

2. 高度不超过60m的装配整体式框架-现浇核心筒结构按装配整体式框架-现浇剪力墙的要求设计时，应按表中装配整体式框架-现浇剪力墙结构的规定确定其抗震等级。

条文解读

▲5.1.4

装配整体式框架结构、装配整体式框架-现浇剪力墙结构、装配整体式剪力墙结构、装配整体式部分框支剪力墙结构的抗震等级与现行行业标准《装配式混凝土结构技术规程》JGJ 1保持一致。

条文解读

新增加“装配整体式框架-现浇核心筒结构”的抗震等级规定。装配整体式框架-现浇核心筒结构的抗震等级参照国家现行标准《建筑抗震设计规范》GB 50011和《高层建筑混凝土结构技术规程》JGJ 3中的现浇框架-核心筒结构选取，高度不超过60m时，其抗震等级允许按框架-现浇剪力墙结构的规定采用。

条文链接 ★5.1.4

根据《装配式混凝土结构技术规程》JGJ 1的有关规定：

乙类装配整体式结构应按本地区抗震设防烈度提高一度的要求加强其抗震措施；当本地区抗震设防烈度为8度且抗震等级为一级时，应采取比一级更高的抗震措施；当建筑场地为Ⅰ类时，仍可按本地区抗震设防烈度的要求采取抗震构造措施。

5.1.5 高层装配整体式混凝土结构，当其房屋高度、规则性等不符合本标准的规定或者抗震设防标准有特殊要求时，可按国家现行标准《建筑抗震设计规范》GB 50011和《高层建筑混凝土结构技术规程》JGJ 3的有关规定进行结构抗震性能化设计。当采用本标准未规定的结构类型时，可采用试验方法对结构整体或者局部构件的承载能力极限状态和正常使用极限状态进行复核，并应进行专项论证。

条文解读

▲5.1.5

当装配式混凝土结构采用本标准未规定的结构类型时，应进行专项论证。在进行专项论证时，应根据实际结构类型、节点连接形式和预制构件形式及构造等，选取合理的结构计算模型，并采取相应的加强措施。必要时，应采取试验方法对结构性能进行补充研究。

条文链接 ★5.1.5

根据《混凝土结构设计规范》GB 50010的有关规定：

混凝土结构的承载能力极限状态计算应包括下列内容：

(1) 结构构件应进行承载力（包括失稳）计算。

(2) 直接承受重复荷载的构件应进行疲劳验算。

(3) 有抗震设防要求时，应进行抗震承载力计算。

(4) 必要时尚应进行结构的倾覆、滑移、漂浮验算。

(5) 对于可能遭受偶然作用，且倒塌可能引起严重后果的重要结构，宜进行防连续倒塌设计。

5.1.6 装配式混凝土结构应采取措施保证结构的整体性。安全等级为一级的高层装配式混凝土结构尚应按现行行业标准《高层建筑混凝土结构技术规程》JGJ 3的有关规定进行抗连续倒塌概念设计。

条文解读

▲5.1.6

结构连续性倒塌是指结构因偶然荷载造成结构局部破坏失效，继而引起与失效破坏构件相连的构件连续破坏，最终导致相对于初始局部破坏更大范围的倒塌破坏。

对于某些比较重要的建筑结构，工程师在建筑结构设计时有责任防止结构连续性倒塌的发生，对其进行结构抗连续倒塌设计，保证结构在一定安全可靠度之下具有抵抗连续性倒塌的能力，当偶

条文解读

然荷载造成结构局部破坏时，结构能够通过多种荷载路径内力重分布阻止破坏过大范围的蔓延，尽可能减少人员的伤亡和结构的破坏程度。

现有的结构抗连续倒塌设计方法可以划分为四类：概念设计法、拉结构件法、拆除构件法和关键构件法，国内外的主要规范对这四种方法的采用各有侧重。我国现行《高层建筑混凝土结构技术规程》JGJ 3 借鉴了美国标准，对概念设计法、拆除构件法的线性静力分析方法和关键构件法给出了较为详细的规定，是目前我国规范体系中对结构抗连续倒塌给出的最明确的规定。

条文链接 ★5.1.6

根据《高层建筑混凝土结构技术规程》JGJ 3 的有关规定：

抗连续倒塌概念设计应符合下列固定：

（1）应采取必要的结构连接措施，增强结构的整体性。

（2）主体结构宜采用多跨规则的超静定结构。

（3）结构构件应具有适宜的延性，避免剪切破坏、压溃破坏、锚固破坏、节点先于构件破坏。

（4）结构构件应具有一定的反向承载能力。

（5）周边及边跨框架的柱距不宜过大。

（6）转换结构应具有整体多重传递重力荷载途径。

（7）钢筋混凝土结构梁柱宜刚接，梁板顶、底钢筋在支座处宜按受拉要求连续贯通。

（8）钢结构框架梁柱宜刚接。

（9）独立基础之间宜采用拉梁连接。

5.1.7 高层建筑装配整体式混凝土结构应符合下列规定：

（1）当设置地下室时，宜采用现浇混凝土。

（2）剪力墙结构和部分框支剪力墙结构底部加强部位宜采用现浇混凝土。

（3）框架结构的首层柱宜采用现浇混凝土。

（4）当底部加强部位的剪力墙、框架结构的首层柱采用预制混凝土时，应采取可靠技术措施。

条文解读

▲5.1.7

震害调查表明，有地下室的高层建筑破坏比较轻，而且有地下室对提高地基的承载力有利；高层建筑设置地下室，可以提高其在风、地震作用下的抗倾覆能力。因此高层建筑装配整体式混凝土结构宜按照现行行业标准《高层建筑混凝土结构技术规程》JGJ 1 的有关规定设置地下室。地下室顶板作为上部结构的嵌固部位时，宜采用现浇混凝土以保证其嵌固作用。对嵌固作用没有直接影响的地下室结构构件，当有可靠依据时，也可采用预制混凝土。

高层建筑装配整体式剪力墙结构和部分框支剪力墙结构的底部加强部位是结构抵抗罕遇地震的关键部位。弹塑性分析和实际震害均表明，底部墙肢的损伤往往较上部墙肢严重，因此对底部墙肢的延性和耗能能力的要求较上部墙肢高。目前，高层建筑装配整体式剪力墙结构和部分框支剪力墙结构的预制剪力墙竖向钢筋连接接头面积百分率通常为 100%，其抗震性能尚无实际震害经验，对其抗震性能的研究以构件试验为主，整体结构试验研究偏少，剪力墙墙肢的主要塑性发展区域采用现浇混凝土有利于保证结构整体抗震能力。因此，高层建筑剪力墙结构和部分框支剪力墙结构的底部加强部位的竖向构件宜采用现浇混凝土。

高层建筑装配整体式框架结构，首层的剪切变形远大于其他各层；震害表明，首层柱底出现塑性铰的框架结构，其倒塌的可能性大。试验研究表明，预制柱底的塑性铰与现浇柱底的塑性铰有一

条文解读

定的差别。在目前设计和施工经验尚不充分的情况下，高层建筑框架结构的首层柱宜采用现浇柱，以保证结构的抗地震倒塌能力。

当高层建筑装配整体式剪力墙结构和部分框支剪力墙结构的底部加强部位及框架结构首层柱采用预制混凝土时，应进行专门研究和论证，采取特别的加强措施，严格控制构件加工和现场施工质量。在研究和论证过程中，应重点提高连接接头性能、优化结构布置和构造措施，提高关键构件和部位的承载能力，尤其是柱底接缝与剪力墙水平接缝的承载能力，确保实现“强柱弱梁”的目标，并对大震作用下首层柱和剪力墙底部加强部位的塑性发展程度进行控制。必要时应进行试验验证。

条文链接 ★5.1.7

根据《高层建筑混凝土结构技术规程》JGJ 3 的有关规定：

（1）抗震设计时，框架结构的楼梯间应符合下列规定：

1）楼梯间的布置应尽量减小其造成的结构平面不规则。

2）宜采用现浇钢筋混凝土楼梯，楼梯结构应有足够的抗倒塌能力。

3）宜采取措施减小楼梯对主体结构的影响。

4）当钢筋混凝土楼梯与主体结构整体连接时，应考虑楼梯对地震作用及其效应的影响，并应对楼梯构件进行抗震承载力验算。

（2）框架结构按抗震设计时，不应采用部分由砌体墙承重之混合形式。框架结构中的楼、电梯间及局部出屋顶的电梯机房、楼梯间、水箱间等，应采用框架承重，不应采用砌体墙承重。

（3）抗震设计时，剪力墙底部加强部位的范围，应符合下列规定：

1）底部加强部位的高度，应从地下室顶板算起。

2）底部加强部位的高度可取底部两层和墙体总高度的1/10二者的较大值，部分框支剪力墙结构底部加强部位的高度应符合（4）的规定。

3）当结构计算嵌固端位于地下一层底板或以下时，底部加强部位宜延伸到计算嵌固端。

（4）带转换层的高层建筑结构，其剪力墙底部加强部位的高度应从地下室顶板算起，宜取至转换层以上两层且不宜小于房屋高度的1/10。

5.2 结构材料

5.2.1 混凝土、钢筋、钢材和连接材料的性能要求应符合国家现行标准《混凝土结构设计规范》GB 50010、《钢结构设计规范》GB 50017 和《装配式混凝土结构技术规程》JGJ 1 等的有关规定。

条文链接 ★5.2.1

根据《混凝土结构设计规范》GB 50010 的有关规定：

（1）混凝土轴心抗压强度的标准值应按表1-12采用，轴心抗拉强度的标准值应按表1-13采用。

表1-12 混凝土轴心抗压强度标准值 （单位：N/mm^2）

强度	混凝土强度等级													
	C15	C20	C25	C30	C35	C40	C45	C50	C55	C60	C65	C70	C75	C80
f_{ck}	10.0	13.4	16.7	20.1	23.4	26.8	29.6	32.4	35.5	38.5	41.5	44.5	47.4	50.2

条文链接

表 1-13　混凝土轴心抗拉强度标准值)　　（单位：N/mm^2）

强度	混凝土强度等级													
	C15	C20	C25	C30	C35	C40	C45	C50	C55	C60	C65	C70	C75	C80
f_{tk}	1.27	1.54	1.78	2.01	2.20	2.39	2.51	2.64	2.74	2.85	2.93	2.99	3.05	3.11

（2）混凝土轴心抗压强度的设计值应按表 1-14 采用；轴心抗拉强度的设计值应按表 1-15 采用。

表 1-14　混凝土轴心抗压强度设计值　　（单位：N/mm^2）

强度	混凝土强度等级													
	C15	C20	C25	C30	C35	C40	C45	C50	C55	C60	C65	C70	C75	C80
f_c	7.2	9.6	11.9	14.3	16.7	19.1	21.1	23.1	25.3	27.5	29.7	31.8	33.8	35.9

表 1-15　混凝土轴心抗拉强度设计值　　（单位：N/mm^2）

强度	混凝土强度等级													
	C15	C20	C25	C30	C35	C40	C45	C50	C55	C60	C65	C70	C75	C80
f_t	0.91	1.10	1.27	1.43	1.57	1.71	1.80	1.89	1.96	2.04	2.09	2.14	2.18	2.22

（3）钢筋的强度标准值应具有不小于 95% 的保证率。普通钢筋的屈服强度标准值、极限强度标准值应按表 1-16 采用；预应力钢丝、钢绞线和预应力螺纹钢筋的屈服强度标准值、极限强度标准值应按表 1-17 采用。

表 1-16　普通钢筋强度标准值　　（单位：N/mm^2）

牌　号	符　号	公称直径 d/mm	屈服强度标准值 f_{yk}	极限强度标准值 f_{stk}
HPB300	Φ	6～22	300	420
HRB335 HRBF335	Φ $Φ^F$	6～50	335	455
HRB400 HRBF400 RRB400	Φ $Φ^F$ $Φ^R$	6～50	400	540
HRB500 HRBF500	Φ $Φ^F$	6～50	500	630

表 1-17　预应力钢筋强度标准值　　（单位：N/mm^2）

种　类		符　号	公称直径 d/mm	屈服强度标准值 f_{pyk}	极限强度标准值 f_{ptk}
中强度预应力钢丝	光面螺旋肋	$Φ^{PM}$ $Φ^{HM}$	5、7、9	620	800
				780	970
				980	1270

条文链接

（续）

种类		符号	公称直径 d（mm）	屈服强度标准值 f_{pyk}	极限强度标准值 f_{ptk}
预应力螺纹钢筋	螺纹	Φ^{T}	18、25、32、40、50	785	980
				930	1080
				1080	1230
消除应力钢丝	光面	Φ^{P}	5	—	1570
				—	1860
			7	—	1570
	螺旋肋	Φ^{H}	9	—	1470
				—	1570
钢绞线	1×3（三股）	Φ^{S}	8.6、10.8、12.9	—	1570
				—	1860
				—	1960
	1×7（七股）		9.5、12.7、15.2、17.8	—	1720
				—	1860
				—	1960
			21.6	—	1860

注：极限强度标准值为1960N/mm^{2}的钢绞线作后张预应力配筋时，应有可靠的工程经验。

（4）普通钢筋的抗拉强度设计值、抗压强度设计值应按表1-18采用，预应力钢筋的抗拉强度设计值、抗压强度设计值应按表1-19采用。

表1-18　普通钢筋强度设计值　（单位：N/mm^2）

牌号	抗拉强度设计值 f_y	抗压强度设计值 f'_y
HPB300	270	270
HRB335、HRBF335	300	300
HRB400、HRBF400、RRB400	360	360
HRB500、HRBF500	435	410

表1-19　预应力钢筋强度设计值　（单位：N/mm^2）

种类	极限强度标准值 f_{ptk}	抗拉强度设计值 f_{py}	抗压强度设计值 f'_{py}
中强度预应力钢丝	800	510	410
	970	650	
	1270	810	
消除应力钢丝	1470	1040	410
	1570	1110	
	1860	1320	

条文链接

（续）

种　类	极限强度标准值f_{ptk}	抗拉强度设计值f_{py}	抗压强度设计值f'_{py}
钢绞线	1570	1110	390
	1720	1220	
	1860	1320	
	1960	1390	
预应力螺纹钢筋	980	650	410
	1080	770	
	1230	900	

注：当预应力筋的强度标准值不符合表1-19的规定时，其强度设计值应进行相应的比例换算。

5.2.2　用于钢筋浆锚搭接连接的镀锌金属波纹管应符合现行行业标准《预应力混凝土用金属波纹管》JG 225的有关规定。镀锌金属波纹管的钢带厚度不宜小于0.3mm，波纹高度不应小于2.5mm。

条文解读

▲5.2.2

钢筋浆锚搭接是装配式混凝土结构钢筋竖向连接形式之一，即在混凝土中预埋波纹管，待混凝土达到要求强度后，钢筋穿入波纹管，再将高强度无收缩灌浆料灌入波纹管养护，以起到锚固钢筋的作用。

条文链接 **★5.2.2**

根据《预应力混凝土用金属波纹管》JG 225的有关规定：

预应力混凝土用金属波纹管径向刚度应符合表1-20的规定。

表1-20　金属波纹管径向刚度要求

截面形状			圆　形	扁　形
集中荷载/N	标准型		800	500
	增强型			
均布荷载/N	标准型		$F=0.31d^2$	$F=0.15d_e^2$
	增强型			
δ	标准型	$d\leqslant75$mm	≤0.20	≤0.20
		$d>75$mm	≤0.15	
	增强型	$d\leqslant75$mm	≤0.10	≤0.15
		$d>75$mm	≤0.08	

表中：圆管内径及扁管短轴长度均为公称尺寸：

F——均布荷载值，N；

d——圆管内径，mm；

d_e——扁管等效内径，mm，$d_e=\frac{2(b+h)}{\pi}$；

δ——内径变形比，$\delta=\frac{\Delta d}{d}$或$\delta=\frac{\Delta d}{h}$，式中$\Delta d$——外径变形值。

5.2.3　用于钢筋机械连接的挤压套筒，其原材料及实测力学性能应符合现行行业标准《钢筋机械连接用套筒》JG/T 163的有关规定。

条文解读

▲5.2.3

挤压套筒是混凝土结构钢筋机械连接采用的一种套筒，通过钢筋与套筒的机械咬合作用将一根钢筋的力传递到另一根钢筋，适用于热轧带肋钢筋的连接。

条文链接 ★5.2.3

根据《钢筋机械连接用套筒》JG/T 163的有关规定：

挤压套筒的原材料应根据被连接钢筋的牌号选用合适压延加工的钢材，宜选用牌号为10号和20号的优质碳素结构钢或牌号为Q235和Q275的碳素结构钢，其外观及力学性能应符合《碳素结构钢》GB/T 700、《热轧钢棒尺寸、外形、重量及允许偏差》GB/T 702和《结构用无缝钢管》GB/T 8162的规定，且实测力学性能应符合表1-21的规定。

表1-21 挤压套筒原材料的力学性能

项　　目	性能指标
屈服强度/MPa	205～350
抗拉强度/MPa	335～500
断后伸长率（%）	≥20
硬度/HRBW	50～80

5.2.4 用于水平钢筋锚环灌浆连接的水泥基灌浆材料应符合现行国家标准《水泥基灌浆材料应用技术规范》GB/T 50448的有关规定。

条文链接 ★5.2.4

根据《水泥基灌浆材料应用技术规范》GB/T 50448的有关规定：

水泥基灌浆材料主要性能应符合表1-22的规定。

表1-22 水泥基灌浆材料主要性能指标

类　　别		Ⅰ类	Ⅱ类	Ⅲ类	Ⅳ类
最大骨料粒径/mm		≤4.75			>4.75且≤25
截锥流动度/mm	初始值	—	≥340	≥290	≥650*
	30min	—	≥310	≥260	≥550*
流锥流动度/s	初始值	≤35	—	—	—
	30min	≤50	—	—	—
竖向膨胀率（%）	3h	0.1～3.5			
	24h与3h的膨胀值之差	0.02～0.50			
抗压强度/MPa	1d	≥15	≥20		
	3d	≥30	≥40		
	28d	≥50	≥60		
氯离子含量（%）		<0.1			
泌水率（%）		0			

注：*表示坍落扩展度数值。

5.3 结构分析和变形验算

5.3.1 装配式混凝土结构弹性分析时，节点和接缝的模拟应符合下列规定：

（1）当预制构件之间采用后浇带连接且接缝构造及承载力满足本标准中的相应要求时，可按现浇混凝土结构进行模拟。

（2）对于本标准中未包含的连接节点及接缝形式，应按照实际情况模拟。

条文解读

▲5.3.1

装配式混凝土结构中，存在等同现浇的湿式连接节点，也存在非等同现浇的湿式或者干式连接节点。对于本标准中列入的各种现浇连接接缝构造，如框架节点梁端接缝、预制剪力墙竖向接缝等，已经有了很充分的试验研究，当其构造及承载力满足本标准中的相应要求时，均能够实现等同现浇的要求；因此弹性分析模型可按照等同于连续现浇的混凝土结构来模拟。多层装配式墙板结构节点与接缝的模拟应符合本标准5.8的规定。

对于本标准中未列入的节点及接缝构造，当有充足的试验依据表明其能够满足等同现浇的要求时，可按照连续的混凝土结构进行模拟，不考虑接缝对结构刚度的影响。所谓充足的试验依据，是指连接构造及采用此构造连接的构件，在常用参数（如构件尺寸、配筋率等）、各种受力状态下（如弯、剪、扭或复合受力、静力及地震作用）的受力性能均进行过试验研究，试验结果能够证明其与同样尺寸的现浇构件具有基本相同的承载力、刚度、变形能力、延性、耗能能力等方面的性能水平。

对于干式连接节点，一般应根据其实际受力状况模拟为刚接、铰接或者半刚接节点。如梁、柱之间采用牛腿、企口搭接，其钢筋不连接时，则模拟为铰接节点；如梁柱之间采用后张预应力压紧连接或螺栓压紧连接，一般应模拟为半刚性节点。计算模型中应包含连接节点，并准确计算出节点内力，以进行节点连接件及预埋件的承载力复核。连接的实际刚度可通过试验或者有限元分析获得。

条文链接

★5.3.1

根据《混凝土结构设计规范》GB 50010的有关规定：

（1）结构的弹性分析方法可用于正常使用极限状态和承载能力极限状态作用效应的分析。

（2）结构构件的刚度可按下列原则确定：

1）混凝土的弹性模量可按表1-23采用。

表1-23 混凝土的弹性模量 （$\times 10^4 N/mm^2$）

混凝土强度等级	C15	C20	C25	C30	C35	C40	C45	C50	C55	C60	C65	C70	C75	C80
E_c	2.20	2.55	2.80	3.00	3.15	3.25	3.35	3.45	3.55	3.60	3.65	3.70	3.75	3.80

注：1. 当有可靠试验依据时，弹性模量可根据实测数据确定。
2. 当混凝土中掺有大量矿物掺合料时，弹性模量可按规定龄期根据实测数据确定。

2）截面惯性矩可按匀质的混凝土全截面计算。

3）端部加腋的杆件，应考虑其截面变化对结构分析的影响。

4）不同受力状态下构件的截面刚度，宜考虑混凝土开裂、徐变等因素的影响予以折减。

（3）混凝土结构弹性分析宜采用结构力学或弹性力学等分析方法。体形规则的结构，可根据作用的种类和特性，采用适当的简化分析方法。

（4）当结构的二阶效应可能使作用效应显著增大时，在结构分析中应考虑二阶效应的不利影响。

混凝土结构的重力二阶效应可采用有限元分析方法计算，也可采用本规范附录B的简化方法。当采用有限元分析方法时，宜考虑混凝土构件开裂对构件刚度的影响。

（5）当边界支承位移对双向板的内力及变形有较大影响时，在分析中宜考虑边界支承竖向变形及扭转等的影响。

5.3.2 进行抗震性能化设计时，结构在设防烈度地震及罕遇地震作用下的内力及变形分析，可根据结构受力状态采用弹性分析方法或弹塑性分析方法。弹塑性分析时，宜根据节点和接缝在受力全过程中的特性进行节点和接缝的模拟。材料的非线性行为可根据现行国家标准《混凝土结构设计规范》GB 50010确定，节点和接缝的非线性行为可根据试验研究确定。

条文解读

▲5.3.2

装配式混凝土结构进行弹塑性分析时，构件及节点均可能进入塑性状态。构件的模拟与现浇混凝土结构相同，而节点及接缝的全过程非线性行为的模拟是否准确，是决定分析结果是否准确的关键因素。试验结果证明，受力全过程能够实现等同现浇的湿式连接节点，可按照连续的混凝土结构模拟，忽略接缝的影响。对于其他类型的节点及接缝，应根据试验结果或精细有限元分析结果，总结节点及接缝的特性，如弯矩 转角关系、剪力-滑移关系等，并反映在计算模型中。

条文链接 ★5.3.2

根据《混凝土结构设计规范》GB 50010的有关规定：

重要或受力复杂的结构，宜采用弹塑性分析方法对结构整体或局部进行验算。结构的弹塑性分析宜遵循下列原则：

（1）应预先设定结构的形状、尺寸、边界条件、材料性能和配筋等。

（2）材料的性能指标宜取平均值，并宜通过试验分析确定，也可按本规范附录C的规定确定。

（3）宜考虑结构几何非线性的不利影响。

（4）分析结果用于承载力设计时，宜考虑抗力模型不定性系数对结构的抗力进行适当调整。

5.3.3 内力和变形计算时，应计入填充墙对结构刚度的影响。当采用轻质墙板填充墙时，可采用周期折减的方法考虑其对结构刚度的影响；对于框架结构，周期折减系数可取0.7～0.9；对于剪力墙结构，周期折减系数可取0.8～1.0。

条文解读

▲5.3.3

非承重外围护墙、内隔墙的刚度对结构的整体刚度、地震力的分布、相邻构件的破坏模式等都有影响，影响大小与围护墙及隔墙的数量、刚度、与主体结构连接的刚度直接相关。外围护墙采用外挂墙板时，与主体结构一般采用柔性连接，其对主体结构的影响及处理方式在本标准5.9中有专门规定。

非承重隔墙的做法有砌块抹灰、轻质复合墙板、条板内隔墙、预制混凝土内隔墙等。轻质复合墙板、条板内隔墙等一般是在主体结构完工后二次施工，与主体结构之间存在拼缝，参考现浇混凝土结构的处理方式，采用周期折减的方法考虑其对结构刚度的影响。周期折减系数根据实际情况及经验，由设计人员确定。当轻质隔墙板刚度较小且结构刚度较大时，如在剪力墙结构中采用轻质复合隔墙板，周期折减系数可较大，取0.8～1.0；当轻质隔墙板刚度较大且结构刚度较小时，如框架结构中，周期折减系数较小，取0.7～0.9。

非承重墙体为砌块隔墙时，周期折减系数的取值可参照《高层建筑混凝土结构技术规程》JGJ 3的有关规定。

条文链接 ★5.3.3

根据《高层民用建筑钢结构技术规程》JGJ 99的有关规定：

（1）计算各振型地震影响系数所采用的结构自振周期，应考虑非承重填充墙体的刚度影响予以折减。

条文链接

（2）当非承重墙体为填充轻质砌块、填充轻质墙板或外挂墙板时，自振周期折减系数可取0.9～1.0。

5.3.4 在风荷载或多遇地震作用下，结构楼层内最大的弹性层间位移应符合下式规定：

$$\Delta u_e \leqslant [\theta_e]h$$

式中 Δu_e——楼层内最大弹性层间位移；

$[\theta_e]$——弹性层间位移角限值，应按表1-24采用；

h——层高。

表1-24 弹性层间位移角限值

结构类型	$[\theta_e]$
装配整体式框架结构	1/550
装配整体式框架-现浇剪力墙结构、装配整体式框架-现浇核心筒结构	1/800
装配整体式剪力墙结构、装配整体式部分框支剪力墙结构	1/1000

条文解读

▲5.3.4

层间位移是上、下层侧向位移之差。

层间位移角是按弹性方法计算的风荷载或多遇地震标准值作用下的楼层层间最大水平位移与层高之比。主要为限制结构在正常使用条件下的水平位移，确保高层结构应具备的刚度，避免产生过大的位移而影响结构的承载力、稳定性和使用要求。

条文链接 **★5.3.4**

根据《建筑抗震设计规范》GB 50011的有关规定：

（1）表1-25所列各类结构应进行多遇地震作用下的抗震变形验算，其楼层内最大的弹性层间位移应符合下式要求：

$$\Delta u_e \leqslant [\theta_e]h$$

式中 Δu_e——多遇地震作用标准值产生的楼层内最大的弹性层间位移；计算时，除以弯曲变形为主的高层建筑外，可不扣除结构整体弯曲变形；应计入扭转变形，各作用分项系数均应采用1.0；钢筋混凝土结构构件的截面刚度可采用弹性刚度；

$[\theta_e]$——弹性层间位移角限值，应按表1-25采用；

h——计算楼层层高。

表1-25 弹性层间位移角限值

结构类型	$[\theta_e]$
钢筋混凝土框架	1/550
钢筋混凝土框架-抗震墙、板柱-抗震墙、框架-核心筒	1/800
钢筋混凝土抗震墙、筒中筒	1/1000
钢筋混凝土框支层	1/1000
多、高层钢结构	1/250

条文链接

（2）建筑结构的地震影响系数应根据烈度、场地类别、设计地震分组和结构自振周期以及阻尼比确定。其水平地震影响系数最大值应按表1-26采用；特征周期应根据场地类别和设计地震分组按表1-27采用，计算罕遇地震作用时，特征周期应增加0.05s。

注：周期大于6.0s的建筑结构所采用的地震影响系数应专门研究。

表1-26　水平地震影响系数最大值

地震影响	6度	7度	8度	9度
多遇地震	0.04	0.08（0.12）	0.16（0.24）	0.32
罕遇地震	0.28	0.50（0.72）	0.90（1.20）	1.40

注：括号中数值分别用于设计基本地震加速度为0.15g和0.30g的地区。

表1-27　特征周期值　（单位：s）

设计地震分组	场地类别				
	I_0	I_1	Ⅱ	Ⅲ	Ⅳ
第一组	0.20	0.25	0.35	0.45	0.65
第二组	0.25	0.30	0.40	0.55	0.75
第三组	0.30	0.35	0.45	0.65	0.90

5.3.5　在罕遇地震作用下，结构薄弱层（部位）弹塑性层间位移应符合下式规定：

$$\Delta u_p \leqslant [\theta_p]\ h$$

式中　Δu_p——弹塑性层间位移；

$[\theta_p]$——弹塑性层间位移角限值，应按表1-28采用；

h——层高。

表1-28　弹塑性层间位移角限值

结构类别	$[\theta_p]$
装配整体式框架结构	1/50
装配整体式框架-现浇剪力墙结构、装配整体式框架-现浇核心筒结构	1/100
装配整体式剪力墙结构、装配整体式部分框支剪力墙结构	1/120

条文链接 ★5.3.5

参考第一部分5.3.5条的条文链接。

根据《建筑抗震设计规范》GB 50011的有关规定：

结构薄弱层（部位）弹塑性层间位移应符合下式要求。

$$\Delta u_p \leqslant [\theta_p]\ h$$

式中　Δu_p——弹塑性层间位移；

$[\theta_p]$——弹塑性层间位移角限值，应按表1-29采用；对钢筋混凝土框架结构，当轴压比小于0.40时，可提高10%；当柱子全高的箍筋构造比本规范6.3.9条规定的体积配筋率大30%时，可调高20%，但累计不超过25%；

h——薄弱层层高或单层厂房上柱高度。

条文链接

表 1-29　弹塑性层间位移角限值

结构类型	$[\theta_p]$
单层钢筋混凝土柱排架	1/30
钢筋混凝土框架	1/50
底部框架砌体房屋中的框架-抗震墙	1/100
钢筋混凝土框架-抗震墙、板柱-抗震墙、框架-核心筒	1/100
钢筋混凝土抗震墙、筒中筒	1/120
多、高层钢结构	1/50

5.4　构件与连接设计

5.4.1　预制构件设计应符合下列规定：

（1）预制构件的设计应满足标准化的要求，宜采用建筑信息化模型（BIM）技术进行一体化设计，确保预制构件的钢筋与预留洞口、预埋件等相协调，简化预制构件连接节点施工。

（2）预制构件的形状、尺寸、重量等应满足制作、运输、安装各环节的要求。

（3）预制构件的配筋设计应便于工厂化生产和现场连接。

条文解读

▲5.4.1

预制构件的标准化指在结构设计时，应尽量减少梁板墙柱等预制结构构件的种类，保证模板能够多次重复使用，以降低造价。

构件在安装过程中，钢筋对位直接制约构件的连接效率，故宜采用大直径、大间距的配筋方式，以便现场钢筋的对位和连接。

条文链接　★5.4.1

根据《混凝土结构工程施工质量验收规范》GB 50204 的有关规定：

（1）专业企业生产的预制构件进场时，预制构件结构性能检验应符合下列规定：

1）梁板类简支受弯预制构件进场时应进行结构性能检验，并应符合下列规定：

①结构性能检验应符合国家现行相关标准的有关规定及设计的要求，检验要求和试验方法应符合本规范附录 B 的规定。

②钢筋混凝土构件和允许出现裂缝的预应力混凝土构件应进行承载力、挠度和裂缝宽度检验；不允许出现裂缝的预应力混凝土构件应进行承载力、挠度和抗裂检验。

③对大型构件及有可靠应用经验的构件，可只进行裂缝宽度、抗裂和挠度检验。

④对使用数量较少的构件，当能提供可靠依据时，可不进行结构性能检验。

2）对其他预制构件，除设计有专门要求外，进场时可不做结构性能检验。

3）对进场时不做结构性能检验的预制构件，应采取下列措施：

①施工单位或监理单位代表应驻厂监督制作过程。

②当无驻厂监督时，预制构件进场时应对预制构件主要受力钢筋数量、规格、间距及混凝土强度等进行实体检验。

检验数量：同一类型预制构件不超过 1000 个为一批，每批随机抽取 1 个构件进行结构性能检验。

条文链接

检验方法：检查结构性能检验报告或实体检验报告。

注：“同类型”是指同一钢种、同一混凝土强度等级、同一生产工艺和同一结构形式。抽取预制构件时，宜从设计荷载最大、受力最不利或生产数量最多的预制构件中抽取。

（2）预制构件的尺寸偏差及检验方法应符合表1-30的规定；设计有专门规定时，尚应符合设计要求。施工过程中临时使用的预埋件，其中心线位置允许偏差可取表1-30中规定数值的2倍。

检查数量：同一类型的构件，不超过100件为一批，每批应抽查构件数量的5%，且不应少于3件。

表1-30 预制构件尺寸的允许偏差及检验方法

项目			允许偏差/mm	检验方法
长度	楼板、梁、柱、桁架	<12m	±5	尺量
		≥12m且<18m	±10	
		≥18m	±20	
	墙板		±4	
宽度、高（厚）度	楼板、梁、柱、桁架		±5	尺量一端及中部，取其中偏差绝对值较大处
	墙板		±4	
表面平整度	楼板、梁、柱、墙板内表面		5	2m靠尺和塞尺量测
	墙板外表面		3	
侧向弯曲	楼板、梁、柱		L/750且≤20	拉线、直尺量测最大侧向弯曲处
	墙板、桁架		L/1000且≤20	
翘曲	楼板		L/750	调平尺在两端量测
	墙板		L/1000	
对角线	楼板		10	尺量两个对角线
	墙板		5	
预留孔	中心线位置		5	尺量
	孔尺寸		±5	
预留洞	中心线位置		10	尺量
	洞口尺寸、深度		±10	
预埋件	预埋板中心线位置		5	尺量
	预埋板与混凝土面平面高差		0，-5	
	预埋螺栓		2	
	预埋螺栓外露长度		+10，-5	
	预埋套筒、螺母中心线位置		2	
	预埋套筒、螺母与混凝土面平面高差		±5	
预留插筋	中心线位置		5	尺量
	外露长度		+10，-5	
键槽	中心线位置		5	尺量
	长度、宽度		±5	
	深度		±10	

注：1. L为构件长度，单位为mm。

2. 检查中心线、螺栓和孔道位置偏差时，沿纵、横两个方向量测，并取其中偏差较大值。

5.4.2 装配整体式混凝土结构中，接缝的正截面承载力应符合现行国家标准《混凝土结构设计规范》GB 50010 的规定。接缝的受剪承载力应符合下列规定：

（1）持久设计状况、短暂设计状况：

$$\gamma_0 V_{jd} \leqslant V_u$$

（2）地震设计状况：

$$V_{jdE} \leqslant V_{uE}/\gamma_{RE}$$

在梁、柱端部箍筋加密区及剪力墙底部加强部位，尚应符合下式要求：

$$\eta_j V_{mua} \leqslant V_{uE}$$

式中 γ_0——结构重要性系数，安全等级为一级时不应小于 1.1，安全等级为二级时不应小于 1.0；

V_{jd}——持久设计状况和短暂设计状况下接缝剪力设计值（N）；

V_{jdE}——地震设计状况下接缝剪力设计值（N）；

V_u——持久设计状况和短暂设计状况下梁端、柱端、剪力墙底部接缝受剪承载力设计值（N）；

V_{uE}——地震设计状况下梁端、柱端、剪力墙底部接缝受剪承载力设计值（N）；

V_{mua}——被连接构件端部按实配钢筋面积计算的斜截面受剪承载力设计值（N）；

γ_{RE}——接缝受剪承载力抗震调整系数，取 0.85；

η_j——接缝受剪承载力增大系数，抗震等级为一、二级取 1.2，抗震等级为三、四级取 1.1。

条文链接 ★5.4.2

根据《混凝土结构设计规范》GB 50010 的有关规定：

正截面承载力应按下列基本假定进行计算：

（1）截面应变保持平面。

（2）不考虑混凝土的抗拉强度。

（3）混凝土受压的应力与应变关系按下列规定取用：

当 $\varepsilon_c \leqslant \varepsilon_0$ 时

$$\sigma_c = f_c[1-(1-(\varepsilon_c/\varepsilon_0)^n]$$

当 $\varepsilon_0 < \varepsilon_c \leqslant \varepsilon_{cu}$ 时

$$\sigma_c = f_c$$

$$n = 2 - 1/60(f_{cu,k} - 50)$$

$$\varepsilon_0 = 0.002 + 0.5(f_{cu,k} - 50) \times 10^{-5}$$

$$\varepsilon_{cu} = 0.0033 - (f_{cu,k} - 50) \times 10^{-5}$$

式中 σ_c——混凝土压应变为 ε_c 时的混凝土压应力；

f_c——混凝土轴心抗压强度设计值，按本规范表 4.1.4-1 采用；

ε_0——混凝土压应力达到 f_c 时的混凝土压应变，当计算的 ε_0 值小于 0.002 时，取 0.002；

ε_{cu}——正截面的混凝土极限压应变，当处于非均匀受压且按上式计算的值大于 0.0033 时，取 0.0033；当处于轴心受压时取 ε_0；

$f_{cu,k}$——混凝土立方体抗压强度标准值，按本规范第 4.1.1 条确定；

n——系数，当计算的 n 值大于 2.0 时，取 2.0。

（4）纵向受拉钢筋的极限拉应变取 0.01。

（5）纵向钢筋的应力取钢筋应变与其弹性模量的乘积，但其值应符合下列要求：

条文链接

$$-f'_{y} \leqslant \sigma_{si} \leqslant f_{y}$$

$$\sigma_{p0i} - f'_{py} \leqslant \sigma_{pi} \leqslant f_{py}$$

式中 σ_{si}、σ_{pi}——第 i 层纵向普通钢筋、预应力筋的应力，正值代表拉应力，负值代表压应力；

σ_{p0i}——第 i 层纵向预应力筋截面重心处混凝土法向应力等于0时的预应力筋应力，按《混凝土结构设计规范》GB 50010 公式10.1.6-3或公式10.1.6-6计算；

f_{y}、f_{py}——普通钢筋、预应力筋抗拉强度设计值，按本规范表4.2.3-1、表4.2.3-2采用；

f'_{y}、f'_{py}——普通钢筋、预应力筋抗压强度设计值，按本规范表4.2.3-1、表4.2.3-2采用。

5.4.3 预制构件的拼接应符合下列规定：

（1）预制构件拼接部位的混凝土强度等级不应低于预制构件的混凝土强度等级。

（2）预制构件的拼接位置宜设置在受力较小部位。

（3）预制构件的拼接应考虑温度作用和混凝土收缩徐变的不利影响，宜适当增加构造配筋。

条文链接 ★**5.4.3**

根据《混凝土结构设计规范》GB 50010 的有关规定：

（1）混凝土强度等级应按立方体抗压强度标准值确定。立方体抗压强度标准值是指按标准方法制作、养护的边长为150mm的立方体试件，在28d或设计规定龄期以标准试验方法测得的具有95%保证率的抗压强度值。

（2）素混凝土结构的混凝土强度等级不应低于C15；钢筋混凝土结构的混凝土强度等级不应低于C20；采用强度等级400MPa及以上的钢筋时，混凝土强度等级不应低于C25。

预应力混凝土结构的混凝土强度等级不宜低于C40，且不应低于C30。

承受重复荷载的钢筋混凝土构件，混凝土强度等级不应低于C30。

5.4.4 装配式混凝土结构中，节点及接缝处的纵向钢筋连接宜根据接头受力、施工工艺等要求选用套筒灌浆连接、机械连接、浆锚搭接连接、焊接连接、绑扎搭接连接等连接方式。直径大于20mm的钢筋不宜采用浆锚搭接连接，直接承受动力荷载的构件纵向钢筋不应采用浆锚搭接连接。当采用套筒灌浆连接时，应符合现行行业标准《钢筋套筒灌浆连接应用技术规程》JGJ 355 的规定；当采用机械连接时，应符合现行行业标准《钢筋机械连接技术规程》JGJ 107 的规定；当采用焊接连接时，应符合现行行业标准《钢筋焊接及验收规程》JGJ 18 的规定。

条文链接 ★**5.4.4**

根据《钢筋套筒灌浆连接应用技术规程》JGJ 355 的有关规定：

（1）钢筋套筒灌浆连接接头的抗拉强度不应小于连接钢筋抗拉强度标准值，且破坏时应断于接头外钢筋。

（2）灌浆套筒进厂（场）时，应抽取灌浆套筒并采用与之匹配的灌浆料制作对中连接接头试件，并进行抗拉强度检验，检验结果均应符合（1）的规定。

检查数量：同一批号、同一类型、同一规格的灌浆套筒，不超过1000个为一批，每批随机抽取3个灌浆套筒制作对中连接接头试件。

检验方法：检查质量证明文件和抽样检验报告。

根据《钢筋机械连接技术规程》JGJ 107 的有关规定：

（1）Ⅰ级、Ⅱ级、Ⅲ级接头的抗拉强度必须符合表1-31的规定。

条文链接

表 1-31　接头的抗拉强度

接头等级	Ⅰ级	Ⅱ级	Ⅲ级
抗拉强度	$f^0_{mst} \geq f_{stk}$　断于钢筋 或$f^0_{mst} \geq 1.10f_{stk}$　断于接头	$f^0_{mst} \geq f_{stk}$	$f^0_{mst} \geq 1.25f_{stk}$

（2）对接头的每一验收批，必须在工程结构中随机截取 3 个接头试件做抗拉强度试验，按设计要求的接头等级进行评定。当 3 个接头试件的抗拉强度均符合表 1-31 中相应等级的强度要求时，该验收批应评为合格。如有 1 个试件的抗拉强度不符合要求，应再取 6 个试件进行复检。复检中如仍有 1 个试件的抗拉强度不符合要求，则该验收批应评为不合格。

根据《钢筋焊接及验收规程》JGJ 18 的有关规定：

（1）施焊的各种钢筋、钢板均应有质量证明书；焊条、焊丝、氧气、溶解乙炔、液化石油气、二氧化碳气体、焊剂应有产品合格证。

钢筋进场时，应按国家现行相关标准的规定抽取试件并做力学性能和重量偏差检验，检验结果必须符合国家现行有关标准的规定。

检验数量：按进场的批次和产品的抽样检验方案确定。

检验方法：检查产品合格证、出厂检验报告和进场复验报告。

（2）在钢筋工程焊接开工之前，参与该项工程施焊的焊工必须进行现场条件下的焊接工艺试验，应经试验合格后，方准于焊接生产。

（3）焊接作业区防火安全应符合下列规定：

1）焊接作业区和焊机周围 6m 以内，严禁堆放装饰材料、油料、木材、氧气瓶、溶解乙炔气瓶、液化石油气瓶等易燃、易爆物品。

2）除必须在施工工作面焊接外，钢筋应在专门搭设的防雨、防潮、防晒的工房内焊接；工房的屋顶应有安全防护和排水设施，地面应干燥，应有防止飞溅的金属火花伤人的设施。

3）高空作业的下方和焊接火星所及范围内，必须彻底清除易燃、易爆物品。

4）焊接作业区应配置足够的灭火设备，如水池、砂箱、水龙带、消火栓、手提灭火器。

5.4.5　纵向钢筋采用挤压套筒连接时应符合下列规定：

（1）连接框架柱、框架梁、剪力墙边缘构件纵向钢筋的挤压套筒接头应满足Ⅰ级接头的要求，连接剪力墙竖向分布钢筋、楼板分布钢筋的挤压套筒接头应满足Ⅰ级接头抗拉强度的要求。

（2）被连接的预制构件之间应预留后浇段，后浇段的高度或长度应根据挤压套筒接头安装工艺确定，应采取措施保证后浇段的混凝土浇筑密实。

（3）预制柱底、预制剪力墙底宜设置支腿，支腿应能承受不小于 2 倍支承预制构件的自重。

条文链接 ★5.4.5

根据《钢筋机械连接技术规程》JGJ 107 的有关规定：

（1）Ⅰ级、Ⅱ级、Ⅲ级接头的极限抗拉强度必须符合表 1-32 的规定。

表 1-32　接头极限抗拉强度

接头等级	Ⅰ级	Ⅱ级	Ⅲ级
极限抗拉强度	$f^o_{mst} \geq f_{stk}$　钢筋拉断 或$f^o_{mst} \geq 1.10f_{stk}$　连接件破坏	$f^o_{mst} \geq f_{stk}$	$f^o_{mst} \geq 1.25f_{yk}$

注：1. 钢筋拉断是指断于钢筋母材、套筒外钢筋丝头和钢筋镦粗过渡段。

2. 连接件破坏是指断于套筒、套筒纵向开裂或钢筋从套筒中拔出以及其他连接组件破坏。

条文链接

（2）Ⅰ级、Ⅱ级、Ⅲ级接头应能经受规定的高应力和大变形反复拉压循环，且在经历拉压循环后，其极限抗拉强度仍应符合（1）的规定。

（3）Ⅰ级、Ⅱ级、Ⅲ级接头变形性能应符合表1-33的规定。

表1-33　接头变形性能

接头等级		Ⅰ级	Ⅱ级	Ⅲ级
单向拉伸	残余变形/mm	$u_0 \leqslant 0.10$（$d \leqslant 32$） $u_0 \leqslant 0.14$（$d > 32$）	$u_0 \leqslant 0.14$（$d \leqslant 32$） $u_0 \leqslant 0.16$（$d > 32$）	$u_0 \leqslant 0.14$（$d \leqslant 32$） $u_0 \leqslant 0.16$（$d > 32$）
	最大力下总伸长率（%）	$A_{sgt} \geqslant 6.0$	$A_{sgt} \geqslant 6.0$	$A_{sgt} \geqslant 3.0$
高应力反复拉压	残余变形/mm	$u_{20} \leqslant 0.3$	$u_{20} \leqslant 0.3$	$u_{20} \leqslant 0.3$
大变形反复拉压	残余变形/mm	$u_4 \leqslant 0.3$ 且 $u_8 \leqslant 0.6$	$u_4 \leqslant 0.3$ 且 $u_8 \leqslant 0.6$	$u_4 \leqslant 0.6$

5.5　楼盖设计

5.5.1　装配整体式混凝土结构的楼盖宜采用叠合楼盖，叠合板设计应符合现行国家标准《混凝土结构设计规范》GB 50010的有关规定。

5.5.2　高层装配整体式混凝土结构中，楼盖应符合下列规定：

（1）结构转换层和作为上部结构嵌固部位的楼层宜采用现浇楼盖。

（2）屋面层和平面受力复杂的楼层宜采用现浇楼盖，当采用叠合楼盖时，楼板的后浇混凝土叠合层厚度不应小于100mm，且后浇层内应采用双向通长配筋，钢筋直径不宜小于8mm，间距不宜大于200mm。

条文解读

▲5.5.2

叠合楼盖包括桁架钢筋混凝土叠合板、预制平板底板混凝土叠合板、预制带肋底板混凝土叠合板、叠合空心楼板等。本节中主要对常规叠合楼盖的设计方法及构造要求进行了规定，其他形式的叠合楼盖的设计方法可参考现行行业相关规程。结构转换层、平面复杂或开洞较大的楼层、作为上部结构嵌固部位的地下室楼层对整体性及传递水平力的要求较高，宜采用现浇楼盖。

当顶层楼板采用叠合楼板时，为增强顶层楼板的整体性，需提高后浇混凝土叠合层的厚度和配筋要求，同时叠合楼板应设置桁架钢筋。

条文链接　**★5.5.2**

根据《建筑抗震设计规范》GB 50011的有关规定：

单层空旷房屋大厅屋盖的承重结构，在下列情况下不应采用砖柱：

（1）7度（0.15*g*）、8度、9度时的大厅。

（2）大厅内设有挑台。

（3）7度（0.10*g*）时，大厅跨度大于12m或柱顶高度大于6m。

（4）6度时，大厅跨度大于15m或柱顶高度大于8m。

5.5.3 当桁架钢筋混凝土叠合板的后浇混凝土叠合层厚度不小于100mm且不小于预制板厚度的1.5倍时，支承端预制板内纵向受力钢筋可采用间接搭接方式锚入支承梁或墙的后浇混凝土中（图1-1），并应符合下列规定：

（1）附加钢筋的面积应通过计算确定，且不应少于受力方向跨中板底钢筋面积的1/3。

（2）附加钢筋直径不宜小于8mm，间距不宜大于250mm。

（3）当附加钢筋为构造钢筋时，伸入楼板的长度不应小于与板底钢筋的受压搭接长度，伸入支座的长度不应小于15d（d为附加钢筋直径）且宜伸过支座中心线；当附加钢筋承受拉力时，伸入楼板的长度不应小于与板底钢筋的受拉搭接长度，伸入支座的长度不应小于受拉钢筋锚固长度。

（4）垂直于附加钢筋的方向应布置横向分布钢筋，在搭接范围内不宜少于3根，且钢筋直径不宜小于6mm，间距不宜大于250mm。

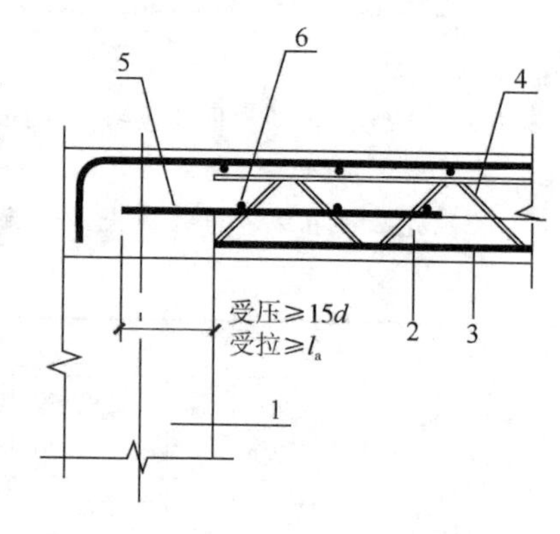

图1-1 桁架钢筋混凝土叠合板板端构造示意

1—支承梁或墙 2—预制板 3—板底钢筋 4—桁架钢筋 5—附加钢筋 6—横向分布钢筋

条文解读

▲5.5.3

当后浇混凝土叠合层厚度不小于100mm且不小于预制层厚度的1.5倍时，预制板板底钢筋可采用分离式搭接锚固，预制板板底钢筋伸到预制板板端，在现浇层内设置附加钢筋伸入支座锚固。板底钢筋采用分离式搭接锚固有利于预制板加工及方便施工。

条文链接 ★5.5.3

根据《建筑抗震设计规范》GB 50011的有关规定：

采用装配整体式楼、屋盖时，应采取措施保证楼、屋盖的整体性及其与抗震墙的可靠连接。装配整体式楼、屋盖采用配筋现浇面层加强时，其厚度不应小于50mm。

5.5.4 双向叠合板板侧的整体式接缝宜设置在叠合板的次要受力方向且宜避开最大弯矩截面。接缝可采用后浇带形式（图1-2），并应符合下列规定：

（1）后浇带宽度不宜小于200mm。

（2）后浇带两侧板底纵向受力钢筋可在后浇带中焊接、搭接、弯折锚固、机械连接。

（3）当后浇带两侧板底纵向受力钢筋在后浇带中搭接连接时，应符合下列规定。

1）预制板板底外伸钢筋为直线形（图1-2a）时，钢筋搭接长度应符合现行国家标准《混凝土结构设计规范》GB 50010的有关规定。

2）预制板板底外伸钢筋端部为90°或135°弯钩（图1-2b、c）时，钢筋搭接长度应符合现行国家标准《混凝土结构设计规范》GB 50010有关钢筋锚固长度的规定，90°和135°弯钩钢筋弯后直段长度分别为12d和5d（d为钢筋直径）。

（4）当有可靠依据时，后浇带内的钢筋也可采用其他连接方式。

条文解读

▲5.5.4

当预制板接缝可实现钢筋与混凝土的连续受力时，即形成“整体式接缝”时，可按照整体双向板进行设计。整体式接缝一般采用后浇带的形式，后浇带应有一定的宽度以保证钢筋在后浇带中的搭接或锚固，并保证后浇混凝土与预制板的整体性。后浇带两侧的板底受力钢筋需要可靠连接，

条文解读

比如焊接、机械连接、搭接等。

接缝应该避开双向板的主要受力方向和跨中弯矩最大位置。在设计时，如果接缝位于主要受力位置，应加强钢筋连接和锚固措施。

双向叠合板板侧也可采用密拼整体式接缝形式，但需采用合理计算模型分析。

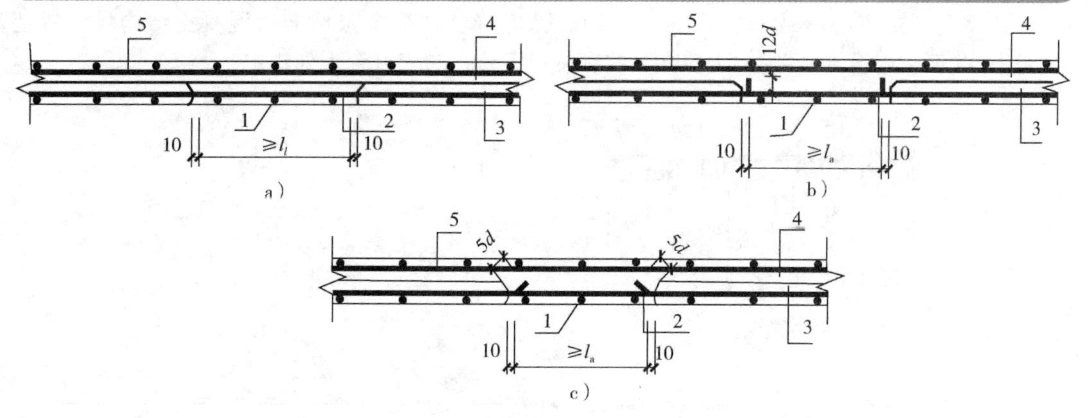

图 1-2　双向叠合板整体式接缝构造示意

a）板底纵筋直线搭接　b）板底纵筋末端带 90°弯钩搭接　c）板底纵筋末端带 135°弯钩搭接

1—通长钢筋　2—纵向受力钢筋　3—预制板　4—后浇混凝土叠合层　5—后浇层内钢筋

条文链接 ★5.5.4

根据《混凝土结构设计规范》GB 50010 的有关规定：

（1）纵向受拉钢筋绑扎搭接接头的搭接长度，应根据位于同一连接区段内的钢筋搭接接头面积百分率按下式计算，且不应小于 300mm。

$$l_l = \zeta_l l_a$$

式中　l_l——纵向受拉钢筋的搭接长度；

ζ_l——纵向受拉钢筋搭接长度修正系数，按表 1-34 取用。当纵向搭接钢筋接头面积百分率为表的中间值时，修正系数可按内插取值。

表 1-34　纵向受拉钢筋搭接长度修正系数

纵向搭接钢筋接头面积百分率（%）	≤25	50	100
ζ_l	1.2	1.4	1.6

（2）同一构件中相邻纵向受力钢筋的绑扎搭接接头宜互相错开。钢筋绑扎搭接接头连接区段的长度为 1.3 倍搭接长度，凡搭接接头中点位于该连接区段长度内的搭接接头均属于同一连接区段（图 1-3）。同一连接区段内纵向受力钢筋搭接接头面积百分率为该区段内有搭接接头的纵向受力钢筋与全部纵向受力钢筋截面面积的比值。当直径不同的钢筋搭接时，按直径较小的钢筋计算。

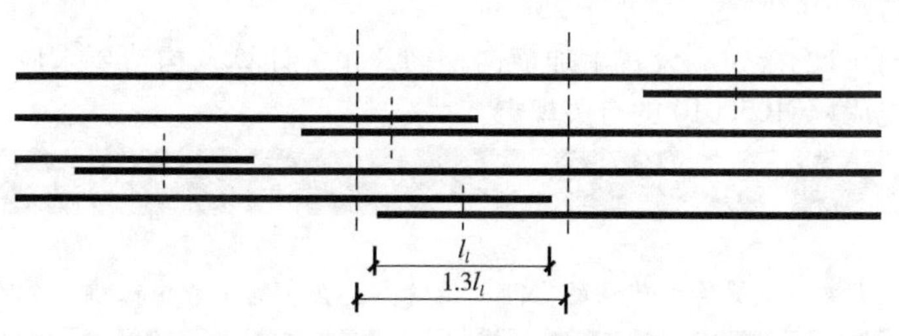

图 1-3　同一连接区段内纵向受拉钢筋的绑扎搭接接头

5.5.5 次梁与主梁宜采用铰接连接，也可采用刚接连接。当采用刚接连接并采用后浇段连接的形式时，应符合现行行业标准《装配式混凝土结构技术规程》JGJ 1 的有关规定。当采用铰接连接时，可采用企口连接或钢企口连接形式；采用企口连接时，应符合国家现行标准的有关规定；当次梁不直接承受动力荷载且跨度不大于9m 时，可采用钢企口连接（图 1-4），并应符合下列规定：

（1）钢企口两侧应对称布置抗剪栓钉，钢板厚度不应小于栓钉直径的 0.6 倍；预制主梁与钢企口连接处应设置预埋件；次梁端部 1.5 倍梁高范围内，箍筋间距不应大于 100mm。

（2）钢企口接头的承载力验算（图 1-5），除应符合现行国家标准《混凝土结构设计规范》GB 50010、《钢结构设计规范》GB 50017 的有关规定外，尚应符合下列规定：

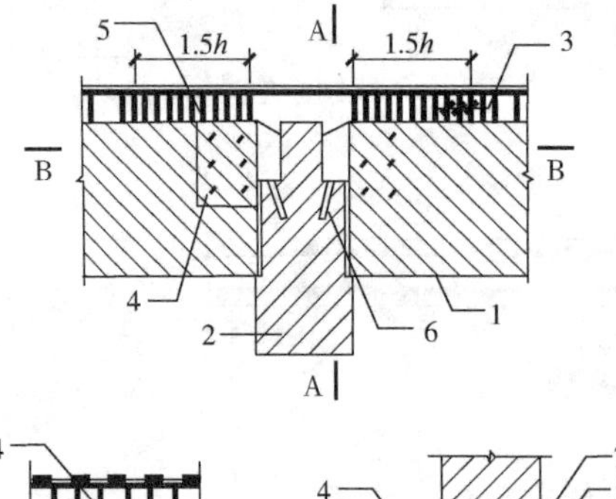

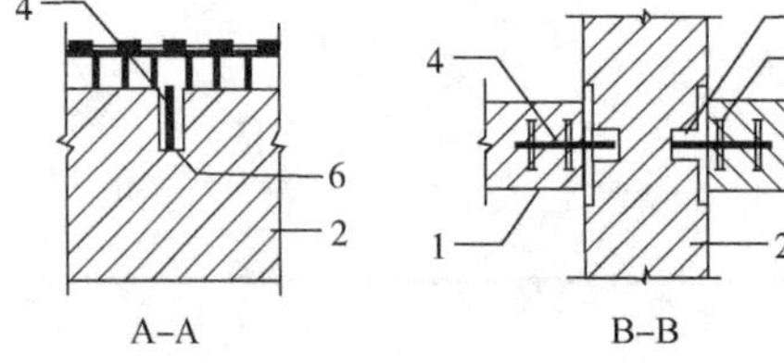

图 1-4　钢企口接头示意

1—预制次梁　2—预制主梁　3—次梁端部加密箍筋；4—钢板　5—栓钉　6—预埋件　7—灌浆料

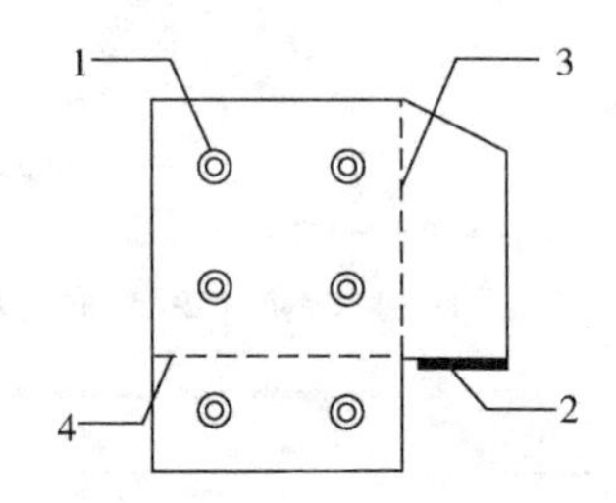

图 1-5　钢企口示意

1—栓钉　2—预埋件　3—截面 A　4—截面 B

1）钢企口接头应能够承受施工及使用阶段的荷载。

2）应验算钢企口截面 A 处在施工及使用阶段的抗弯、抗剪强度。

3）应验算钢企口截面 B 处在施工及使用阶段的抗弯强度。

4）凹槽内灌浆料未达到设计强度前，应验算钢企口外挑部分的稳定性。

5）应验算栓钉的抗剪强度。

6）应验算钢企口搁置处的局部受压承载力。

（3）抗剪栓钉的布置，应符合下列规定：

1）栓钉杆直径不宜大于 19mm，单侧抗剪栓钉排数及列数均不应小于 2。

2）栓钉间距不应小于杆径的 6 倍且不宜大于 300mm。

3）栓钉至钢板边缘的距离不宜小于 50mm，至混凝土构件边缘的距离不应小于 200mm。

4）栓钉钉头内表面至连接钢板的净距不宜小于 30mm。

5）栓钉顶面的保护层厚度不应小于 25mm。

（4）主梁与钢企口连接处应设置附加横向钢筋，相关计算及构造要求应符合现行国家标准《混凝土结构设计规范》GB 50010 的有关规定。

条文解读

▲5.5.5

考虑到混凝土次梁与主梁连接节点的实际构造特点，在实际工程中很难完全实现理想的铰接连

条文解读

接节点，在次梁铰接端的端部实际受到部分约束，存在一定的负弯矩作用。为避免次梁端部产生负弯矩裂缝，需在次梁端部配置足够的上部纵向钢筋。

条文链接 ★5.5.5

根据《混凝土结构设计规范》GB 50010 的有关规定：

在梁、柱类构件的纵向受力钢筋搭接长度范围内的横向构造钢筋应符合本规范第 8.3.1 条的要求；当受压钢筋直径大于 25mm 时，尚应在搭接接头两个端面外 100mm 的范围内各设置两道箍筋。

5.6 装配整体式框架结构

5.6.1 装配整体式框架梁柱节点核心区抗震受剪承载力验算和构造应符合现行国家标准《混凝土结构设计规范》GB 50010 和《建筑抗震设计规范》GB 50011 中的有关规定；混凝土叠合梁端竖向接缝受剪承载力设计值和预制柱底水平接缝受剪承载力设计值应符合现行行业标准《装配式混凝土结构技术规程》JGJ 1 中的有关规定。

条文解读

▲5.6.1

节点核心区的验算要求同现浇混凝土框架结构，参照现行国家标准《混凝土结构设计规范》GB 50010 和《建筑抗震设计规范》GB 50011 的有关规定，四级抗震等级的框架梁柱节点可不进行受剪承载力验算，仅需满足抗震构造措施的要求。

条文链接 ★5.6.1

根据《混凝土结构设计规范》GB 50010 的有关规定：

装配整体式结构中框架梁的纵向受力钢筋和柱、墙中的竖向受力钢筋宜采用机械连接、焊接等形式；板、墙等构件中的受力钢筋可采用搭接连接形式；混凝土接合面应进行粗糙处理或做成齿槽；拼接处应采用强度等级不低于预制构件的混凝土灌缝。

装配整体式结构的梁柱节点处，柱的纵向钢筋应贯穿节点；梁的纵向钢筋应满足本规范第 9.3 节的锚固要求。

当柱采用装配式榫式接头时，接头附近区段内截面的轴心受压承载力宜为该截面计算所需承载力的 1.3 ~ 1.5 倍。此时，可采取在接头及其附近区段的混凝土内加设横向钢筋网、提高后浇混凝土强度等级和设置附加纵向钢筋等措施。

5.6.2 叠合梁的箍筋配置应符合下列规定：

（1）抗震等级为一、二级的叠合框架梁的梁端箍筋加密区宜采用整体封闭箍筋；当叠合梁受扭时宜采用整体封闭箍筋，且整体封闭箍筋的搭接部分宜设置在预制部分（图 1-6a）。

（2）当采用组合封闭箍筋（图 1-6b）时，开口箍筋上方两端应做成 135°弯钩，对框架梁弯钩平直段长度不应小于 10d（d 为箍筋直径），次梁弯钩平直段长度不应小于 5d。现场应采用箍筋帽封闭开口箍，箍筋帽宜两端做成 135°弯钩，也可做成一端 135°另一端 90°弯钩，但 135°弯钩和 90°弯钩应沿纵向受力钢筋方向交错设置，框架梁弯钩平直段长度不应小于 10d（d 为箍筋直径），次梁 135°弯钩平直段长度不应小于 5d，90°弯钩平直段长度不应小于 10d。

（3）框架梁箍筋加密区长度内的箍筋肢距：一级抗震等级，不宜大于 200mm 和 20 倍箍筋直径的较大值，且不应大于 300mm；二、三级抗震等级，不宜大于 250mm 和 20 倍箍筋直径的较大值，且不应大于 350mm；四级抗震等级，不宜大于 300mm，且不应大于 400mm。

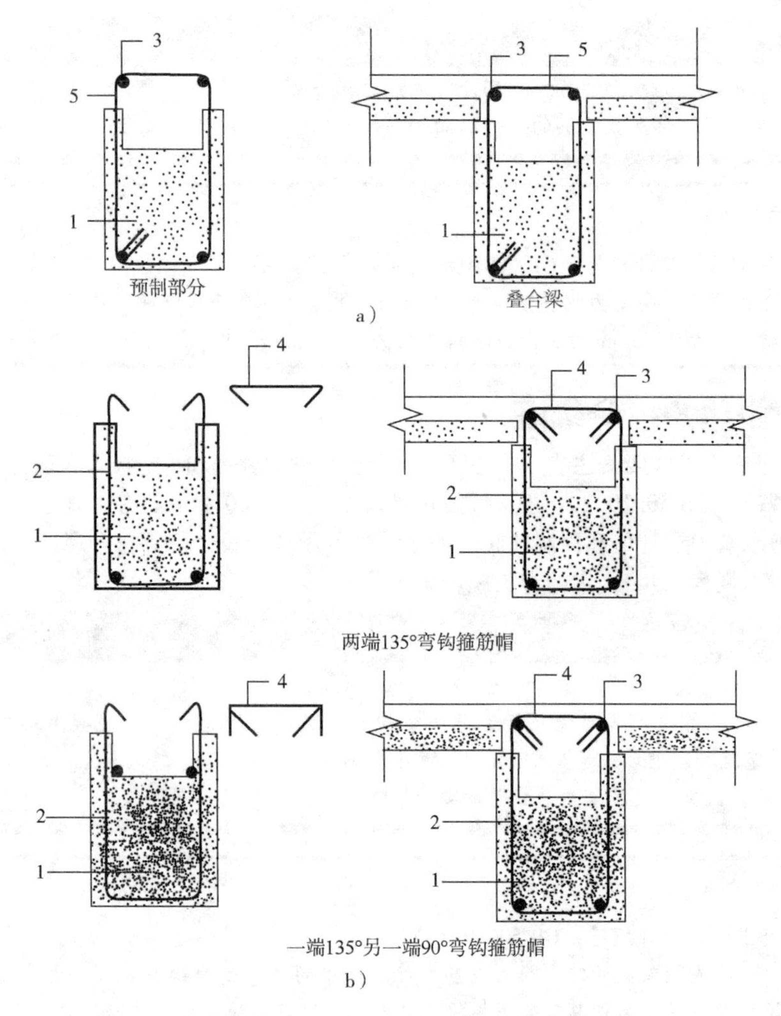

图 1-6　叠合梁箍筋构造示意

a）采用整体封闭箍筋的叠合梁　b）采用组合封闭箍筋的叠合梁

1—预制梁　2—开口箍筋　3—上部纵向钢筋　4—箍筋帽　5—封闭箍筋

条文解读

▲5.6.2

采用叠合梁时，在施工条件允许的情况下，箍筋宜采用整体封闭箍筋。当采用整体封闭箍筋无法安装上部纵筋时，可采用组合封闭箍筋，即开口箍筋加箍筋帽的形式。根据中国建筑科学研究院、同济大学等单位的研究，当箍筋帽两端均做成135°弯钩时，叠合梁的性能与采用封闭箍筋的叠合梁一致。当箍筋帽做成一端135°另一端90°弯钩，但135°和90°弯钩交错放置时，在静力弯、剪及复合作用下，叠合梁的刚度、承载力等性能与采用封闭箍筋的叠合梁一致，在扭矩作用下，承载力略有降低。因此，规定在受扭的叠合梁中不宜采用此种形式。

对于受往复荷载作用且采用组合封闭箍筋的叠合梁，当构件发生破坏时箍筋对混凝土及纵筋的约束作用略弱于整体封闭箍筋，因此在叠合框架梁梁端加密区中不建议采用组合封闭箍。本条第（3）款中，对现行国家标准《混凝土结构设计规范》GB 50010中的梁箍筋肢距要求进行补充规定。当叠合梁的纵筋间距及箍筋肢距较小导致安装困难时，可以适当增大钢筋直径并增加纵筋间距和箍筋肢距，本款中给出了最低要求。当梁纵筋直径较大且间距较大时，应注意控制梁的裂缝宽度。

条文链接 ★5.6.2

根据《混凝土结构设计规范》GB 50010的有关规定：

在弯剪扭构件中，箍筋的配筋率ρ_{sv}不应小于$0.28f_t/f_{yv}$。

箍筋间距应符合表1-35的规定，其中受扭所需的箍筋应做成封闭式，且应沿截面周边布置。当采用复合箍筋时，位于截面内部的箍筋不应计入受扭所需的箍筋面积。受扭所需箍筋的末端应做成135°弯钩，弯钩端头平直段长度不应小于$10d$，d为箍筋直径。

表1-35 梁中箍筋的最大间距

梁高h	$V>0.7f_tbh_0+0.05N_{p0}$	$V\leqslant 0.7f_tbh_0+0.05N_{p0}$
$150<h\leqslant 300$	150	200
$300<h\leqslant 500$	200	300
$500<h\leqslant 800$	250	350
$h>800$	300	400

在超静定结构中，考虑协调扭转而配置的箍筋，其间距不宜大于$0.75b$，此处b按本规范第6.4.1条的规定取用，但对箱形截面构件，b均应以b_h代替。

5.6.3 预制柱的设计应满足现行国家标准《混凝土结构设计规范》GB 50010的要求，并应符合下列规定：

（1）矩形柱截面边长不宜小于400mm，圆形截面柱直径不宜小于450mm，且不宜小于同方向梁宽的1.5倍。

（2）柱纵向受力钢筋在柱底连接时，柱箍筋加密区长度不应小于纵向受力钢筋连接区域长度与500mm之和；当采用套筒灌浆连接或浆锚搭接连接等方式时，套筒或搭接段上端第一道箍筋距离套筒或搭接段顶部不应大于50mm（图1-7）。

（3）柱纵向受力钢筋直径不宜小于20mm，纵向受力钢筋的间距不宜大于200mm且不应大于400mm。柱的纵向受力钢筋可集中于四角配置且宜对称布置。柱中可设置纵向辅助钢筋且直径不宜小于12mm和箍筋直径；当正截面承载力计算不计入纵向辅助钢筋时，纵向辅助钢筋可不伸入框架节点（图1-8）。

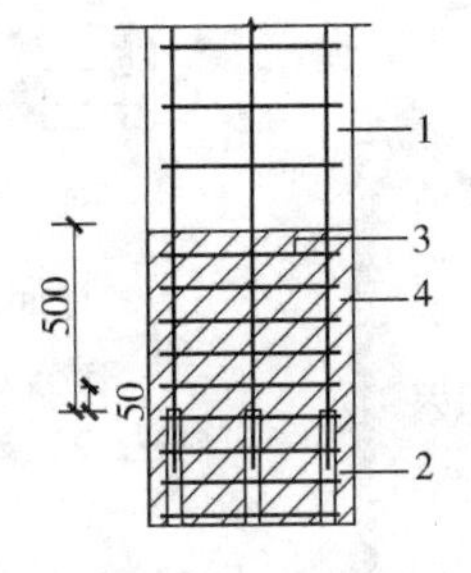

图1-7 柱底箍筋加密区域构造示意

1—预制柱 2—连接接头（或钢筋连接区域）
3—加密区箍筋 4—箍筋加密区（阴影区域）

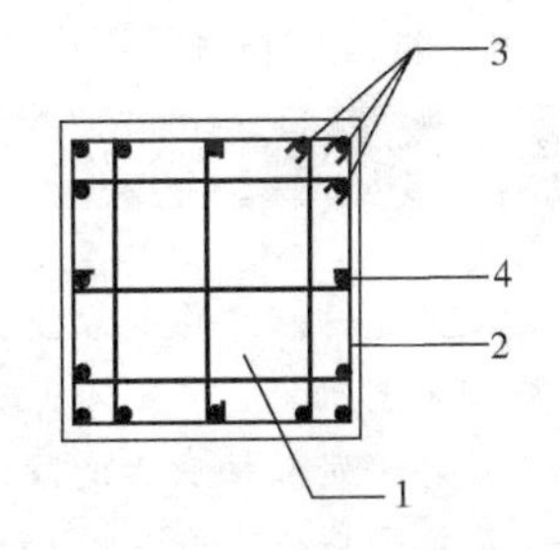

图1-8 柱集中配筋构造平面示意

1—预制柱 2—箍筋 3—纵向受力钢筋
4—纵向辅助钢筋

（4）预制柱箍筋可采用连续复合箍筋。

条文解读

▲5.6.3

采用较大直径钢筋及较大的柱截面，可减少钢筋根数，增大间距，便于柱钢筋连接及节点区钢

条文解读

筋布置。要求柱截面宽度大于同方向梁宽的1.5倍，有利于避免节点区梁钢筋和柱纵向钢筋的位置冲突，便于安装施工。

中国建筑科学研究院、同济大学等单位的试验研究表明，套筒连接区域柱截面刚度及承载力较大，柱的塑性铰区可能会上移至套筒连接区域以上，因此需将套筒连接区域以上至少500mm高度范围内的柱箍筋加密。

中国建筑科学研究院进行了采用较大间距纵筋的框架柱抗震性能试验，以及装配式框架梁柱节点的试验。试验结果表明，当柱纵向钢筋面积相同时，纵向钢筋间距480mm和160mm的柱，其承载力和延性基本一致，均可采用现行规范中的方法进行设计。

因此，为了提高装配式框架梁柱节点的安装效率和施工质量，当梁的纵筋和柱的纵筋在节点区位置有冲突时，柱可采用较大的纵筋间距，并将钢筋集中在角部布置。当纵筋间距较大导致箍筋肢距不满足现行规范要求时，可在受力纵筋之间设置辅助纵筋，并设置箍筋箍住辅助纵筋，可采用拉筋、菱形箍筋等形式。为了保证对混凝土的约束作用，纵向辅助钢筋直径不宜过小。辅助纵筋可不伸入节点。为了保证柱的延性，建议采用复合箍筋。

条文链接 ★5.6.3

根据《混凝土结构设计规范》GB 50010的有关规定：

框架边柱、角柱及剪力墙端柱在地震组合下处于小偏心受拉时，柱内纵向受力钢筋总截面面积应比计算值增加25%。

框架柱、框支柱中全部纵向受力钢筋配筋率不应大于5%。柱的纵向钢筋宜对称配置。截面尺寸大于400mm的柱，纵向钢筋的间距不宜大于200mm。当按一级抗震等级设计，且柱的剪跨比不大于2时，柱每侧纵向钢筋的配筋率不宜大于1.2%。

5.6.4 上、下层相邻预制柱纵向受力钢筋采用挤压套筒连接时（图1-9），柱底后浇段的箍筋应满足下列要求：

（1）套筒上端第一道箍筋距离套筒顶部不应大于20mm，柱底部第一道箍筋距柱底面不应大于50mm，箍筋间距不宜大于75mm。

（2）抗震等级为一、二级时，箍筋直径不应小于10mm，抗震等级为三、四级时，箍筋直径不应小于8mm。

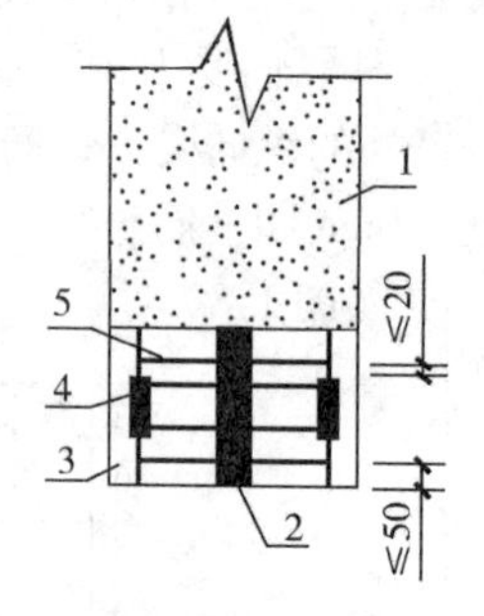

图1-9 柱底后浇段箍筋配置示意

1—预制柱 2—支腿 3—柱底后浇段 4—挤压套筒 5—箍筋

条文解读

▲5.6.4

预制柱底设置支腿，目的是方便施工安装。支腿的高度可根据挤压套筒施工工艺确定。支腿可采用方钢管混凝土，其截面尺寸可根据施工安装确定。柱底后浇段的箍筋应满足柱端箍筋加密区的构造要求及配箍特征值的要求，还应符合本条的规定。

5.6.5 采用预制柱及叠合梁的装配整体式框架节点，梁纵向受力钢筋应伸入后浇节点区内锚固或连接，并应符合下列规定：

（1）框架梁预制部分的腰筋不承受扭矩时，可不伸入梁柱节点核心区。

（2）对框架中间层中节点，节点两侧的梁下部纵向受力钢筋宜锚固在后浇节点核心区内（图1-10a），也可采用机械连接或焊接的方式连接（图1-10b）；梁的上部纵向受力钢筋应贯穿后浇节点核心区。

（3）对框架中间层端节点，当柱截面尺寸不满足梁纵向受力钢筋的直线锚固要求时，宜采用锚固板锚固（图1-11），也可采用90°弯折锚固。

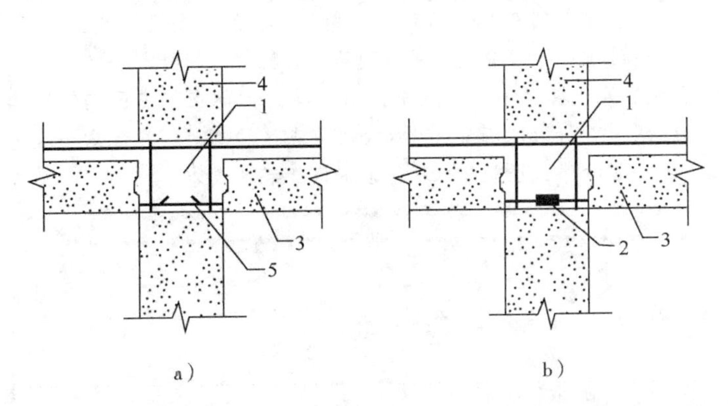

图1-10　预制柱及叠合梁框架中间层中节点构造示意

a）梁下部纵向受力钢筋锚固　b）梁下部纵向受力钢筋连接

1—后浇区　2—梁下部纵向受力钢筋连接

3—预制梁　4—预制柱　5—梁下部纵向受力钢筋锚固

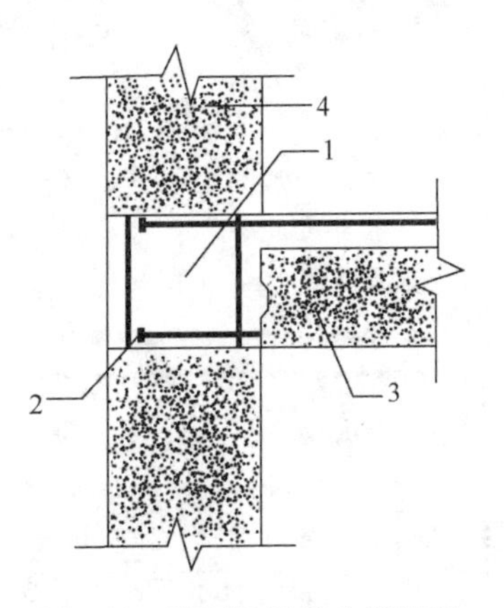

图1-11　预制柱及叠合梁框架中间层端节点构造示意

1—后浇区　2—梁纵向钢筋锚固

3—预制梁　4—预制柱

（4）对框架顶层中节点，梁纵向受力钢筋的构造应符合本条第（2）款规定。柱纵向受力钢筋宜采用直线锚固；当梁截面尺寸不满足直线锚固要求时，宜采用锚固板锚固（图1-12）。

（5）对框架顶层端节点，柱宜伸出屋面并将柱纵向受力钢筋锚固在伸出段内（图1-13），柱纵向受力钢筋宜采用锚固板的锚固方式，此时锚固长度不应小于$0.6l_{abE}$。伸出段内箍筋直径不应小于$d/4$（d为柱纵向受力钢筋的最大直径），伸出段内箍筋间距不应大于$5d$（d为柱纵向受力钢筋的最小直径）且不应大于100mm；梁纵向受力钢筋应锚固在后浇节点区内，且宜采用锚固板的锚固方式，此时锚固长度不应小于$0.6l_{abE}$。

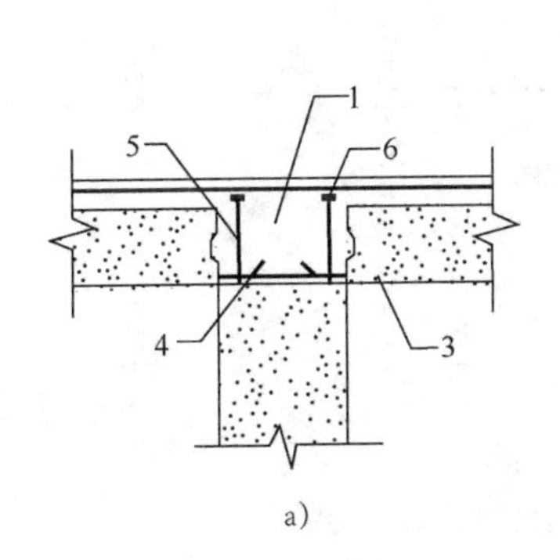

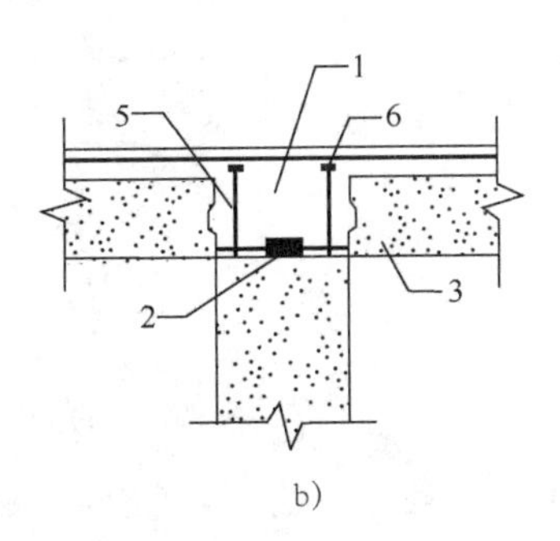

图1-12　预制柱及叠合梁框架顶层中节点构造示意

a）梁下部纵向受力钢筋锚固　b）梁下部纵向受力钢筋机械连接

1—后浇区　2—梁下部纵向受力钢筋连接　3—预制梁

4—梁下部纵向受力钢筋锚固　5—柱纵向受力钢筋　6—锚固板

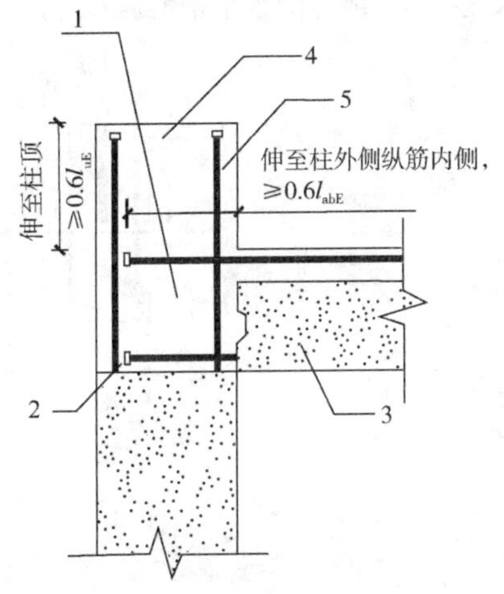

图1-13　预制柱及叠合梁框架顶层端节点构造示意

1—后浇区　2—梁下部纵向受力钢筋锚固　3—预制梁　4—柱延伸段

5—柱纵向受力钢筋

条文解读

▲5.6.5

在预制柱叠合梁框架节点中，梁钢筋在节点中锚固及连接方式是决定施工可行性以及节点受力

条文解读

性能的关键。梁、柱构件尽量采用较粗直径、较大间距的钢筋布置方式，节点区的主梁钢筋较少，有利于节点的装配施工，保证施工质量。设计过程中，应充分考虑到施工装配的可行性，合理确定梁、柱截面尺寸及钢筋的数量、间距及位置等。在十字形节点中，两侧梁的钢筋在节点区内锚固时，位置可能冲突，可采用弯折避让的方式，弯折角度不宜大于1∶6。节点区施工时，应注意合理安排节点区箍筋、预制梁、梁上部钢筋的安装顺序，控制节点区箍筋的间距满足要求。

条文链接 ★5.6.5

根据《钢筋锚固板应用技术规程》JGJ 256的有关规定：

（1）锚固板应符合下列规定：

1）全锚固板承压面积不应小于锚固钢筋公称面积的9倍。

2）部分锚固板承压面积不应小于锚固钢筋公称面积的4.5倍。

3）锚固板厚度不应小于锚固钢筋公称直径。

4）当采用不等厚或长方形锚固板时，除应满足上述面积和厚度要求外，尚应通过省部级的产品鉴定。

5）采用部分锚固板锚固的钢筋公称直径不宜大于40mm；当公称直径大于40mm的钢筋采用部分锚固板锚固时，应通过试验验证确定其设计参数。

（2）钢筋锚固板试件的极限拉力不应小于钢筋达到极限强度标准值时的拉力。

5.6.6 采用预制柱及叠合梁的装配整体式框架结构节点，两侧叠合梁底部水平钢筋挤压套筒连接时，可在核心区外一侧梁端后浇段内连接（图1-14），也可在核心区外两侧梁端后浇段内连接（图1-15），连接接头距柱边不小于0.5h_b（h_b为叠合梁截面高度）且不小于300mm，叠合梁后浇叠合层顶部的水平钢筋应贯穿后浇核心区。梁端后浇段的箍筋尚应满足下列要求：

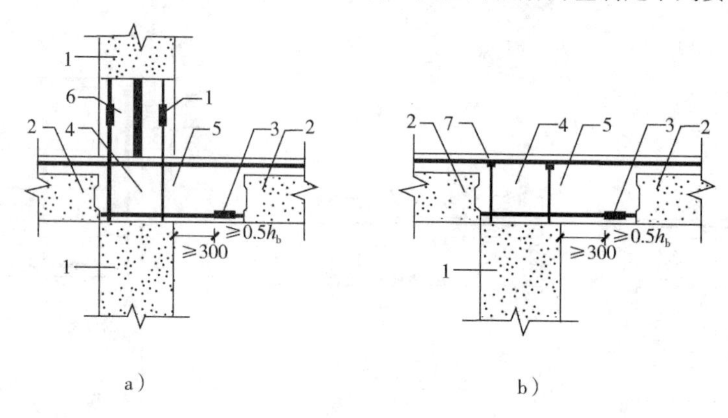

图1-14　框架节点叠合梁底部水平钢筋在一侧梁端后浇段内采用挤压套筒连接示意

a）中间层　b）顶层

（1）箍筋间距不宜大于75mm。

（2）抗震等级为一、二级时，箍筋直径不应小于10mm，抗震等级为三、四级时，箍筋直径不应小于8mm。

条文解读

▲5.6.6

叠合梁底部水平钢筋在梁端后浇段采用挤压套筒连接的预制柱-叠合梁装配整体式框架中节点试件拟静力试验表明，可以按试验设计要求实现梁端弯曲破坏和核心区剪切破坏，承载力试验值大

条文解读

于规范公式计算值，极限位移角大于1/30；梁端后浇段内，箍筋宜适当加密。

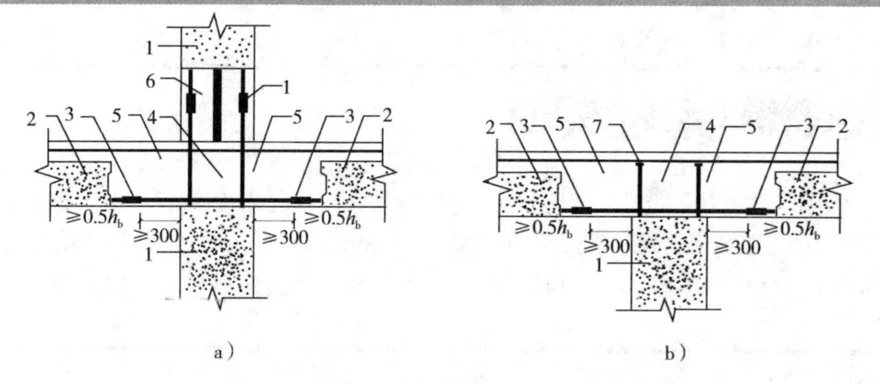

图1-15　框架节点叠合梁底部水平钢筋在两侧梁端后浇段内采用挤压套筒连接示意

a）中间层　b）顶层

1—预制柱　2—叠合梁预制部分　3—挤压套筒　4—后浇区

5—梁端后浇段　6—柱底后浇段　7—锚固板

条文链接 ★5.6.6

根据《混凝土结构设计规范》GB 50010的有关规定：

（1）一、二、三级抗震等级的框架应进行节点核心区抗震受剪承载力验算；四级抗震等级的框架节点可不进行计算，但应符合抗震构造措施的要求。框支柱中间层节点的抗震受剪承载力验算方法及抗震构造措施与框架中间层节点相同。

（2）框架节点区箍筋的最大间距、最小直径宜按表1-36采用。对一、二、三级抗震等级的框架节点核心区，配箍特征值λv分别不宜小于0.12、0.10和0.08，且其箍筋体积配筋率分别不宜小于0.6%、0.5%和0.4%。当框架柱的剪跨比不大于2时，其节点核心区体积配箍率不宜小于核心区上、下柱端体积配箍率中的较大值。

表1-36　柱端箍筋加密区的构造要求

抗震等级	箍筋最大间距/mm	箍筋最小直径/mm
一级	纵向钢筋直径的6倍和100中的较小值	10
二级	纵向钢筋直径的8倍和100中的较小值	8
三级	纵向钢筋直径的8倍和150（柱根100）中的较小值	8
四级	纵向钢筋直径的8倍和150（柱根100）中的较小值	6（柱根8）

注：柱根是指底层柱下端的箍筋加密区范围。

5.6.7　装配整体式框架采用后张预应力叠合梁时，应符合现行行业标准《预应力混凝土结构设计规范》JGJ 369、《预应力混凝土结构抗震设计规程》JGJ 140及《无粘结预应力混凝土结构技术规程》JGJ 92的有关规定。

条文解读

▲5.6.7

抗震设计中，为保证后张预应力混凝土框架结构的延性要求，梁端塑性铰应具有足够的塑性转动能力。采用预应力筋与非预应力筋混合配筋的方式，对于保证后张预应力装配整体式混凝土框架结构的延性具有良好的作用。

条文链接 ★5.6.7

根据《预应力混凝土结构设计规范》JGJ 369 的有关规定：

对于后张预应力构件，施工阶段应进行局部承压验算、预应力束弯折处曲率半径验算及防崩裂验算。混凝土强度应按张拉时的实际强度确定。

5.7 装配整体式剪力墙结构

（Ⅰ）一般规定

5.7.1 除本标准另有规定外，装配整体式剪力墙结构应符合国家现行标准《混凝土结构设计规范》GB 50010、《建筑抗震设计规范》GB 50011、《装配式混凝土结构技术规程》JGJ 1 和《高层建筑混凝土结构技术规程》JGJ 3 的有关规定。双面叠合剪力墙的设计尚应符合本标准附录 A 的规定。

条文链接 ★5.7.1

根据《装配式混凝土结构技术规程》JGJ 1 的有关规定：

(1) 抗震设计时，高层装配整体式剪力墙结构不应全部采用短肢剪力墙；抗震设防烈度为 8 度时，不宜采用具有较多短肢剪力墙的剪力墙结构。当采用具有较多短肢剪力墙的剪力墙结构时，应符合下列规定：

1）在规定的水平地震作用下，短肢剪力墙承担的底部倾覆力矩不宜大于结构底部总地震倾覆力矩的 50%。

2）房屋适用高度应比表 1-6 规定的装配整体式剪力墙结构的最大适用高度适当降低，抗震设防烈度为 7 度和 8 度时宜分别降低 20m。

注：1. 短肢剪力墙是指截面厚度不大于 300mm、各肢截面高度与厚度之比的最大值大于 4 但不大于 8 的剪力墙。

2. 具有较多短肢剪力墙的剪力墙结构是指，在规定的水平地震作用下，短肢剪力墙承担的底部倾覆力矩不小于结构底部总地震倾覆力矩的 30% 的剪力墙结构。

(2) 抗震设防烈度为 8 度时，高层装配整体式剪力墙结构中的电梯井筒宜采用现浇混凝土结构。

根据《装配式剪力墙结构设计规程》DB11/1003 的有关规定：

装配式剪力墙结构构件应根据抗震设防烈度和房屋高度采用不同的抗震等级，并应符合相应的计算和构造要求。结构的抗震等级应按表 1-37 确定。

表 1-37 装配式剪力墙结构抗震等级

结构类型		抗震设防烈度	
		7 度	8 度
装配整体式剪力墙	外墙装配，内墙现浇	100	90
	外墙装配，内墙部分装配	90	80
预制圆孔板剪力墙		60	45
装配式型钢混凝土剪力墙		60	45

注：接近或等于高度分界时，应结合房屋的规则性及场地、地基条件确定抗震等级。

5.7.2 对同一层内既有现浇墙肢也有预制墙肢的装配整体式剪力墙结构，现浇墙肢水平地震作用弯矩、剪力宜乘以不小于 1.1 的增大系数。

条文解读

▲5.7.2

预制剪力墙的接缝对其抗侧刚度有一定的削弱作用，应考虑对弹性计算的内力进行调整，适当放大现浇墙肢在水平地震作用下的剪力和弯矩；预制剪力墙的剪力及弯矩不减小，偏于安全。放大系数宜根据现浇墙肢与预制墙肢弹性剪力的比例确定。

5.7.3　装配整体式剪力墙结构的布置应满足下列要求：

（1）应沿两个方向布置剪力墙。

（2）剪力墙平面布置宜简单、规则，自下而上宜连续布置，避免层间侧向刚度突变。

（3）剪力墙门窗洞口宜上下对齐、成列布置，形成明确的墙肢和连梁；抗震等级为一、二、三级的剪力墙底部加强部位不应采用错洞墙，结构全高均不应采用叠合错洞墙。

条文解读

▲5.7.3

在建筑方案设计中，应注意结构的规则性。如某些楼层出现扭转不规则及侧向刚度不规则与承载力突变，宜采用现浇混凝土结构。

具有不规则洞口布置的错洞墙，可按弹性平面有限元方法进行应力分析，不考虑混凝土的抗拉作用，按应力进行截面配筋设计或校核，并加强构造措施。

条文链接　★5.7.3

参考《装配式混凝土结构技术规程》JGJ 1 第8.1.2条。

（Ⅱ）预制剪力墙设计

5.7.4　预制剪力墙竖向钢筋采用套筒灌浆连接时，自套筒底部至套筒顶部并向上延伸300mm范围内，预制剪力墙的水平分布钢筋应加密（图1-16），加密区水平分布钢筋的最大间距及最小直径应符合表1-38的规定，套筒上端第一道水平分布钢筋距离套筒顶部不应大于50mm。

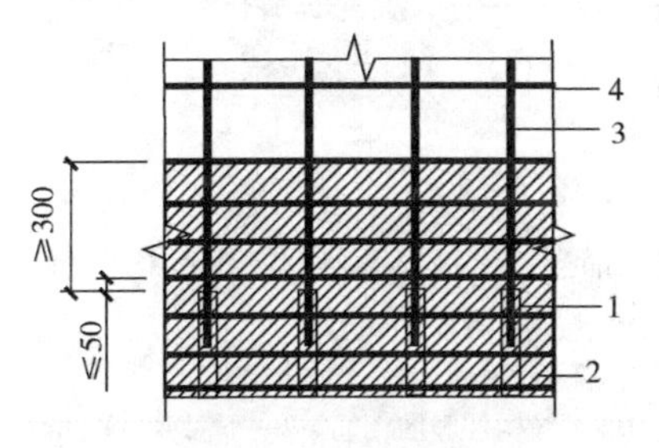

图1-16　钢筋套筒灌浆连接部位水平分布钢筋加密构造示意

1—灌浆套筒　2—水平分布钢筋加密区域（阴影区域）

3—竖向钢筋　4—水平分布钢筋

表1-38　加密区水平分布钢筋的要求

抗震等级	最大间距/mm	最小直径/mm
一、二级	100	8
三、四级	150	8

条文解读

▲5.7.4

剪力墙底部竖向钢筋连接区域，裂缝较多且较为集中，因此，对该区域的水平分布筋应加强，以提高墙板的抗剪能力和变形能力，并使该区域的塑性铰可以充分发展，提高墙板的抗震性能。

条文链接 ★5.7.4

参考《装配式混凝土结构技术规程》JGJ 1 第 8.2.4 条。

5.7.5 预制剪力墙竖向钢筋采用浆锚搭接连接时，应符合下列规定：

（1）墙体底部预留灌浆孔道直线段长度应大于下层预制剪力墙连接钢筋伸入孔道内的长度 30mm，孔道上部应根据灌浆要求设置合理弧度。孔道直径不宜小于 40mm 和 2.5d（d 为伸入孔道的连接钢筋直径）的较大值，孔道之间的水平净间距不宜小于 50mm；孔道外壁至剪力墙外表面的净间距不宜小于 30mm。当采用预埋金属波纹管成孔时，金属波纹管的钢带厚度及波纹高度应符合本标准第 5.2.2 条的规定；当采用其他成孔方式时，应对不同预留成孔工艺、孔道形状、孔道内壁的粗糙度或花纹深度及间距等形成的连接接头进行力学性能以及适用性的试验验证。

（2）竖向钢筋连接长度范围内的水平分布钢筋应加密，加密范围自剪力墙底部至预留灌浆孔道顶部（图 1-17），且不应小于 300mm。加密区水平分布钢筋的最大间距及最小直径应符合表 1-38 的规定，最下层水平分布钢筋距离墙身底部不应大于 50mm。剪力墙竖向分布钢筋连接长度范围内未采取有效横向约束措施时，水平分布钢筋加密范围内的拉筋应加密；拉筋沿竖向的间距不宜大于 300mm 且不少于 2 排；拉筋沿水平方向的间距不宜大于竖向分布钢筋间距，直径不应小于 6mm；拉筋应紧靠被连接钢筋，并钩住最外层分布钢筋。

（3）边缘构件竖向钢筋连接长度范围内应采取加密水平封闭箍筋的横向约束措施或其他可靠措施。当采用加密水平封闭箍筋约束时，应沿预留孔道直线段全高加密。箍筋沿竖向的间距，一级不应大于 75mm，二、三级不应大于 100mm，四级不应大于 150mm；箍筋沿水平方向的肢距不应大于竖向钢筋间距，且不宜大于 200mm；箍筋直径一、二级不应小于 10mm，三、四级不应小于 8mm，宜采用焊接封闭箍筋（图 1-18）。

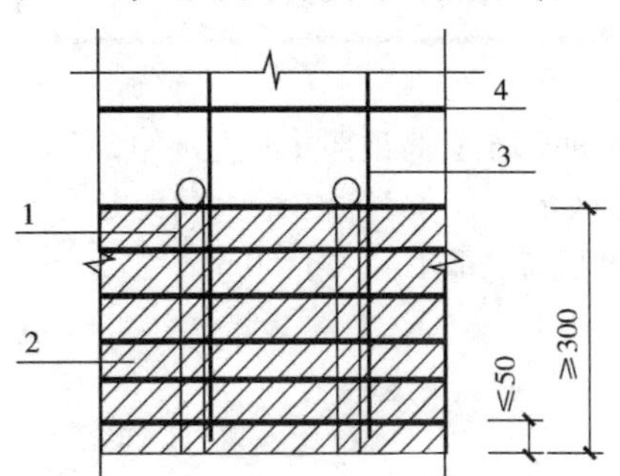

图 1-17 钢筋浆锚搭接连接部位水平分布钢筋加密构造示意

1—预留灌浆孔道 2—水平分布钢筋加密区域（阴影区域） 3—竖向钢筋 4—水平分布钢筋

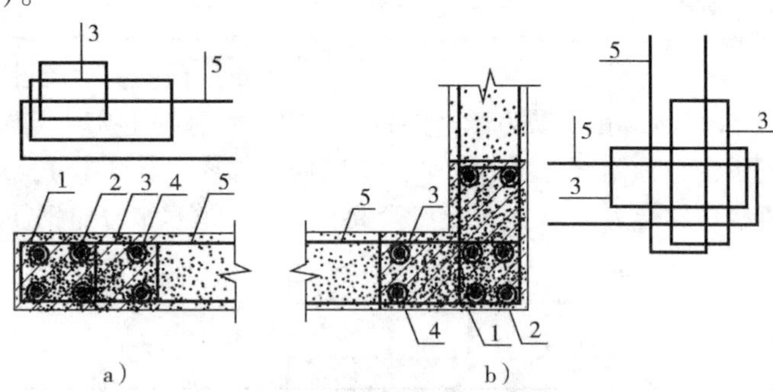

图 1-18 钢筋浆锚搭接连接长度范围内加密水平封闭箍筋约束构造示意

a）暗柱 b）转角墙

1—上层预制剪力墙边缘构件竖向钢筋 2—下层剪力墙边缘构件竖向钢筋 3—封闭箍筋 4—预留灌浆孔道 5—水平分布钢筋

条文解读

▲5.7.5

钢筋浆锚搭接连接方法主要适用于钢筋直径 18mm 及以下的装配整体式剪力墙结构竖向钢筋连接。

对钢筋浆锚搭接连接长度范围内施加横向约束措施有助于改善连接区域的受力性能。目前有效的横向约束措施主要为加密水平封闭箍筋的方式。当采用其他约束措施时，应有理论、试验依据或经工程实践验证。

预制剪力墙竖向钢筋采用浆锚搭接连接的试验研究结果表明，加强预制剪力墙边缘构件部位底部浆锚搭接连接区的混凝土约束是提高剪力墙及整体结构抗震性能的关键。对比试验结果证明，通过加密钢筋浆锚搭接连接区域的封闭箍筋，可有效增强对边缘构件混凝土的约束，进而提高浆锚搭

条文解读

接连接钢筋的传力效果，保证预制剪力墙具有与现浇剪力墙相近的抗震性能。预制剪力墙边缘构件区域加密水平箍筋约束措施的具体构造要求主要根据试验研究确定。

预制剪力墙竖向分布钢筋采用浆锚搭接连接时，可采用在墙身水平分布钢筋加密区域增设拉筋的方式进行加强。拉筋应紧靠被连接钢筋，并钩住最外层分布钢筋。

条文链接 ★5.7.5

根据《装配式混凝土结构技术规程》JGJ 1 的有关规定：

上下层预制剪力墙的竖向钢筋，当采用套筒灌浆连接和浆锚搭接连接时，应符合下列规定：

(1) 边缘构件竖向钢筋应逐根连接。

(2) 预制剪力墙的竖向分布钢筋，当仅部分连接时，被连接的同侧钢筋间距不应大于600mm，且在剪力墙构件承载力设计和分布钢筋配筋率计算中不得计入不连接的分布钢筋；不连接的竖向分布钢筋直径不应小于6mm。

(3) 一级抗震等级剪力墙以及二、三级抗震等级底部加强部位，剪力墙的边缘构件竖向钢筋宜采用套筒灌浆连接。

(Ⅲ) 连接设计

5.7.6 楼层内相邻预制剪力墙之间应采用整体式接缝连接，且应符合下列规定：

(1) 当接缝位于纵横墙交接处的约束边缘构件区域时，约束边缘构件的阴影区域（图1-19）宜全部采用后浇混凝土，并应在后浇段内设置封闭箍筋。

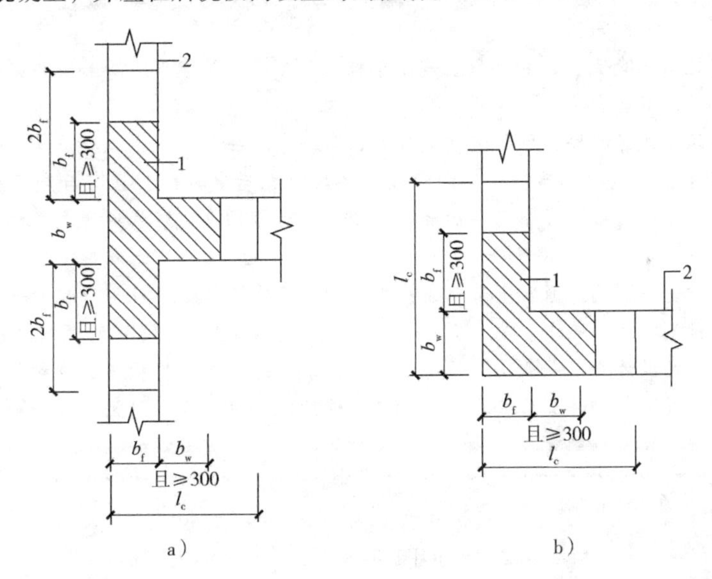

图1-19　约束边缘构件阴影区域全部后浇构造示意（阴影区域为斜线填充范围）

a）有翼墙　b）转角墙

1—后浇段　2—预制剪力墙

(2) 当接缝位于纵横墙交接处的构造边缘构件区域时，构造边缘构件宜全部采用后浇混凝土（图1-20），当仅在一面墙上设置后浇段时，后浇段的长度不宜小于300mm（图1-21）。

(3) 边缘构件内的配筋及构造要求应符合现行国家标准《建筑抗震设计规范》GB 50011 的有关规定；预制剪力墙的水平分布钢筋在后浇段内的锚固、连接应符合现行国家标准《混凝土结构设计规范》GB 50010 的有关规定。

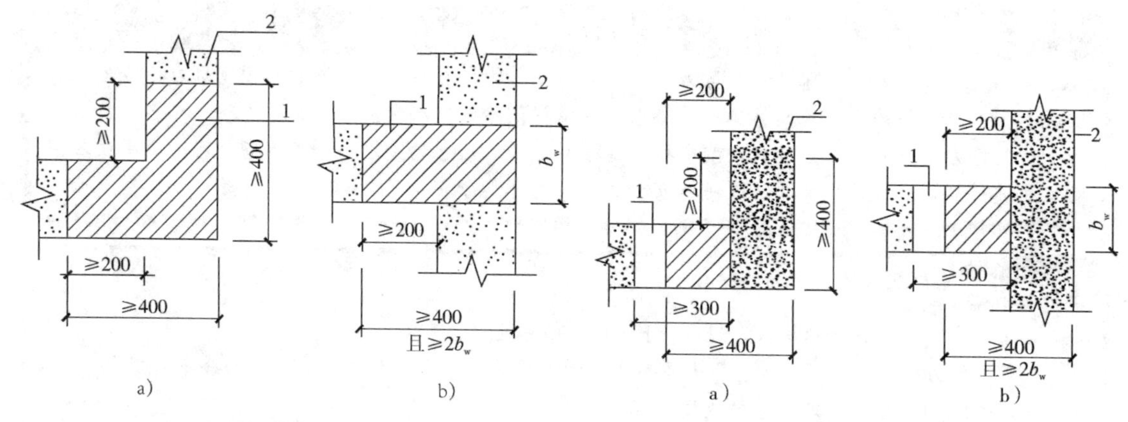

图 1-20　构造边缘构件全部后浇构造示意
（阴影区域为构造边缘构件范围）
a）转角墙　b）有翼墙
1—后浇段　2—预制剪力墙

图 1-21　构造边缘构件部分后浇构造示意
（阴影区域为构造边缘构件范围）
a）转角墙　b）有翼墙
1—后浇段　2—预制剪力墙

（4）非边缘构件位置，相邻预制剪力墙之间应设置后浇段，后浇段的宽度不应小于墙厚且不宜小于 200mm；后浇段内应设置不少于 4 根竖向钢筋，钢筋直径不应小于墙体竖向分布钢筋直径且不应小于 8mm；两侧墙体的水平分布钢筋在后浇段内的连接应符合现行国家标准《混凝土结构设计规范》GB 50010 的有关规定。

条文解读

▲5.7.6

确定剪力墙竖向接缝位置的主要原则是便于标准化生产、吊装、运输和就位，并尽量避免接缝对结构整体性能产生不良影响。

对于一字形约束边缘构件，位于墙肢端部的通常与墙板一起预制；纵横墙交接部位一般存在接缝，图 1-19 中阴影区域宜全部后浇，纵向钢筋主要配置在后浇段内，且在后浇段内应配置封闭箍筋及拉筋，预制墙板中的水平分布筋在后浇段内锚固。预制约束边缘构件的配筋构造要求与现浇结构一致。

墙肢端部的构造边缘构件通常全部预制；当采用 L 形、T 形或者 U 形墙板时，拐角处的构造边缘构件也可全部预制在剪力墙中。当采用一字形构件时，纵横墙交接处的构造边缘构件可全部后浇；为了满足构件的设计要求或施工方便也可部分后浇部分预制。当构造边缘构件部分后浇部分预制时，需要合理布置预制构件及后浇段中的钢筋，使边缘构件内形成封闭箍筋。

条文链接 **★5.7.6**

参考《装配式混凝土结构技术规程》JGJ 1 第 8.3.1 条。

5.7.7　当采用套筒灌浆连接或浆锚搭接连接时，预制剪力墙底部接缝宜设置在楼面标高处。接缝高度不宜小于 20mm，宜采用灌浆料填实，接缝处后浇混凝土上表面应设置粗糙面。

条文解读

▲5.7.7

预制剪力墙竖向钢筋连接时，宜采用灌浆料将水平接缝同时灌满。灌浆料强度较高且流动性好，有利于保证接缝承载力。

条文链接　★5.7.7

根据《装配式混凝土结构技术规程》JGJ 1 的有关规定：

预制构件与后浇混凝土、灌浆料、坐浆材料的结合面应设置粗糙面、键槽，并应符合下列规定：

（1）预制板与后浇混凝土叠合层之间的结合面应设置粗糙面。

（2）预制梁与后浇混凝土叠合层之间的结合面应设置粗糙面；预制梁端面应设置键槽且宜设置粗糙面。键槽的尺寸和数量应按本规程第 7.2.2 条的规定计算确定；键槽的深度 t 不宜小于 30mm，宽度 w 不宜小于深度的 3 倍且不宜大于深度的 10 倍；键槽可贯通截面，当不贯通时槽口距离截面边缘不宜小于 50mm；键槽间距宜等于键槽宽度；键槽端部斜面倾角不宜大于 30°。

（3）预制剪力墙的顶部和底部与后浇混凝土的结合面应设置粗糙面；侧面与后浇混凝土的结合面应设置粗糙面，也可设置键槽；键槽深度 t 不宜小于 20mm，宽度 w 不宜小于深度的 3 倍且不宜大于深度的 10 倍，键槽间距宜等于键槽宽度，键槽端部斜面倾角不宜大于 30°。

（4）预制柱的底部应设置键槽且宜设置粗糙面，键槽应均匀布置，键槽深度不宜小于 30mm，键槽端部斜面倾角不宜大于 30°。柱顶应设置粗糙面。

（5）粗糙面的面积不宜小于结合面的 80%，预制板的粗糙面凹凸深度不应小于 4mm，预制梁端、预制柱端、预制墙端的粗糙面凹凸深度不应小于 6mm。

5.7.8　在地震设计状况下，剪力墙水平接缝的受剪承载力设计值应按下式计算：

$$V_{uE}=0.6f_yA_{sd}+0.8N$$

式中　V_{uE}——剪力墙水平接缝受剪承载力设计值（N）；

f_y——垂直穿过结合面的竖向钢筋抗拉强度设计值（N/mm^2）；

A_{sd}——垂直穿过结合面的竖向钢筋面积（mm^2）；

N——与剪力设计值 V 相应的垂直于结合面的轴向力设计值（N），压力时取正值，拉力时取负值；当大于 $0.6f_cbh_0$ 时，取为 $0.6f_cbh_0$；此处 f_c 为混凝土轴心抗压强度设计值，b 为剪力墙厚度，h_0 为剪力墙截面有效高度。

条文解读

▲5.7.8

预制剪力墙水平接缝受剪承载力设计值的计算公式，主要采用剪摩擦的原理，考虑了钢筋和轴力的共同作用。

进行预制剪力墙底部水平接缝受剪承载力计算时，计算单元的选取分以下三种情况：

（1）不开洞或者开小洞口整体墙，作为一个计算单元。

（2）小开口整体墙可作为一个计算单元，各墙肢联合抗剪。

（3）开口较大的双肢及多肢墙，各墙肢作为单独的计算单元。

5.7.9　上下层预制剪力墙的竖向钢筋连接应符合下列规定：

（1）边缘构件的竖向钢筋应逐根连接。

（2）预制剪力墙的竖向分布钢筋宜采用双排连接，当采用“梅花形”部分连接时，应符合本标准第 5.7.10 条～第 5.7.12 条的规定。

（3）除下列情况外，墙体厚度不大于 200mm 的丙类建筑预制剪力墙的竖向分布钢筋可采用单排连接，采用单排连接时，应符合本标准第 5.7.10 条、第 5.7.12 条的规定，且在计算分析时不应考虑剪力墙平面外刚度及承载力。

1）抗震等级为一级的剪力墙。

2）轴压比大于 0.3 的抗震等级为二、三、四级的剪力墙。

3）一侧无楼板的剪力墙。

4）一字形剪力墙、一端有翼墙连接但剪力墙非边缘构件区长度大于3m的剪力墙以及两端有翼墙连接但剪力墙非边缘构件区长度大于6m的剪力墙。

（4）抗震等级为一级的剪力墙以及二、三级底部加强部位的剪力墙，剪力墙的边缘构件竖向钢筋宜采用套筒灌浆连接。

条文解读

▲5.7.9

边缘构件是保证剪力墙抗震性能的重要构件，且钢筋较粗，每根钢筋应逐根连接。剪力墙的分布钢筋直径小且数量多，全部连接会导致施工烦琐且造价较高，连接接头数量太多对剪力墙的抗震性能也有不利影响。参照现行行业标准《装配式混凝土结构技术规程》JGJ 1的有关规定允许剪力墙非边缘构件内的竖向分布钢筋采用“梅花形”部分连接。

墙身分布钢筋采用单排连接时，属于间接连接，根据国内外所做的试验研究成果和相关规范规定，钢筋间接连接的传力效果取决于连接钢筋与被连接钢筋的间距以及横向约束情况。

考虑到地震作用的复杂性，在没有充分依据的情况下，剪力墙塑性发展集中和延性要求较高的部位墙身分布钢筋不宜采用单排连接。在墙身竖向分布钢筋采用单排连接时，为提高墙肢的稳定性，对墙肢侧向楼板支撑和约束情况提出了要求。对无翼墙或翼墙间距太大的墙肢，限制墙身分布钢筋采用单排连接。

条文链接 ★5.7.9

参考第一部分5.7.5条的条文链接。

5.7.10 当上下层预制剪力墙竖向钢筋采用套筒灌浆连接时，应符合下列规定：

（1）当竖向分布钢筋采用“梅花形”部分连接时（图1-22），连接钢筋的配筋率不应小于现行国家标准《建筑抗震设计规范》GB 50011规定的剪力墙竖向分布钢筋最小配筋率要求，连接钢筋的直径不应小于12mm，同侧间距不应大于600mm，且在剪力墙构件承载力设计和分布钢筋配筋率计算中不得计入未连接的分布钢筋；未连接的竖向分布钢筋直径不应小于6mm。

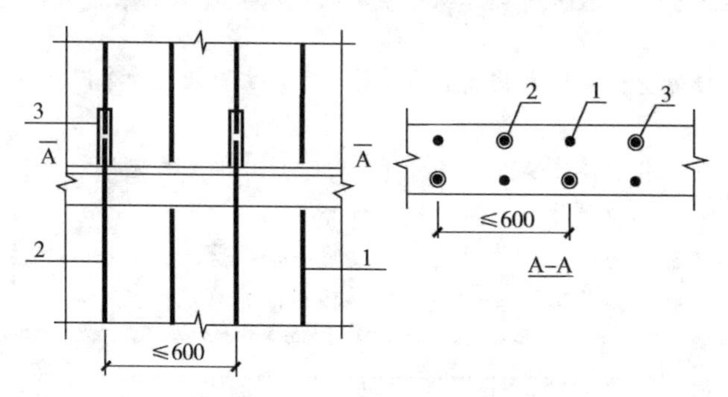

图1-22 竖向分布钢筋“梅花形”套筒灌浆连接构造示意

1—未连接的竖向分布钢筋 2—连接的竖向分布钢筋 3—灌浆套筒

（2）当竖向分布钢筋采用单排连接时（图1-23），应符合本标准第5.4.2条的规定；剪力墙两侧竖向分布钢筋与配置于墙体厚度中部的连接钢筋搭接连接，连接钢筋位于内、外侧被连接钢筋的中间；连接钢筋受拉承载力不应小于上下层被连接钢筋受拉承载力较大值的1.1倍，间距不宜大于300mm。下层剪力墙连接钢筋自下层预制墙顶算起的埋置长度不应小于$1.2l_{aE}+b_w/2$（b_w为墙体厚度），上层剪力墙连接钢筋自套筒顶面算起的埋置长度不应小于l_{aE}，上层连接钢筋顶部至套筒底部的长度尚不应小于$1.2l_{aE}+b_w/2$，l_{aE}按连接钢筋直径计算。钢筋连接长度范围内应配置拉筋，同一连接接头内的拉筋配筋面积不应小于连接钢筋的面积；拉筋沿竖向的间距不应大于水平分布钢筋间距，且不宜大于150mm；拉筋沿水平方向的间距不应大于竖向分布钢筋间距，直径不应小于6mm；拉筋应紧靠连接钢筋，并钩住最外层分布钢筋。

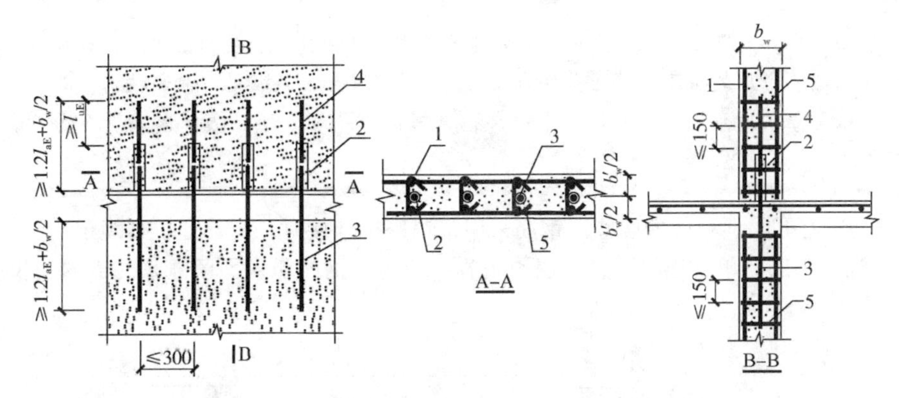

图1-23　竖向分布钢筋单排套筒灌浆连接构造示意

1—上层预制剪力墙竖向分布钢筋　2—灌浆套筒　3—下层剪力墙连接钢筋

4—上层剪力墙连接钢筋　5—拉筋

条文解读

▲5.7.10

当墙身分布钢筋采用单排连接时，为控制连接钢筋和被连接钢筋之间的间距，限定只能采用一根连接钢筋与两根被连接钢筋进行连接，且连接钢筋应位于内、外侧被连接钢筋的中间位置。

为增强连接区域的横向约束，对连接区域的水平分布钢筋进行加密，并增设横向拉筋，拉筋应同时满足间距、直径和配筋面积要求。

条文链接 ★5.7.10

参考第一部分5.7.5条的条文链接。

5.7.11　当上下层预制剪力墙竖向钢筋采用挤压套筒连接时，应符合下列规定：

（1）预制剪力墙底后浇段内的水平钢筋直径不应小于10mm和预制剪力墙水平分布钢筋直径的较大值，间距不宜大于100mm；楼板顶面以上第一道水平钢筋距楼板顶面不宜大于50mm，套筒上端第一道水平钢筋距套筒顶部不宜大于20mm（图1-24）。

（2）当竖向分布钢筋采用“梅花形”部分连接时（图1-25），应符合本标准第5.7.10条第1款的规定。

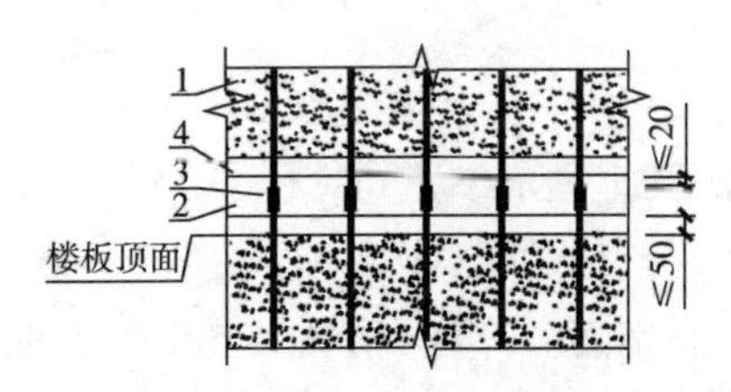

图1-24　预制剪力墙底后浇段水平钢筋配置示意

1—预制剪力墙　2—墙底后浇段

3—挤压套筒　4—水平钢筋

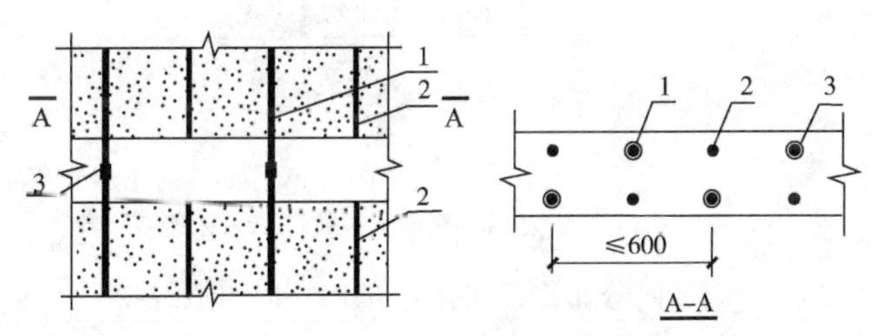

图1-25　竖向分布钢筋“梅花形”挤压套筒连接构造示意

1—连接的竖向分布钢筋　2—未连接的竖向分布钢筋

3—挤压套筒

条文解读

▲5.7.11

预制剪力墙底部后浇段的混凝土现场浇筑质量是挤压套筒连接的关键，实际工程应用时应采取有效的施工措施。考虑到挤压套筒连接作为预制剪力墙竖向钢筋连接的一种新技术，其应用经验有限，因此其墙身竖向分布钢筋仅采用逐根连接和“梅花形”部分连接两种形式，不建议采用单排连接形式。

5.7.12 当上下层预制剪力墙竖向钢筋采用浆锚搭接连接时，应符合下列规定：

（1）当竖向钢筋非单排连接时，下层预制剪力墙连接钢筋伸入预留灌浆孔道内的长度不应小于1.2l_{aE}（图1-26）。

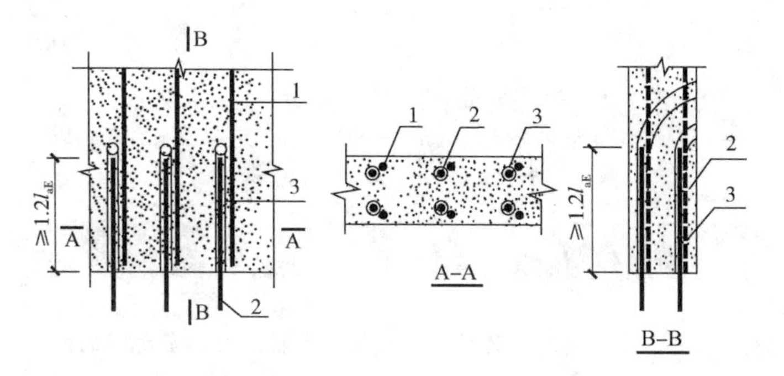

图1-26 竖向钢筋浆锚搭接连接构造示意

1—上层预制剪力墙竖向钢筋 2—下层剪力墙竖向钢筋 3—预留灌浆孔道

（2）当竖向分布钢筋采用“梅花形”部分连接时（图1-27），应符合本标准第5.7.10条第1款的规定。

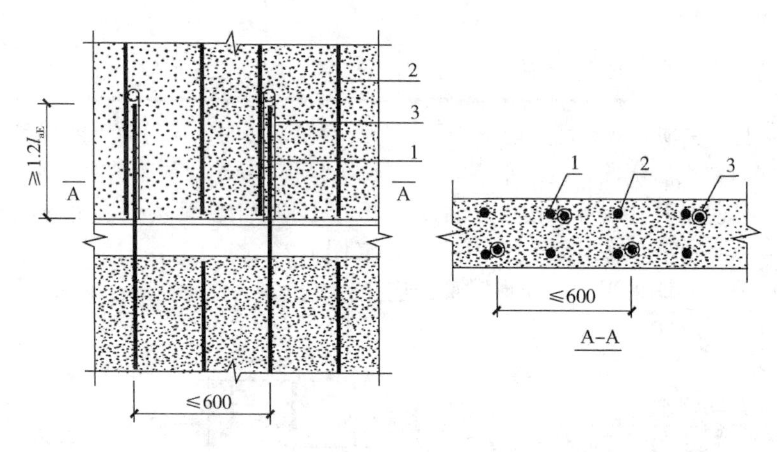

图1-27 竖向分布钢筋“梅花形”浆锚搭接连接构造示意

1—连接的竖向分布钢筋 2—未连接的竖向分布钢筋 3—预留灌浆孔道

（3）当竖向分布钢筋采用单排连接时（图1-28），竖向分布钢筋应符合本标准第5.4.2条的规定；剪力墙两侧竖向分布钢筋与配置于墙体厚度中部的连接钢筋搭接连接，连接钢筋位于内、外侧被连接钢筋的中间；连接钢筋受拉承载力不应小于上下层被连接钢筋受拉承载力较大值的1.1倍，间距不宜大于300mm。连接钢筋自下层剪力墙顶算起的埋置长度不应小于1.2$l_{aE}+b_w/2$（b_w为墙体厚度），自上层预制墙体底部伸入预留灌浆孔道内的长度不应小于1.2$l_{aE}+b_w/2$，l_{aE}按连接钢筋直径计算。钢筋连接长度范围内应配置拉筋，同一连接接头内的拉筋配筋面积不应小于连接钢筋的面积；拉筋沿竖向的间距不应大于水平分布钢筋间距，且不宜大于150mm；拉筋沿水平方向的肢距不应大于竖向分布钢筋间距，直径不应小于6mm；拉筋应紧靠连接钢筋，并钩住最外层分布钢筋。

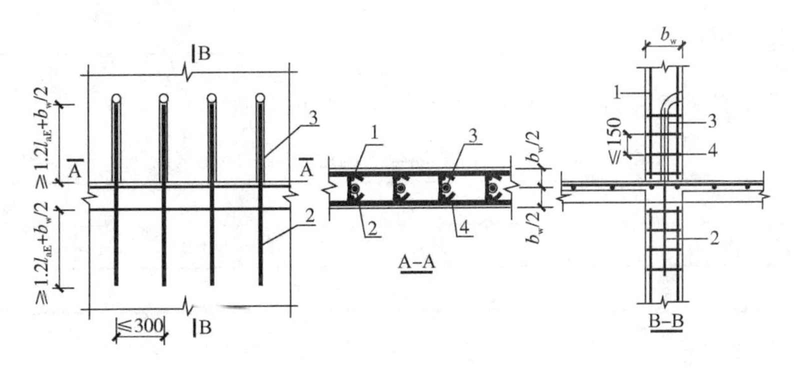

图1-28　竖向分布钢筋单排浆锚搭接连接构造示意

1—上层预制剪力墙竖向钢筋　2—下层剪力墙连接钢筋

3—预留灌浆孔道　4—拉筋

条文解读

▲5.7.12

预制剪力墙竖向分布钢筋浆锚连接接头采用单排连接形式时，为增强连接区域的横向约束，对其连接构造提出了相关要求。

5.8　多层装配式墙板结构

5.8.1　本节适用于抗震设防类别为丙类的多层装配式墙板住宅结构设计，本章未作规定的，应符合现行行业标准《装配式混凝土结构技术规程》JGJ 1中多层剪力墙结构设计章节的有关规定。

条文解读

▲5.8.1

装配式墙板结构是将墙板、楼板、楼梯等在预制厂制成长、宽各相当于一个开间或进深尺寸的构件，然后运到现场装配成整体建筑。装配式墙板结构可大幅度提高施工的工厂化、装配化和机械化程度，减少现场湿作业，土建用工减少三分之一，改善工人的劳动条件，减轻劳动强度，加快施工进度，而且便于施工管理，文明施工。

条文链接 **★5.8.1**

根据《装配式混凝土结构技术规程》JGJ 1的有关规定：

（1）预制外墙板的接缝应满足保温、防火、隔声的要求。

（2）预制外墙板的接缝及门窗洞口等防水薄弱部位宜采用材料防水和构造防水相结合的做法，并应符合下列规定：

1）墙板水平接缝宜采用高低缝或企口缝构造。

2）墙板竖缝可采用平口或槽口构造。

3）当板缝空腔需设置导水管排水时，板缝内侧应增设气密条密封构造。

5.8.2　多层装配式墙板结构的最大适用层数和最大适用高度应符合表1-39的规定。

表 1-39 多层装配式墙板结构的最大适用层数和最大适用高度

设防烈度	6度	7度	8度（0.2g）
最大适用层数	9	8	7
最大适用高度/m	28	24	21

5.8.3 多层装配式墙板结构的高宽比不宜超过表 1-40 的数值。

表 1-40 多层装配式墙板结构适用的最大高宽比

设防烈度	6度	7度	8度（0.2g）
最大高宽比	3.5	3.0	2.5

条文链接 ★5.8.2～5.8.3

参考第一部分5.1.2、5.1.3条和其条文链接。

5.8.4 多层装配式墙板结构设计应符合下列规定：

（1）结构抗震等级在设防烈度为8度时取三级，设防烈度6、7度时取四级。

（2）预制墙板厚度不宜小于140mm，且不宜小于层高的1/25。

（3）预制墙板的轴压比，三级时不应大于0.15，四级时不应大于0.2；轴压比计算时，墙体混凝土强度等级超过C40，按C40计算。

条文解读

▲**5.8.4**

综合考虑墙体稳定性、预制墙板生产运输及安装需求，提出了预制墙板截面厚度的要求；由于多层装配式墙板结构的预制墙板厚度一般较小，为了保证墙肢的抗震性能，提出了预制墙板的轴压比限值。

5.8.5 多层装配式墙板结构的计算应符合下列规定：

（1）可采用弹性方法进行结构分析，并应按结构实际情况建立分析模型；在计算中应考虑接缝连接方式的影响。

（2）采用水平锚环灌浆连接墙体可作为整体构件考虑，结构刚度宜乘以0.85～0.95的折减系数。

（3）墙肢底部的水平接缝可按照整体式接缝进行设计，并取墙肢底部的剪力进行水平接缝的受剪承载力验算。

（4）在风荷载或多遇地震作用下，按弹性方法计算的楼层层间最大水平位移与层高之比$\Delta u_e/h$不宜大于1/1200。

5.8.6 多层装配式墙板结构纵横墙板交接处及楼层内相邻承重墙板之间可采用水平钢筋锚环灌浆连接（图1-29），并应符合下列规定：

（1）应在交接处的预制墙板边缘设置构造边缘构件。

（2）竖向接缝处应设置后浇段，后浇段横截面面积不宜小于0.01m^2，且截面边长不宜小于80mm；后浇段应采用水泥基灌浆料灌实，水泥基灌浆料强度不应低于预制墙板混凝土强度等级。

（3）预制墙板侧边应预留水平钢筋锚环，锚环钢筋直径不应小于预制墙板水平分布筋直径，锚环间距不应大于预制墙板水平分布筋间距；同一竖向接缝左右两侧预制墙板预留水平钢筋锚环的竖向间距不宜大于4d，且不应大于50mm（d为水平钢筋锚环的直径）；水平钢筋锚环在墙板内的锚固长度应满足现行国家标准《混凝土结构设计规范》GB 50010的有关规定；竖向接缝内应配置截面面积不小于200mm^{2}的节点后插纵筋，且应插入墙板侧边的钢筋锚环内；上下层节点后插筋可不连接。

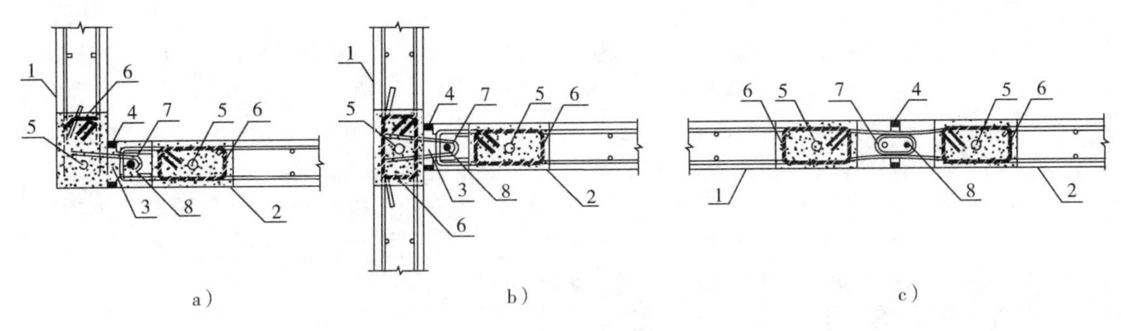

图1-29　水平钢筋锚环灌浆连接构造示意

a）L形节点构造示意　b）T形节点构造示意　c）一字形节点构造示意

1—纵向预制墙体　2—横向预制墙体　3—后浇段　4—密封条　5—边缘构件纵向受力钢筋

6—边缘构件箍筋　7—预留水平钢筋锚环　8—节点后插纵筋

条文解读

▲5.8.6

楼层内相邻承重墙板之间的拼缝采用锚环连接时，可不设置构造边缘构件。箍筋架立筋用于架立箍筋，并用于对边缘构件的混凝土进行侧向约束，为非纵向受力钢筋。

条文链接 ★5.8.6

根据《混凝土结构设计规范》GB 50010的有关规定：

当计算中充分利用钢筋的抗拉强度时，受拉钢筋的锚固应符合下列要求：

（1）基本锚固长度应按下列公式计算：

普通钢筋

$$l_{ab} = \alpha \frac{f_y}{f_t} d$$

预应力筋

$$l_{ab} = \alpha \frac{f_{py}}{f_t} d$$

式中　l_{ab}——受拉钢筋的基本锚固长度；

f_y、f_{py}——普通钢筋、预应力筋的抗拉强度设计值；

f_t——混凝土轴心抗拉强度设计值，当混凝土强度等级高于C60，按C60取值；

d——锚固钢筋的直径；

α——锚固钢筋的外形系数，按表1-41取用。

表1-41　锚固钢筋的外形系数

钢筋类型	光圆钢筋	带肋钢筋	螺旋肋钢筋	三股钢绞线	七股钢绞线
α	0.16	0.14	0.13	0.16	0.17

注：光圆钢筋末端应做180°弯钩，弯后平直段长度不应小于$3d$，但做受压钢筋时可不做弯钩。

（2）受拉钢筋的锚固长度应该根据锚固条件按下列公式计算，且不应小于200mm。

$$l_a = \xi_a l_{ab}$$

条文链接

式中 l_a——受拉钢筋的锚固长度；

ξ_a——锚固长度修正系数，对普通钢筋按（4）条规定取用，当多余一项时，可按连乘计算，但不应小于0.6；对预应力筋，可取1.0。

梁柱节点中纵向受拉钢筋的锚固要求应按本规范第9.3节（Ⅱ）中规定执行。

（3）当锚固钢筋的保护层厚度不大于$5d$时，锚固长度范围内应配置横向构造钢筋，其直径不应小于$d/4$；对梁、柱、斜撑等构件间距不应大于$5d$，对板、墙等平面构件间距不应大于$10d$，且均不应大于100mm，此处d为锚固钢筋的直径。

（4）纵向受拉普通钢筋的锚固长度修正系数应按下列规定取用。

1）当带肋钢筋的公称直径大于25mm时取1.10。

2）环氧树脂涂层带肋钢筋取1.25。

3）施工过程中易受扰动的钢筋取1.10。

4）当纵向受力钢筋的实际配筋面积大于其设计计算面积时，修正系数取设计计算面积与实际配筋面积的比值，但对有抗震设防要求及直接承受动力荷载的结构构件，不应考虑此项修正。

5）锚固钢筋的保护层厚度为$3d$时修正系数可取0.80，保护层厚度为$5d$时修正系数可取0.70，中间按内插取值，此处d为锚固钢筋的直径。

5.8.7 预制墙板应在水平或竖向尺寸大于800mm的洞边、一字墙墙体端部、纵横墙交接处设置构造边缘构件，并应满足下列要求：

（1）采用配置钢筋的构造边缘构件时，应符合下列规定：

1）构造边缘构件截面高度不宜小于墙厚，且不宜小于200mm，截面宽度同墙厚。

2）构造边缘构件内应配置纵向受力钢筋、箍筋、箍筋架立筋，构造边缘构件的纵向钢筋除应满足设计要求外，尚应满足表1-42的要求。

表1-42 构造边缘构件的构造配筋要求

抗震等级	底层				其他层			
	纵筋最小量	箍筋架立筋最小量	箍筋/mm		纵筋最小量	箍筋架立筋最小量	箍筋/mm	
			最小直径	最大间距			最小直径	最大间距
三级	1ϕ25	4ϕ10	6	150	1ϕ22	4ϕ8	6	200
四级	1ϕ22	4ϕ8	6	200	1ϕ20	4ϕ8	6	250

3）上下层构造边缘构件纵向受力钢筋应直接连接，可采用灌浆套筒连接、浆锚搭接连接、焊接连接或型钢连接件连接；箍筋架立筋可不伸出预制墙板表面。

（2）采用配置型钢的构造边缘构件时，应符合下列规定：

1）可由计算和构造要求得到钢筋面积并按等强度计算相应的型钢截面。

2）型钢应在水平缝位置采用焊接或螺栓连接等方式可靠连接。

3）型钢为一字形或开口截面时，应设置箍筋和箍筋架立筋，配筋量应满足表1-42的要求。

4）当型钢为钢管时，钢管内应设置竖向钢筋并采用灌浆料填实。

5.9 外挂墙板设计

5.9.1 在正常使用状态下，外挂墙板应具有良好的工作性能。外挂墙板在多遇地震作用下应能正常使用；在设防烈度地震作用下经修理后应仍可使用；在预估的罕遇地震作用下不应整体脱落。

条文解读

▲5.9.1

外挂墙板是由混凝土板和门窗等围护构件组成的完整结构体系，主要承受自重以及直接作用于其上的风荷载、地震作用、温度作用等。同时，外挂墙板也是建筑物的外围护结构，其本身不分担主体结构承受的荷载和地震作用。作为建筑物的外围护结构，绝大多数外挂墙板均附着于主体结构，必须具备适应主体结构变形的能力。外挂墙板适应变形的能力，可以通过多种可靠的构造措施来保证，比如足够的胶缝宽度、构件之间的活动连接等。

条文链接 ★5.9.1

根据《装配式混凝土结构技术规程》JGJ 1 的有关规定：

外挂墙板应采用合理的连接节点并与主体结构可靠连接。有抗震设防要求时，外挂墙板及其与主体结构的连接节点，应进行抗震设计。

5.9.2 外挂墙板与主体结构的连接节点应具有足够的承载力和适应主体结构变形的能力。外挂墙板和连接节点的结构分析、承载力计算和构造要求应符合国家现行标准《混凝土结构设计规范》GB 50010 和《装配式混凝土结构技术规程》JGJ 1 的有关规定。

条文解读

▲5.9.2

建筑外挂墙板支承在主体结构上，主体结构在荷载、地震作用、温度作用下会产生变形（如水平位移和竖向位移等），这些变形可能会对外墙挂板产生不良影响，应尽量避免。因此，外挂墙板必须具有适应主体结构变形的能力。除了结构计算外，构造设计措施是保证外挂墙板变形能力的重要手段，如必要的胶缝宽度、构件之间的弹性或活动连接等。

条文链接 ★5.9.2

根据《装配式混凝土结构技术规程》JGJ 1 的有关规定：

（1）对外挂墙板和连接节点进行承载力验算时，其结构重要性系数 γ_0 应取不小于 1.0，连接节点承载力抗震调整系数 γ_{RE} 应取 1.0。

（2）外挂墙板与主体结构宜采用柔性连接，连接节点应具有足够的承载力和适应主体结构变形的能力，并应采取可靠的防腐、防锈和防火措施。

5.9.3 抗震设计时，外挂墙板与主体结构的连接节点在墙板平面内应具有不小于主体结构在设防烈度地震作用下弹性层间位移角 3 倍的变形能力。

条文解读

▲5.9.3

外挂墙板平面内变形，是由于建筑物受风荷载或地震作用时层间发生相对位移产生的。由于计算主体结构的变形时，所采用的风荷载、地震作用计算方法不同，因此，外挂墙板平面内变形要求应区分是否为抗震设计。地震作用时，本标准规定可近似取主体结构在设防地震作用下弹性层间位移限值的 3 倍为控制指标，大致相当于罕遇地震作用下的层间位移。

条文链接 ★5.9.3

根据《装配式混凝土结构技术规程》JGJ 1的有关规定：

（1）外挂墙板与主体结构采用点支承连接时，连接件的滑动孔尺寸，应根据穿孔螺栓的直径、层间位移值和施工误差等因素确定。

（2）外挂墙板间接缝的构造应符合下列规定：

1）接缝构造应满足防水、防火、隔声等建筑功能要求。

2）接缝宽度应满足主体结构的层间位移、密封材料的变形能力、施工误差、温差引起变形等要求，且不应小于15mm。

5.9.4 主体结构计算时，应按下列规定计入外挂墙板的影响：

（1）应计入支承于主体结构的外挂墙板的自重。

（2）当外挂墙板相对于其支承构件有偏心时，应计入外挂墙板重力荷载偏心产生的不利影响。

（3）采用点支承与主体结构相连的外挂墙板，连接节点具有适应主体结构变形的能力时，可不计入其刚度影响。

（4）采用线支承与主体结构相连的外挂墙板，应根据刚度等代原则计入其刚度影响，但不得考虑外挂墙板的有利影响。

5.9.5 计算外挂墙板的地震作用标准值时，可采用等效侧力法，并应按下式计算：

$$q_{Ek}=\beta_E\alpha_{max}G_k/A$$

式中 q_{Ek}——分布水平地震作用标准值（kN/m^2），当验算连接节点承载力时，连接节点地震作用效应标准值应乘以2.0的增大系数；

β_E——动力放大系数，不应小于5.0；

α_{max}——水平多遇地震影响系数最大值，应符合现行国家标准《建筑抗震设计规范》GB 50011的有关规定；

G_k——外挂墙板的重力荷载标准值（kN）；

A——外挂墙板的平面面积（m^2）。

条文解读

▲5.9.5

多遇地震作用下，外挂墙板构件应基本处于弹性工作状态，其地震作用可采用简化的等效静力方法计算。水平地震影响系数最大值取自现行国家标准《建筑抗震设计规范》GB 50011的规定。

地震中外挂墙板振动频率高，容易受到放大的地震作用。为使设防烈度下外挂墙板不产生破损，减低其脱落后的伤人事故，多遇地震作用计算时考虑动力放大系数β_E。按照现行国家标准《建筑抗震设计规范》GB 50011的有关非结构构件的地震作用计算规定，外挂墙板结构的地震作用动力放大系数可表示为：

$$\beta_E=\gamma\eta\xi_1\xi_2$$

式中 γ——非结构构件功能系数，可取1.4；

η——非结构构件类别系数，可取0.9；

ξ_1——体系或构件的状态系数，可取2.0；

ξ_2——位置系数，可取2.0。

按上式计算，外挂墙板结构地震作用动力放大系数β_E约为5.0。该系数适用于外挂墙板的地震作用计算。

相对传统的幕墙系统，预制混凝土外挂墙板的自重较大。外挂墙板与主体结构的连接往往超静定次数低，也缺乏良好的耗能机制，其破坏模式通常属于脆性破坏。连接破坏一旦发生，会造成外

条文解读

挂墙板整体坠落，产生十分严重的后果。因此，需要对连接节点承载力进行必要的提高。对于地震作用来说，在多遇地震作用计算的基础上将作用效应放大 2.0，接近达到“中震弹性”的要求。

条文链接 ★5.9.5

根据《建筑抗震设计规范》GB 50011 的有关规定：

当需要在条状突出的山嘴、高耸孤立的山丘、非岩石和强风化岩石的陡坡、河岸和边坡边缘等不利地段建造丙类及丙类以上建筑时，除保证其在地震作用下的稳定性外，尚应估计不利地段对设计地震动参数可能产生的放大作用，其水平地震影响系数最大值应乘以增大系数。其值应根据不利地段的具体情况确定，在 1.1 ~ 1.6 范围内采用。

参考第一部分 5.3.5 条的条文链接。

5.9.6　外挂墙板的形式和尺寸应根据建筑立面造型、主体结构层间位移限值、楼层高度、节点连接形式、温度变化、接缝构造、运输限制条件和现场起吊能力等因素确定；板间接缝宽度应根据计算确定且不宜小于 10mm；当计算缝宽大于 30mm 时，宜调整外挂墙板的形式或连接方式。

条文解读

▲5.9.6

由于预制生产和现场安装的需要，外挂墙板系统必须分割成各自独立承受荷载的板片。同时应合理确定板缝宽度，确保各种工况下各板片间不会产生挤压和碰撞。主体结构变形引起的板片位移是确定板缝宽度的控制性因素。为保证外挂墙板的工作性能，在层间位移角 1/300 的情况下，板缝宽度变化不应造成填缝材料的损坏；在层间位移角 1/100 的情况下，墙板本体的性能保持正常，仅填缝材料需进行修补；在层间位移角 1/100 的情况下，应确保板片间不发生碰撞。

5.9.7　外挂墙板与主体结构采用点支承连接时，节点构造应符合下列规定：

（1）连接点数量和位置应根据外挂墙板形状、尺寸确定，连接点不应少于 4 个，承重连接点不应多于 2 个。

（2）在外力作用下，外挂墙板相对主体结构在墙板平面内应能水平滑动或转动。

（3）连接件的滑动孔尺寸应根据穿孔螺栓直径、变形能力需求和施工允许偏差等因素确定。

条文解读

▲5.9.7

点支承的外挂墙板可区分为平移式外挂墙板（图 1-30a）和旋转式外挂墙板（图 1-30b）两种形式。它们与主体结构的连接节点，又可以分为承重节点和非承重节点两类。

一般情况下，外挂墙板与主体结构的连接宜设置 4 个支承点：当下部两个为承重节点时，上部两个宜为非承重节点；相反，当上部两个为承重节点时，下部两个宜为非承重节点。应注意，平移式外挂墙板与旋转式外挂墙板的承重节点和非承重节点的受力状态和构造要求是不同的，因此设计要求也是不同的。

点支承的连接节点一般采用在连接件和预埋件之间设置带有长圆孔的滑移垫片，形成平面内可滑移的支座。当外挂墙板相对于主体结构可能产生转动时，长圆孔宜按垂直方向设置；当外挂墙板相对于主体结构可能产生平移时，长圆孔宜按水平方向设置。

条文解读

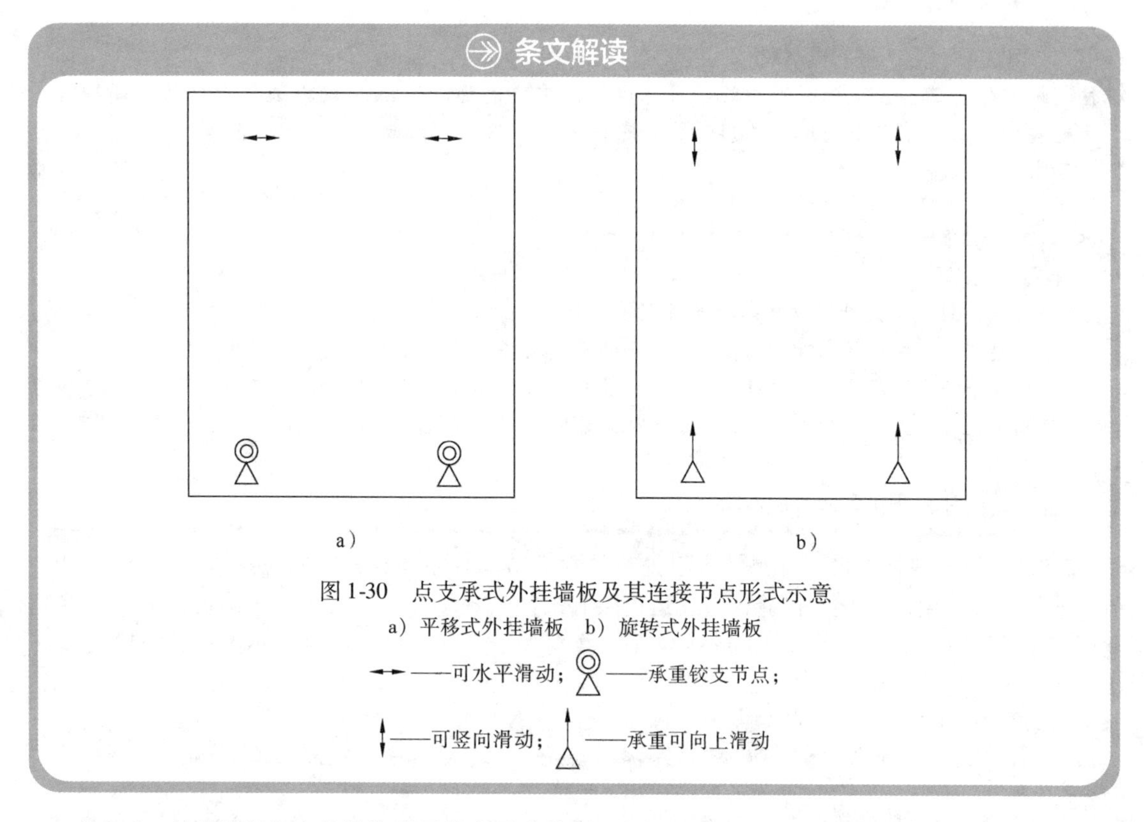

图 1-30　点支承式外挂墙板及其连接节点形式示意

a）平移式外挂墙板　b）旋转式外挂墙板

——可水平滑动；——承重铰支节点；

——可竖向滑动；——承重可向上滑动

5.9.8　外挂墙板与主体结构采用线支承连接时（图 1-31），节点构造应符合下列规定：

（1）外挂墙板顶部与梁连接，且固定连接区段应避开梁端 1.5 倍梁高长度范围。

（2）外挂墙板与梁的结合面应采用粗糙面并设置键槽；接缝处应设置连接钢筋，连接钢筋数量应经过计算确定且钢筋直径不宜小于 10mm，间距不宜大于 200mm；连接钢筋在外挂墙板和楼面梁后浇混凝土中的锚固应符合现行国家标准《混凝土结构设计规范》GB 50010 的有关规定。

（3）外挂墙板的底端应设置不少于 2 个仅对墙板有平面外约束的连接节点。

（4）外挂墙板的侧边不应与主体结构连接。

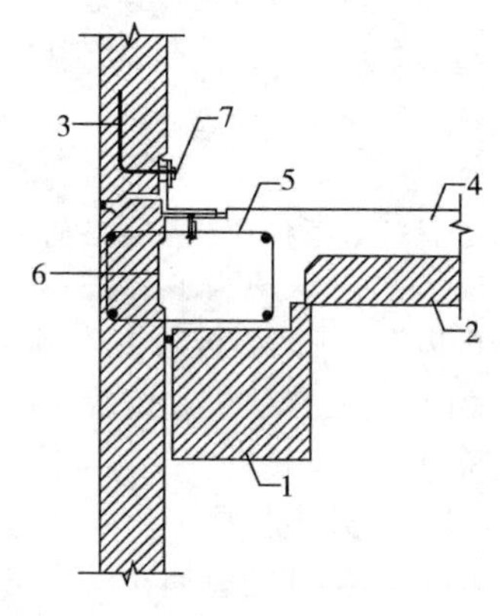

图 1-31　外挂墙板线支承连接示意

1—预制梁　2—预制板　3—预制外挂墙板　4—后浇混凝土　5—连接钢筋　6—剪力键槽　7—面外限位连接件

5.9.9　外挂墙板不应跨越主体结构的变形缝。主体结构变形缝两侧的外挂墙板的构造缝应能适应主体结构的变形要求，宜采用柔性连接设计或滑动型连接设计，并采取易于修复的构造措施。

6　外围护系统设计

6.1　一般规定

6.1.1　装配式混凝土建筑应合理确定外围护系统的设计使用年限，住宅建筑的外围护系统的设计使用年限应与主体结构相协调。

条文解读

▲6.1.1

外围护系统的设计使用年限是确定外围护系统性能要求、构造、连接的关键，设计时应明确。住宅建筑中外围护系统的设计使用年限应与主体结构相协调，主要是指住宅建筑中外围护系统的基层板、骨架系统、连接配件的设计使用年限应与建筑物主体结构一致；为满足使用要求，外围护系统应定期维护，接缝胶、涂装层、保温材料应根据材料特性，明确使用年限，并应注明维护要求。

6.1.2　外围护系统的立面设计应综合装配式混凝土建筑的构成条件、装饰颜色与材料质感等设计要求。

条文解读

▲6.1.2

装配式混凝土建筑的构成条件，主要是指建筑物的主体结构类型、建筑使用功能等。

6.1.3　外围护系统的设计应符合模数化、标准化的要求，并满足建筑立面效果、制作工艺、运输及施工安装的条件。

6.1.4　外围护系统设计应包括下列内容：

（1）外围护系统的性能要求。

（2）外墙板及屋面板的模数协调要求。

（3）屋面结构支承构造节点。

（4）外墙板连接、接缝及外门窗洞口等构造节点。

（5）阳台、空调板、装饰件等连接构造节点。

条文解读

▲6.1.4

针对目前我国装配式混凝土建筑中外围护系统的设计指标要求不明确，对外围护系统中部品设计、生产、安装的指导性不强，本条规定了在设计中应包含的主要内容：

（1）外围护系统性能要求，主要为安全性、功能性和耐久性等。

（2）外墙板及屋面板的模数协调包括：尺寸规格、轴线分布、门窗位置和洞口尺寸等，设计应标准化，兼顾其经济性，同时还应考虑外墙板及屋面板的制作工艺、运输及施工安装的可行性。

（3）屋面围护系统与主体结构、屋架与屋面板的支承要求，以及屋面上放置重物的加强措施。

（4）外墙围护系统的连接、接缝及系统中外门窗洞口等部位的构造节点是影响外墙围护系统整体性能的关键点。

（5）空调室外及室内机、遮阳装置、空调板太阳能设施、雨水收集装置及绿化设施等重要附属设施的连接节点。

6.1.5　外围护系统应根据装配式混凝土建筑所在地区的气候条件、使用功能等综合确定抗风性能、抗震性能、耐撞击性能、防火性能、水密性能、气密性能、隔声性能、热工性能和耐久性能要求，屋面系统尚应满足结构性能要求。

条文解读

▲6.1.5

外围护系统的材料种类多种多样，施工工艺和节点构造也不尽相同，在集成设计时，外围护系统应根据不同材料特性、施工工艺和节点构造特点明确具体的性能要求。性能要求主要包括安全性、功能性和耐久性等，同时屋面系统还应增加结构性能要求。

条文链接 ★6.1.5

根据《建筑结构荷载规范》GB 50009 的有关规定：

垂直于建筑物表面上的风荷载标准值，应按下列规定确定：

（1）计算主要受力结构时，应按下式计算：

$$w_k = \beta_z \mu_s \mu_z w_0$$

式中 w_k——风荷载标准值（kN/m^2）；

β_z——高度 z 处的风振系数；

μ_s——风荷载体型系数；

μ_z——风压高度变化系数；

w_0——基本风压（kN/m^2）。

（2）计算围护结构时，应按下式计算：

$$w_k = \beta_{gz} \mu_{s1} \mu_z w_0$$

式中 β_{gz}——高度 z 处的阵风系数；

μ_{s1}——风荷载局部体型系数。

根据《建筑幕墙》GB/T 21086 的有关规定：

（1）耐撞击性能应满足设计要求。人员流动密度大或青少年、幼儿活动的公共建筑的建筑幕墙，耐撞击性能指标不应低于表 1-43 中 2 级。

表 1-43 建筑幕墙耐撞击性能分级

分级指标		1	2	3	4
室内侧	撞击能量 E/(N·m)	700	900	>900	—
	降落高度 H/mm	1500	2000	>2000	—
室外侧	撞击能量 E/(N·m)	300	500	800	>800
	降落高度 H/mm	700	1100	1800	>1800

注：1. 性能标注时应按：室内侧定级值/室外侧定级值。例如：2/3 为室内 2 级，室外 3 级。

2. 当室内侧定级值为 3 级时标注撞击能量实际测试值，当室外侧定级值为 4 级时标注撞击能量实际测试值。例如：1200/1900 为室内 1200N·m，室外 1900N·m。

（2）撞击能量 E 和撞击物体的降落高度 H 分级指标和表示方法应符合表 1-43 的要求。

根据《建筑幕墙》GB/T 21086 的有关规定：

幕墙整体（含开启部分）气密性能分级指标应符合表 1-44 的要求。

表 1-44 建筑幕墙整体气密性能分级

分级代号	1	2	3	4
分级指标值 q_A/[m^3/(m^2·h)]	$4.0 \geqslant q_A > 2.0$	$2.0 \geqslant q_A > 1.2$	$1.2 \geqslant q_A > 0.5$	$q_A \leqslant 0.5$

6.1.6 外墙系统应根据不同的建筑类型及结构形式选择适宜的系统类型；外墙系统中外墙板可采用内嵌式、外挂式、嵌挂结合等形式，并宜分层悬挂或承托。外墙系统可选用预制外墙、现场组装骨架外墙、建筑幕墙等类型。

条文解读

▲6.1.6

不同类型的外墙围护系统具有不同的特点，按照外墙围护系统在施工现场有无骨架组装的情况，分为：预制外墙类、现场组装骨架外墙类、建筑幕墙类。

（1）预制外墙类外墙围护系统在施工现场无骨架组装工序，根据外墙板的建筑立面特征又细分

条文解读

为：整间板体系、条板体系。

(2) 现场组装骨架外墙类外墙围护系统在施工现场有骨架组装工序，根据骨架的构造形式和材料特点又细分为：金属骨架组合外墙体系、木骨架组合外墙体系。

(3) 建筑幕墙类外墙围护系统在施工现场可包含骨架组装工序，也可不包含骨架组装工序，根据主要支承结构形式又细分为：构件式幕墙、点支承幕墙、单元式幕墙。

6.1.7　外墙系统中外挂墙板应符合本标准第5.9节的规定，其他类型的外墙板应符合下列规定：

(1) 当主体结构承受50年重现期风荷载或多遇地震作用时，外墙板不得因层间位移而发生塑性变形、板面开裂、零件脱落等损坏。

(2) 在罕遇地震作用下，外墙板不得掉落。

6.1.8　外墙板与主体结构的连接应符合下列规定：

(1) 连接节点在保证主体结构整体受力的前提下，应牢固可靠、受力明确、传力简捷、构造合理。

(2) 连接节点应具有足够的承载力。承载能力极限状态下，连接节点不应发生破坏；当单个连接节点失效时，外墙板不应掉落。

(3) 连接部位应采用柔性连接方式，连接节点应具有适应主体结构变形的能力。

(4) 节点设计应便于工厂加工、现场安装就位和调整。

(5) 连接件的耐久性应满足使用年限要求。

条文解读

▲6.1.8

本条规定了外墙板与主体结构连接中应注意的主要问题：

(1) 连接节点的设置不应使主体结构产生集中偏心受力，应使外墙板实现静定受力。

(2) 承载力极限状态下，连接节点最基本的要求是不发生破坏，这就要求连接节点处的承载力安全度储备应满足外墙板的使用要求。

(3) 外墙板可采用平动或转动的方式与主体结构产生相对变形。外墙板应与周边主体结构可靠连接并能适应主体结构不同方向的层间位移，必要时应做验证性试验。采用柔性连接的方式，以保证外墙板应能适应主体结构的层间位移，连接节点尚需具有一定的延性，避免承载能力极限状态和正常施工极限状态下应力集中或产生过大的约束应力。

(4) 宜减少采用现场焊接形式和湿作业连接形式。

(5) 连接件除不锈钢及耐候钢外，其他钢材应进行表面热浸镀锌处理、富锌涂料处理或采取其他有效的防腐防锈措施。

6.1.9　外墙板接缝应符合下列规定：

(1) 接缝处应根据当地气候条件合理选用构造防水、材料防水相结合的防排水设计。

(2) 接缝宽度及接缝材料应根据外墙板材料、立面分格、结构层间位移、温度变形等因素综合确定；所选用的接缝材料及构造应满足防水、防渗、抗裂、耐久等要求；接缝材料应与外墙板具有相容性；外墙板在正常使用下，接缝处的弹性密封材料不应破坏。

(3) 接缝处以及与主体结构的连接处应设置防止形成热桥的构造措施。

条文解读

▲6.1.9

外墙板接缝是外围护系统设计的重点环节，设计的合理性和适用性直接关系到外围护系统的性能。

6.2 预制外墙

6.2.1 预制外墙用材料应符合下列规定：

（1）预制混凝土外墙板用材料应符合现行行业标准《装配式混凝土结构技术规程》JGJ 1的规定。

（2）拼装大板用材料包括龙骨、基板、面板、保温材料、密封材料、连接固定材料等，各类材料应符合国家现行相关标准的规定。

（3）整体预制条板和复合夹芯条板应符合国家现行相关标准的规定。

条文链接 ★6.2.1

根据《装配式混凝土结构技术规程》JGJ 1的有关规定：

（1）预制构件的混凝土强度等级不宜低于C30；预应力混凝土预制构件的混凝土强度等级不宜低于C40，且不应低于C30；现浇混凝土的强度等级不应低于C25。

（2）预制构件的吊环应采用未经冷加工的HPB300级钢筋制作。吊装用内埋式螺母或吊杆的材料应符合国家现行相关标准的规定。

6.2.2 露明的金属支撑件及外墙板内侧与主体结构的调整间隙，应采用燃烧性能等级为A级的材料进行封堵，封堵构造的耐火极限不得低于墙体的耐火极限，封堵材料在耐火极限内不得开裂、脱落。

条文解读

▲6.2.2

露明的金属支撑件及外墙板内侧与梁、柱及楼板间的调整间隙，是防火安全的薄弱环节。露明的金属支撑件应设置构造措施，避免在遇火或高温下导致支撑件失效，进而导致外墙板掉落；外墙板内侧与梁、柱及楼板间的调整间隙也是蹿火的主要部位，应设置构造措施，防止火灾蔓延。

6.2.3 防火性能应按非承重外墙的要求执行，当夹芯保温材料的燃烧性能等级为B1级或B2级时，内、外叶墙板应采用不燃材料且厚度均不应小于50mm。

条文链接 ★6.2.3

根据《建筑设计防火规范》GB 50016的有关规定：

对于非承重外墙、房间隔墙，当建筑的耐火等级为一级、二级时，按本规范要求，其燃烧性能为不燃，且耐火极限分别为不低于0.75h和0.50h，因此也不宜采用金属夹芯板材。当确需采用时，夹芯材料应为A级，且要符合本规范对相应构件的耐火极限要求；当建筑的耐火等级为三级、四级时，金属夹芯板材的芯材也要A级，并符合本规范对相应构件的耐火极限要求。

6.2.4 块材饰面应采用耐久性好、不易污染的材料；当采用面砖时，应采用反打工艺在工厂内完成，面砖应选择背面设有粘结后防止脱落措施的材料。

条文解读

▲6.2.4

所谓“反打”就是在平台座或平钢模的底模上预铺各种花纹的衬模，使墙板的外皮在下面，内皮在上面，与“正打”正好相反。这种工艺可以在浇筑外墙混凝土墙体的同时一次将外饰面的各种线型及质感带出来，其建筑效果与墙板质量都是“正打”所不能比拟的。

6.2.5 预制外墙接缝应符合下列规定：

（1）接缝位置宜与建筑立面分格相对应。

（2）竖缝宜采用平口或槽口构造，水平缝宜采用企口构造。

（3）当板缝空腔需设置导水管排水时，板缝内侧应增设密封构造。

（4）宜避免接缝跨越防火分区；当接缝跨越防火分区时，接缝室内侧应采用耐火材料封堵。

条文解读

▲6.2.5

本条规定了预制外墙类外墙板在接缝处的特殊要求。跨越防火分区的接缝是防火安全的薄弱环节，应在跨越防火分区的接缝室内侧填塞耐火材料，以提高外围护系统的防火性能。

6.2.6 蒸压加气混凝土外墙板的性能、连接构造、板缝构造、内外面层做法等要求应符合现行行业标准《蒸压加气混凝土建筑应用技术规程》JGJ/T 17 的相关规定，并符合下列规定：

（1）可采用拼装大板、横条板、竖条板的构造形式。

（2）当外围护系统需同时满足保温、隔热要求时，板厚应满足保温或隔热要求的较大值。

（3）可根据技术条件选择钩头螺栓法、滑动螺栓法、内置锚法、摇摆型工法等安装方式。

（4）外墙室外侧板面及有防潮要求的外墙室内侧板面应用专用防水界面剂进行封闭处理。

条文解读

▲6.2.6

本条规定了蒸压加气混凝土外墙板的设计要求。

（1）蒸压加气混凝土外墙板的安装方式存在多种情况，应根据具体情况选用。现阶段，国内工程钩头螺栓法应用普遍，其特点是施工方便、造价低，缺点是损伤板材，连接节点不属于真正意义上的柔性节点，属于半刚性连接节点，应用于多层建筑外墙是可行的；对高层建筑外墙宜选用内置锚法、摇摆型工法。

（2）蒸压加气混凝土外墙板是一种带孔隙的碱性材料，吸水后强度降低，外表面防水涂膜是其保证结构正常特性的保障，防水封闭是保证加气混凝土板耐久性（防渗漏、防冻融）的关键技术措施。通常情况下，室外侧板面宜采用性能匹配的柔性涂料饰面。

条文链接 **★6.2.6**

根据《蒸压加气混凝土建筑应用技术规程》JGJ/T 17 的有关规定：

（1）加气混凝土墙板作非承重的围护结构时，其与主体结构应有可靠的连接。当采用竖墙板和拼装大板时，应分层承托；横墙应按一定高度由主体结构承托。

在地震区采用外墙板应符合抗震构造要求。

（2）外墙拼装大板，洞口两边和上部过梁板最小尺寸应符合表 1-45 的规定。

表 1-45 最小尺寸限值

洞口尺寸/(mm×mm)	洞口两边板宽/mm	过梁板板高/mm
900×1200 以下	300	300
1800×1500 以下	450	300
2400×1800 以下	600	400

注：300mm 或 400mm 板材如需用 600mm 宽的板材在纵向切锯，不得切锯两边截取中段。如用作过梁板，应经结构验算。

6.3 现场组装骨架外墙

6.3.1 骨架应具有足够的承载能力、刚度和稳定性，并应与主体结构有可靠连接；骨架应进行整体及连接节点验算。

条文解读

▲6.3.1

骨架是现场组装骨架外墙中承载并传递荷载作用的主要材料，与主体结构有可靠、正确的连接，才能保证墙体正常、安全地工作。骨架整体验算及连接节点是保证现场组装骨架外墙安全性的重点环节。

6.3.2 墙内敷设电气线路时，应对其进行穿管保护。

6.3.3 现场组装骨架外墙宜根据基层墙板特点及形式进行墙面整体防水。

条文链接 **★6.3.5**

根据《建筑外墙防水工程技术规程》JGJ/T 235 的有关规定：

（1）建筑外墙整体防水设计应包括下列内容：

1）外墙防水工程的构造。

2）防水层材料的选择。

3）节点的密封防水构造。

（2）建筑外墙节点构造防水设计应包括门窗洞口、雨篷、阳台、变形缝、伸出外墙管道、女儿墙压顶、外墙预埋件、预制构件等交接部位的防水设防。

（3）建筑外墙的防水层应设置在迎水面。

6.3.4 金属骨架组合外墙应符合下列规定：

（1）金属骨架应设置有效的防腐蚀措施。

（2）骨架外部、中部和内部可分别设置防护层、隔离层、保温隔气层和内饰层，并根据使用条件设置防水透气材料、空气间层、反射材料、结构蒙皮材料和隔汽材料等。

6.3.5 木骨架组合外墙应符合下列规定：

（1）材料种类、连接构造、板缝构造、内外面层做法等要求应符合现行国家标准《木骨架组合墙体技术规范》GB/T 50361 的相关规定。

（2）木骨架组合外墙与主体结构之间应采用金属连接件进行连接。

（3）内侧墙面材料宜采用普通型、耐火型或防潮型纸面石膏板，外侧墙面材料宜采用防潮型纸面石膏板或水泥纤维板材等材料。

（4）保温隔热材料宜采用岩棉或玻璃棉等。

（5）隔声吸声材料宜采用岩棉、玻璃棉或石膏板材等。

（6）填充材料的燃烧性能等级应为 A 级。

条文解读

▲6.3.5

本条规定了木骨架组合外墙的设计要求。

（1）当采用规格材制作木骨架时，由于是通过设计确定木骨架的尺寸，故不限制使用规格材的等级。规格材的含水率不应大于20%，与现行国家标准《木结构设计规范》GB 50005 规定的规格材含水率一致。

（2）木骨架组合外墙与主体结构之间的连接应有足够的耐久性和可靠性，所采用的连接件和紧固件应符合国家现行标准及符合设计要求。木骨架组合外墙经常受自然环境不利因素的影响，因此要求连接材料应具备防腐功能以保证连接材料的耐久性。

（3）岩棉、玻璃棉具有导热系数小、自重轻、防火性能好等优点，而且石膏板、岩棉和玻璃棉吸声系数高，适用于木骨架外墙的填充材料和覆面材料，使外墙达到国家现行标准规定的保温、隔热、隔声和防火要求。

条文链接 ★6.3.5

根据《木骨架组合墙体技术规范》GB/T 50361 的有关规定：

（1）木骨架采用规格材制作时，规格材含水率不应大于20%。当现场采用板材制作木骨架时，板材含水率不应大于18%。

（2）木骨架组合墙体与主体结构的连接应采用连接件进行连接。连接件应符合现行国家标准的有关规定及设计要求。尚无相应标准的连接件应符合设计要求，并应有产品质量出厂合格证书。

（3）木骨架组合墙体保温隔热材料宜采用岩棉、矿棉和玻璃棉。

（4）木骨架组合墙体隔声吸声材料宜采用岩棉、矿棉、玻璃棉和纸面石膏板或其他合适的板材。

（5）木骨架组合墙体的墙面材料宜采用纸面石膏板，如采用其他材料，其燃烧性能应符合现行国家标准《建筑材料燃烧性能分级方法》GB 8624 关于 A 级材料的要求。四级耐火等级建筑物的墙面材料的燃烧性能可为 B1 级。

6.4 建筑幕墙

6.4.1 装配式混凝土建筑应根据建筑物的使用要求、建筑造型，合理选择幕墙形式，宜采用单元式幕墙系统。

条文链接 ★6.4.1

根据《建筑幕墙》GB/T 21086 的有关规定：

在抗风压性能指标值作用下，幕墙的支承体系和面板的相对挠度和绝对挠度不应大于表 1-46 的要求。

表 1-46　幕墙支承结构、面板相对挠度和绝对挠度要求

支承结构类型		相对挠度（L 跨度）	绝对挠度/mm
构件式玻璃幕墙 单元式幕墙	铝合金型材	L/180	20（30）[a]
	钢型材	L/250	20（30）[a]
	玻璃面板	短边距/60	—
石材幕墙金属板幕墙 人造板材幕墙	铝合金型材	L/180	—
	钢型材	L/250	—
点支承玻璃幕墙	钢结构	L/250	—
	索杆结构	L/200	—
	玻璃面板	长边孔距/60	—
全玻幕墙	玻璃肋	L/200	—
	玻璃面板	跨距/60	—

注：a 括号内数据适用于跨距超过 4500mm 的建筑幕墙产品。

6.4.2 幕墙应根据面板材料的不同，选择相应的幕墙结构、配套材料和构造方式等。

6.4.3 幕墙与主体结构的连接设计应符合下列规定：

（1）应具有适应主体结构层间变形的能力。

（2）主体结构中连接幕墙的预埋件、锚固件应能承受幕墙传递的荷载和作用，连接件与主体结构的锚固承载力设计值应大于连接件本身的承载力设计值。

条文链接 ★6.4.3

根据《建筑幕墙》GB/T 21086 的有关规定：

（1）幕墙应能承受自重和设计时规定的各种附件的重量，并能可靠地传递到主体结构。

（2）在自重标准值作用下，水平受力构件在单块面板两端跨距内的最大挠度不应超过该面板两端跨距的 1/500，且不应超过 3mm。

6.4.4 玻璃幕墙的设计应符合现行行业标准《玻璃幕墙工程技术规范》JGJ 102 的相关规定。

条文链接 ★6.4.4

根据《玻璃幕墙工程技术规范》JGJ 102 的有关规定：

（1）幕墙开启窗的设置，应满足使用功能和立面效果要求，并应启闭方便，避免设置在梁、柱、隔墙等位置。开启扇的开启角度不宜大于 30°，开启距离不宜大于 300mm。

（2）幕墙的连接部位，应采取措施防止产生摩擦噪声。构件式幕墙的立柱与横梁连接处应避免刚性接触，可设置柔性垫片或预留 1～2mm 的间隙，间隙内填胶；隐框幕墙采用挂钩式连接固定玻璃组件时，挂钩接触面宜设置柔性垫片。

（3）幕墙结构构件应按下列规定验算承载力和挠度。

1）无地震作用效应组合时，承载力应符合下列要求。

$$\gamma_0 S \leqslant R$$

2）有地震作用效应组合时，承载力应符合下列要求。

$$SE \leqslant R/\gamma_{RE}$$

式中 S——荷载效应按基本组合的设计值；

SE——地震作用效应和其他荷载效应按基本组合的设计值；

R——构件抗力设计值；

γ_0——结构构件重要性系数，应取不小于 1.0；

γ_{RE}——结构构件承载力抗震调整系数，应取 1.0。

3）挠度应符合下列要求：

$$d_f \leqslant d_{f,lim}$$

式中 d_f——构件在风荷载标准值或永久荷载标准值作用下产生的挠度值；

$d_{f,lim}$——构件挠度限值。

4）双向受弯的杆件，两个方向的挠度应分别符合 3）的规定。

6.4.5 金属与石材幕墙的设计应符合现行行业标准《金属与石材幕墙工程技术规范》JGJ 133 的相关规定。

条文链接 ★6.4.5

根据《金属与石材幕墙工程技术规范》JGJ 133 的有关规定：

（1）石材幕墙中的单块石材板面面积不宜大于 1.5m²。

（2）幕墙构架的立柱与横梁在风荷载标准值作用下，钢型材的相对挠度不应大于 $l/300$（l 为立柱或横梁两支点间的跨度），绝对挠度不应大于 15mm；铝合金型材的相对挠度不应大于 $l/800$，绝对挠度不应大于 20mm。

（3）幕墙在风荷载标准值除以阵风系数后的风荷载值作用下，不应发生雨水渗漏。其雨水渗漏性能应符合设计要求。

条文链接

(4) 金属与石材幕墙应按围护结构进行设计。幕墙的主要构件应悬挂在主体结构上，幕墙在进行结构设计计算时，不应考虑分担主体结构所承受的荷载和作用，只应考虑承受直接施加于其上的荷载与作用。

6.4.6 人造板材幕墙的设计应符合现行行业标准《人造板材幕墙工程技术规范》JGJ 336 的相关规定。

条文链接 ★**6.4.6**

根据《人造板材幕墙工程技术规范》JGJ 336 的有关规定：

(1) 幕墙的立面分格设计应考虑面板材料适宜的规格尺寸。瓷板、微晶玻璃板和纤维水泥板幕墙单块面板的面积不宜大于 $1.5m^2$。

(2) 采用封闭式板缝设计的幕墙，板缝密封采用注胶封闭时宜设水蒸气透气孔，采用胶条封闭时应有渗漏雨水的排水措施；采用开放式板缝设计的幕墙，面板后部应设计防水层。

(3) 开放式幕墙宜在面板的后部空间设置防水构造，或者在幕墙后部的其他墙体上设置防水层，并宜设置可靠的导排水系统和采取通风除湿构造措施。面板与其背部墙体外表面的最小间距不宜小于20mm，防水构造及内部支承金属结构应采用耐候性好的材料制作，并采取防腐措施。寒冷及严寒地区的开放式人造板材幕墙，应采取防止积水、积冰和防止幕墙结构及面板冻胀损坏的措施。

(4) 幕墙应与主体结构可靠连接。连接件与主体结构的锚固承载力设计值应大于连接件本身的承载力设计值。

6.5　外门窗

6.5.1 外门窗应采用在工厂生产的标准化系列部品，并应采用带有批水板等的外门窗配套系列部品。

条文解读

▲**6.5.1**

采用在工厂生产的外门窗配套系列部品可以有效避免施工误差，提高安装的精度，保证外围护系统具有良好的气密性能和水密性能。

6.5.2 外门窗应可靠连接，门窗洞口与外门窗框接缝处的气密性能、水密性能和保温性能不应低于外门窗的有关性能。

条文解读

▲**6.5.2**

门窗洞口与外门窗框接缝是节能及防渗漏的薄弱环节，接缝处的气密性能、水密性能和保温性能直接影响到外围护系统的性能要求，明确此部位的性能是为了提高外围护系统的功能性指标。

6.5.3 预制外墙中外门窗宜采用企口或预埋件等方法固定，外门窗可采用预装法或后装法设计，并满足下列要求：

(1) 采用预装法时，外门窗框应在工厂与预制外墙整体成型。

(2) 采用后装法时，预制外墙的门窗洞口应设置预埋件。

条文解读

▲6.5.3

门窗与洞口之间的不匹配导致门窗施工质量控制困难，容易造成门窗处漏水。门窗与墙体在工厂同步完成的预制混凝土外墙，在加工过程中能够更好地保证门窗洞口与框之间的密闭性，避免形成热桥。质量控制有保障，较好地解决了外门窗的渗漏水问题，改善了建筑的性能，提升了建筑的品质。

6.5.4 铝合金门窗的设计应符合现行行业标准《铝合金门窗工程技术规范》JGJ 214 的相关规定。

条文链接 **★6.5.4**

根据《铝合金门窗工程技术规范》JGJ 214 的有关规定：

（1）铝合金门窗主型材的壁厚应经计算或试验确定，除压条、扣板等需要弹性装配的型材外，门用主型材主要受力部位基材截面最小实测壁厚不应小于 2.0mm，窗用主型材主要受力部位基材截面最小实测壁厚不应小于 1.4mm。

（2）人员流动性大的公共场所，易于受到人员和物体碰撞的铝合金门窗应采用安全玻璃。

（3）建筑物中下列部位的铝合金门窗应使用安全玻璃：

1）七层及七层以上建筑物外开窗。

2）面积大于 1.5m^2 的窗玻璃或玻璃底边离最终装修面小于 500mm 的落地窗。

3）倾斜安装的铝合金窗。

（4）铝合金推拉门、推拉窗的扇应有防止从室外侧拆卸的装置。推拉窗用于外墙时，应设置防止窗扇向室外脱落的装置。

6.5.5 塑料门窗的设计应符合现行行业标准《塑料门窗工程技术规程》JGJ 103 的相关规定。

条文链接 **★6.5.5**

根据《塑料门窗工程技术规程》JGJ 103 的有关规定：

（1）门窗工程有下列情况之一时，必须使用安全玻璃：

1）面积大于 1.5m^2 的窗玻璃。

2）距离可踏面高度 900mm 以下的窗玻璃。

3）与水平面夹角不大于 75°的倾斜窗，包括天窗、采光顶等在内的顶棚。

4）7 层及 7 层以上建筑外开窗。

（2）玻璃承重垫块应选用邵氏硬度为 70～90（A）的硬橡胶或塑料，不得使用硫化再生橡胶、小片或其他吸水性材料。垫块长度宜为 80～100mm，宽度应大于玻璃厚度 2mm 以上，厚度应按框、扇（梃）与玻璃的间隙确定，并不宜小于 3mm。定位垫块应能吸收温度变化产生的变形。

6.6 屋面

6.6.1 屋面应根据现行国家标准《屋面工程技术规范》GB 50345 中规定的屋面防水等级进行防水设防，并应具有良好的排水功能，宜设置有组织排水系统。

6.6.2 太阳能系统应与屋面进行一体化设计，电气性能应满足国家现行标准《民用建筑太阳能热水系统应用技术规范》GB 50364、《民用建筑太阳能光伏系统应用技术规范》JGJ 203 的相关规定。

条文解读

▲6.6.2

光伏建筑一体化是一种将太阳能发电（光伏）产品集成到建筑上的技术。它具有以下优点：

条文解读

（1）绿色能源。太阳能光伏建筑一体化产生的是绿色能源，是应用太阳能发电，不会污染环境。太阳能还是一种再生能源，取之不尽，用之不竭。

（2）不占用土地。光伏阵列一般安装在闲置的屋顶或外墙上，无须额外占用土地，这对于土地昂贵的城市建筑尤其重要；夏天是用电高峰的季节，也正好是日照量最大、光伏系统发电量最多的时期，对电网可以起到调峰作用。

（3）太阳能光伏建筑一体技术采用并网光伏系统，不需要配备蓄电池，既节省投资，又不受蓄电池荷电状态的限制，可以充分利用光伏系统所发出的电力。

（4）起到建筑节能作用。光伏阵列吸收太阳能转化为电能，大大降低了室外综合温度，减少了墙体得热和室内空调冷负荷，所以也可以起到建筑节能作用。因此，发展太阳能光伏建筑一体化，可以“节能减排”。

条文链接 ★6.6.2

根据《民用建筑太阳能热水系统应用技术规范》GB 50364 的有关规定：

（1）太阳能热水系统应安全可靠，内置加热系统必须带有保证使用安全的装置，并根据不同地区应采取防冻、防结露、防过热、防雷、抗雹、抗风、抗震等技术措施。

（2）安装在建筑上或直接构成建筑围护结构的太阳能集热器，应有防止热水渗漏的安全保障设施。

（3）在安装太阳能集热器的建筑部位，应设置防止太阳能集热器损坏后部件坠落伤人的安全防护设施。

（4）设置太阳能集热器的阳台应符合下列要求：

1）设置在阳台栏板上的太阳能集热器支架应与阳台栏板上的预埋件牢固连接。

2）由太阳能集热器构成的阳台栏板，应满足其刚度、强度及防护功能要求。

（5）太阳能热水系统的结构设计应为太阳能热水系统安装埋设预埋件或其他连接件。连接件与主体结构的锚固承载力设计值应大于连接件本身的承载力设计值。

（6）轻质填充墙不应作为太阳能集热器的支承结构。

（7）太阳能热水系统中所使用的电器设备应有剩余电流保护、接地和断电等安全措施。

6.6.3　采光顶与金属屋面的设计应符合现行行业标准《采光顶与金属屋面技术规程》JGJ 255 的相关规定。

条文链接 ★6.6.3

根据《采光顶与金属屋面技术规程》JGJ 255 的有关规定：

（1）有热工性能要求时，公共建筑金属屋面的传热系数和采光顶的传热系数、遮阳系数应符合表 1-47 的规定，居住建筑金属屋面的传热系数应符合表 1-48 的规定。

表 1-47　公共建筑金属屋面传热系数和采光顶的传热系数、遮阳系数限值

围护结构	区　域	传热系数/[W/（m^2·K）]		遮阳系数 *SC*
		体型系数≤0.3	0.3≤体型系数≤0.4	
金属屋面	严寒地区 A 区	≤0.35	≤0.30	—
	严寒地区 B 区	≤0.45	≤0.35	—
	寒冷地区	≤0.55	≤0.45	—
	夏热冬冷	≤0.7		—
	夏热冬暖	≤0.9		—

条文链接

（续）

围护结构	区　域	传热系数［W/（m^2·K）］		遮阳系数 *SC*
		体型系数≤0.3	0.3≤体型系数≤0.4	
采光顶	严寒地区 A 区	≤2.5		—
	严寒地区 B 区	≤2.6		—
	寒冷地区	≤2.7		≤0.50
	夏热冬冷	≤3.0		≤0.40
	夏热冬暖	≤3.5		≤0.35

表 1-48　居住建筑金属屋面传热系数限值

区　域	传热系数/［W/（m^2·K）］							
	3 层及 3 层以下	3 层以上	体型系数≤0.4		体型系数 >0.4		D >2.5	D≥2.5
			D≤2.5	D >2.5	D≤2.5	D >2.5		
严寒地区 A 区	0.20	0.25	—	—	—	—	—	—
严寒地区 B 区	0.25	0.30	—	—	—	—	—	—
严寒地区 C 区	0.30	0.40	—	—	—	—	—	—
寒冷地区 A 区 寒冷地区 B 区	0.35	0.45	—	—	—	—	—	—
夏热冬冷	—	—	≤0.8	≤1.0	≤0.5	≤0.6	—	—
夏热冬暖	—	—	—	—	—	—	≤0.5	≤1.0

注：*D* 为热惰性系数。

（2）光伏组件应具有带电警告标识及相应的电气安全防护措施，在人员有可能接触或接近光伏系统的位置，应设置防触电警示标识。

7　设备与管线系统设计

7.1　一般规定

7.1.1　装配式混凝土建筑的设备与管线宜与主体结构相分离，应方便维修更换，且不应影响主体结构安全。

条文解读

▲7.1.1

目前建筑设计，尤其是住宅建筑的设计，一般均将设备管线埋在楼板现浇混凝土或墙体中，把使用年限不同的主体结构和管线设备混在一起建造。若干年后，大量的建筑虽然主体结构尚可，但装修和设备等早已老化，改造更新困难，甚至不得不拆除重建，缩短了建筑使用寿命。因此提倡采用主体结构构件、内装修部品和设备管线三部分装配化集成技术，实现室内装修、设备管线与主体结构的分离。

7.1.2 装配式混凝土建筑的设备与管线宜采用集成化技术、标准化设计，当采用集成化新技术、新产品时应有可靠依据。

条文解读

▲7.1.2

竖向管线宜集中设于管道井中，且布置在现浇楼板处。

7.1.3 装配式混凝土建筑的设备与管线应合理选型，准确定位。

条文解读

▲7.1.3

在结构深化设计以前，可以采用包含BIM在内的多种技术手段开展三维管线综合设计，对各专业管线在预制构件上预留的套管、开孔、开槽位置尺寸进行综合及优化，形成标准化方案，并做好精细设计以及定位，避免错漏碰缺，降低生产及施工成本，减少现场返工。不得在安装完成后的预制构件上剔凿沟槽、打孔开洞。穿越楼板管线较多且集中的区域可采用现浇楼板。

7.1.4 装配式混凝土建筑的设备和管线设计应与建筑设计同步进行，预留预埋应满足结构专业相关要求，不得在安装完成后的预制构件上剔凿沟槽、打孔开洞等。穿越楼板管线较多且集中的区域可采用现浇楼板。

条文解读

▲7.1.4

预制构件上为管线、设备及其吊挂配件预留的孔洞、沟槽宜选择对构件受力影响最小的部位，并应确保受力钢筋不受破坏，当条件受限无法满足上述要求时，建筑和结构专业应采取相应的处理措施。设计过程中设备专业应与建筑和结构专业密切沟通，防止遗漏，以避免后期对预制构件凿剔。

7.1.5 装配式混凝土建筑的设备与管线设计宜采用建筑信息模型（BIM）技术，当进行碰撞检查时，应明确被检测模型的精细度、碰撞检测范围及规则。

7.1.6 装配式混凝土建筑的部品与配管连接、配管与主管道连接及部品间连接应采用标准化接口，且应方便安装和使用维护。

7.1.7 装配式混凝土建筑的设备与管线宜在架空层或吊顶内设置。

条文解读

▲7.1.7

当受条件所限必须暗埋或穿越时，横向布置的设备及管线可结合建筑垫层进行设计，也可在预制墙、楼板内预留孔洞或套管；竖向布置的设备及管线需在预制墙、楼板中预留沟槽、孔洞或套管。

7.1.8 公共管线、阀门、检修口、计量仪表、电表箱、配电箱、智能化配线箱等，应统一集中设置在公共区域。

7.1.9 装配式混凝土建筑的设备与管线穿越楼板和墙体时，应采取防水、防火、隔声、密封等措施，防火封堵应符合现行国家标准《建筑设计防火规范》GB 50016的有关规定。

条文链接 **★7.1.9**

根据《建筑设计防火规范》GB 50016的有关规定：

条文链接

管道、电气线路敷设在墙体内或穿过楼板、墙体时，应采取防火保护措施，与墙体、楼板之间的缝隙应采用防火封堵材料填塞密实。住宅建筑内厨房的明火或高温部位及排油烟管道等，应采用防火隔热措施。

7.1.10 装配式混凝土建筑的设备与管线的抗震设计应符合现行国家标准《建筑机电工程抗震设计规范》GB 50981 的有关规定。

条文链接 ★**7.1.10**

根据《建筑机电工程抗震设计规范》GB 50981 的有关规定：

水平管线侧向及纵向抗震支（吊）架间距应按下式计算：

$$l=\frac{l_0}{\alpha_{\mathrm{Ek}}k}$$

式中 l——水平管线侧向及纵向抗震支（吊）架间距（m）；

l_0——抗震支（吊）架的最大间距（m），可按表 1-49 的规定确定；

α_{Ek}——水平地震力综合系数，该系数小于 1.0 时按 1.0 取值；

k——抗震斜撑角度调整系数。当斜撑垂直长度与水平长度比为 1.00 时，调整系数取 1.00；当斜撑垂直长度与水平长度比小于或等于 1.50 时，调整系数取 1.67；当斜撑垂直长度与水平长度比小于或等于 2.00 时，调整系数取 2.33。

表 1-49 抗震支（吊）架的最大间距

管道类别		抗震支（吊）架最大间距/m	
		侧向	纵向
给水、热水及消防管道	新建工程刚性连接金属管道	12.0	24.0
	新建工程柔性连接金属管道；非金属管道及复合管道	6.0	12.0
燃气、热力管道	新建燃油、燃气、医用气体、真空管、压缩空气管、蒸汽管、高温热水管及其他有害气体管道	6.0	12.0
通风及排烟管道	新建工程普通刚性材质风管	9.0	18.0
	新建工程普通非金属材质风管	4.5	9.0
电线套管及电缆梯架、电缆托盘和电缆槽盒	新建工程刚性材质电线套管、电缆梯架、电缆托盘和电缆槽盒	12.0	24.0
	新建工程非金属材质电线套管、电缆梯架、电缆托盘和电缆槽盒	6.0	12.0

注：改建工程最大抗震加固间距为表中数值的一半。

7.2 给水排水

7.2.1 装配式混凝土建筑冲厕宜采用非传统水源，水质应符合现行国家标准《城市污水再生利用城市杂用水水质》GB/T 18920 的有关规定。

条文解读

▲7.2.1

当市政中水条件不完善时，居住建筑冲厕用水可采用模块化户内中水集成系统，同时应做好防水处理。

条文链接 ★7.2.1

根据《民用建筑绿色设计规范》JGJ/T 229 的有关规定：

非传统水源供水系统严禁与生活饮用水管道连接，必须采取下列安全措施：

（1）供水管道应设计涂色或标识，并应符合现行国家标准《建筑中水设计规范》GB 50336、《建筑与小区雨水控制及利用工程技术规范》GB 50400 的要求。

（2）水池、水箱、阀门、水表及给水栓、取水口等均应采取防止误接、误用、误饮的措施。

7.2.2　装配式混凝土建筑的给水系统设计应符合下列规定：

（1）给水系统配水管道与部品的接口形式及位置应便于检修更换，并应采取措施避免结构或温度变形对给水管道接口产生影响。

（2）给水分水器与用水器具的管道接口应一对一连接，在架空层或吊顶内敷设时，中间不得有连接配件，分水器设置位置应便于检修，并宜有排水措施。

（3）宜采用装配式的管线及其配件连接。

（4）敷设在吊顶或楼地面架空层的给水管道应采取防腐蚀、隔声减噪和防结露等措施。

条文解读

▲7.2.2

为便于日后管道维修拆卸，给水系统的给水立管与部品配水管道的接口宜设置内螺纹活接连接。实际工程中由于未采用活接头，在遇到有拆卸管路要求的检修时，只能采取断管措施，增加了不必要的施工量。

7.2.3　装配式混凝土建筑的排水系统宜采用同层排水技术，同层排水管道敷设在架空层时，宜设积水排出措施。

条文解读

▲7.2.3

当采用排水集水器时，应设置在套内架空地板处，同时应方便检修。排水集水器管径规格由计算确定。积水的排出宜设置独立的排水系统或采用间接排水方式。

7.2.4　装配式混凝土建筑的太阳能热水系统应与建筑一体化设计。

条文链接 ★7.2.4

根据《民用建筑太阳能热水系统应用技术规范》GB 50364 的有关规定：

（1）应用太阳能热水系统的民用建筑规划设计，应综合考虑场地条件、建筑功能、周围环境等因素；在确定建筑布局、朝向、间距、群体组合和空间环境时，应结合建设地点的地理、气候条件，满足太阳能热水系统设计和安装的技术要求。

（2）应用太阳能热水系统的民用建筑，太阳能热水系统类型的选择，应根据建筑物的使用功能、热水供应方式、集热器安装位置和系统运行方式等因素，经综合技术经济比较确定。

条文链接

(3) 太阳能集热器安装在建筑屋面、阳台、墙面或建筑其他部位，不得影响该部位的建筑功能，并应与建筑协调一致，保持建筑统一和谐的外观。

(4) 建筑设计应为太阳能热水系统的安装、使用、维护、保养等提供必要的条件。

(5) 太阳能热水系统的管线不得穿越其他用户的室内空间。

7.2.5 装配式混凝土建筑应选用耐腐蚀、使用寿命长、降噪性能好、便于安装及维修的管材、管件，以及连接可靠、密封性能好的管道阀门设备。

7.3 供暖、通风、空调及燃气

7.3.1 装配式混凝土建筑的室内通风设计应符合国家现行标准《民用建筑供暖通风与空气调节设计规范》GB 50736 和《建筑通风效果测试与评价标准》JGJ/T 309 的有关规定。

条文链接 ★7.3.1

根据《民用建筑供暖通风与空气调节设计规范》GB 50736 的有关规定：

凡属下列情况之一时，应单独设置排风系统：

(1) 两种或两种以上的有害物质混合后能引起燃烧或爆炸时。

(2) 混合后能形成毒害更大或腐蚀性的混合物、化合物时。

(3) 混合后易使蒸汽凝结并聚积粉尘时。

(4) 散发剧毒物质的房间和设备。

(5) 建筑物内设有储存易燃易爆物质的单独房间或有防火防爆要求的单独房间。

(6) 有防疫的卫生要求时。

根据《建筑通风效果测试与评价标准》JGJ/T 309 的有关规定：

建筑设计阶段及建成后应进行通风效果的模拟评价或实测评价。并应符合下列规定：

(1) 建筑设计阶段应采用风洞试验、模型试验或数值模拟等方法进行通风效果的模拟评价。

(2) 对已建成建筑宜通过实测的方法进行通风效果评价，体型复杂时可采用风洞试验、模型试验或数值模拟的方法进行评价。

7.3.2 装配式混凝土建筑应采用适宜的节能技术，维持良好的热舒适性，降低建筑能耗，减少环境污染，并充分利用自然通风。

条文链接 ★7.3.2

根据《民用建筑供暖通风与空气调节设计规范》GB 50736 的有关规定：

(1) 利用自然通风的建筑在设计时，应符合下列规定：

1) 利用穿堂风进行自然通风的建筑，其迎风面与夏季最多风向宜成60°~90°角，且不应小于45°，同时应考虑可利用的春秋季风向以充分利用自然通风。

2) 建筑群平面布置应重视有利自然通风因素，如优先考虑错列式、斜列式等布置形式。

(2) 自然通风应采用阻力系数小、噪声低、易于操作和维修的进排风口或窗扇。严寒寒冷地区的进排风口还应考虑保温措施。

(3) 自然通风设计时，宜对建筑进行自然通风潜力分析，依据气候条件确定自然通风策略并优化建筑设计。

7.3.3 装配式混凝土建筑的通风、供暖和空调等设备均应选用能效比高的节能型产品，以降低能耗。

条文链接 ★7.3.3

根据《民用建筑供暖通风与空气调节设计规范》GB 50736 的有关规定：

通风机应根据管路特性曲线和风机性能曲线进行选择，并应符合下列规定：

(1) 通风机风量应附加风管和设备的漏风量。送、排风系统可附加5%～10%，排烟兼排风系统宜附加10%～20%。

(2) 通风机采用定速时，通风机的压力在计算系统压力损失上宜附加10%～15%。

(3) 通风机采用变速时，通风机的压力应以计算系统总压力损失作为额定压力。

(4) 设计工况下，通风机效率不应低于其最高效率的90%。

(5) 兼用排烟的风机应符合国家现行建筑设计防火规范的规定。

7.3.4 供暖系统宜采用适宜于干式工法施工的低温地板辐射供暖产品。

7.3.5 当墙板或楼板上安装供暖与空调设备时，其连接处应采取加强措施。

条文解读

▲7.3.5

当采用散热器供暖系统时，散热器安装应牢固可靠，安装在轻钢龙骨隔墙上时，应采用隐蔽支架固定在结构受力件上；安装在预制复合墙体上时，其挂件应预埋在实体结构上，挂件应满足刚度要求；当采用预留孔洞安装散热器挂件时，预留孔洞的深度应不小于120mm。

7.3.6 采用集成式卫生间或采用同层排水架空地板时，不宜采用低温地板辐射供暖系统。

条文解读

▲7.3.6

集成式卫浴和同层排水的架空地板下面有很多给水和排水管道，为了方便检修，不建议采用地板辐射供暖方式。而有外窗的卫生间冬季有一定的外围护结构耗热量，而只采用临时加热的浴霸等设备不利于节能，宜采用散热器供暖。

条文链接 ★7.3.6

根据《装配式混凝土结构技术规程》JGJ 1 的有关规定：

(1) 建筑宜采用同层排水设计，并应结合房间净高、楼板跨度、设备管线等因素确定降板方案。

(2) 当采用地面辐射供暖时，地面和楼板的设计应符合现行行业标准《地面辐射供暖技术规程》JGJ 142 的规定。

7.3.7 装配式混凝土建筑的暖通空调、防排烟设备及管线系统应协同设计，并应可靠连接。

7.3.8 装配式混凝土建筑的燃气系统设计应符合现行国家标准《城镇燃气设计规范》GB 50028 的有关规定。

7.4 电气和智能化

7.4.1 装配式混凝土建筑的电气和智能化设备与管线的设计，应满足预制构件工厂化生产、施工安装及使用维护的要求。

条文解读

▲7.4.1

电气和智能化设备、管线的设计应充分考虑预制构件的标准化设计，减少预制构件的种类，以适应工厂化生产和施工现场装配安装的要求，提高生产效率。

7.4.2 装配式混凝土建筑的电气和智能化设备与管线设置及安装应符合下列规定：

（1）电气和智能化系统的竖向主干线应在公共区域的电气竖井内设置。

（2）配电箱、智能化配线箱不宜安装在预制构件上。

（3）当大型灯具、桥架、母线、配电设备等安装在预制构件上时，应采用预留预埋件固定。

（4）设置在预制构件上的接线盒、连接管等应做预留，出线口和接线盒应准确定位。

（5）不应在预制构件受力部位和节点连接区域设置孔洞及接线盒，隔墙两侧的电气和智能化设备不应直接连通设置。

7.4.3 装配式混凝土建筑的防雷设计应符合下列规定：

（1）当利用预制剪力墙、预制柱内的部分钢筋作为防雷引下线时，预制构件内作为防雷引下线的钢筋，应在构件接缝处作可靠的电气连接，并在构件接缝处预留施工空间及条件，连接部位应有永久性明显标记。

（2）建筑外墙上的金属管道、栏杆、门窗等金属物需要与防雷装置连接时，应与相关预制构件内部的金属件连接成电气通路。

（3）设置等电位连接的场所，各构件内的钢筋应作可靠的电气连接，并与等电位连接箱连通。

条文链接 ★7.4.3

根据《建筑物防雷设计规范》GB 50057的有关规定：

（1）各类防雷建筑物应设防直击雷的外部防雷装置，并应采取防闪电电涌侵入的措施。

（2）各类防雷建筑物应设内部防雷装置，并应符合下列规定：

1）在建筑物的地下室或地面层处，下列物体应与防雷装置做防雷等电位连接：①建筑物金属体。②金属装置。③建筑物内系统。④进出建筑物的金属管线。

2）除1）款的措施外，外部防雷装置与建筑物金属体、金属装置、建筑物内系统之间，尚应满足间隔距离的要求。

8 内装系统设计

8.1 一般规定

8.1.1 装配式混凝土建筑的内装设计应遵循标准化设计和模数协调的原则，宜采用建筑信息模型（BIM）技术与结构系统、外围护系统、设备管线系统进行一体化设计。

条文解读

▲8.1.1

从目前建筑行业的工作模式来说，都是先进行建筑各专业的设计之后再进行内装设计。这种模式使得后期的内装设计经常要对建筑专业设计的图样进行修改和调整，造成施工时的拆改和浪费，因此，本条强调内装设计应与建筑各专业进行协同设计。

8.1.2 装配式混凝土建筑的内装设计应满足内装部品的连接、检修更换和设备及管线使用年限的要求，宜采用管线分离。

条文解读

▲8.1.2

从实现建筑长寿化和可持续发展理念出发，采用内装与主体结构、设备管线分离是为了将长寿

条文解读

命的结构与短寿命的内装、机电管线之间取得协调，避免设备管线和内装的更换维修对长寿命的主体结构造成破坏，影响结构的耐久性。

8.1.3 装配式混凝土建筑宜采用工业化生产的集成化部品进行装配式装修。

8.1.4 装配式混凝土建筑的内装部品与室内管线应与预制构件的深化设计紧密配合，预留接口位置应准确到位。

8.1.5 装配式混凝土建筑应在内装设计阶段对部品进行统一编号，在生产、安装阶段按编号实施。

8.1.6 装配式混凝土建筑的内装设计应符合国家现行标准《建筑内部装修设计防火规范》GB 50222、《民用建筑工程室内环境污染控制规范》GB 50325、《民用建筑隔声设计规范》GB 50118 和《住宅室内装饰装修设计规范》JGJ 367 等的相关规定。

条文链接 ★**8.1.6**

根据《住宅室内装饰装修设计规范》JGJ 367 的有关规定：

（1）住宅共用部分的装饰装修设计不得影响消防设施和安全疏散设施的正常使用，不得降低安全疏散能力。

（2）住宅室内装饰装修设计不得拆除室内原有的安全防护设施，且更换的防护设施不得降低安全防护的要求。

8.2 内装部品设计选型

8.2.1 装配式混凝土建筑应在建筑设计阶段对轻质隔墙系统、吊顶系统、楼地面系统、墙面系统、集成式厨房、集成式卫生间、内门窗等进行部品设计选型。

条文解读

▲**8.2.1**

装配式建筑的内装设计与传统内装设计的区别之一就是部品选型的概念，部品是装配式建筑的组成基本单元，具有标准化、系列化、通用化的特点。装配式建筑的内装设计更注重通过对标准化、系列化的内装部品选型来实现内装的功能和效果。

8.2.2 内装部品应与室内管线进行集成设计，并应满足干式工法的要求。

条文解读

▲**8.2.2**

采用管线分离时，室内管线的敷设通常是设置在墙、地面架空层，吊顶或轻质隔墙空腔内，将内装部品与室内管线进行集成设计，会提高部品集成度和安装效率，责任划分也更加明确。

8.2.3 内装部品应具有通用性和互换性。

8.2.4 轻质隔墙系统设计应符合下列规定：

（1）宜结合室内管线的敷设进行构造设计，避免管线安装和维修更换对墙体造成破坏。

（2）应满足不同功能房间的隔声要求。

（3）应在吊挂空调、画框等部位设置加强板或采取其他可靠加固措施。

8.2.5 吊顶系统设计应满足室内净高的需求，并应符合下列规定：

（1）宜在预制楼板（梁）内预留吊顶、桥架、管线等安装所需预埋件。

（2）应在吊顶内设备管线集中部位设置检修口。

8.2.6 楼地面系统宜选用集成化部品系统，并符合下列规定：

（1）楼地面系统的承载力应满足房间使用要求。

（2）架空地板系统宜设置减振构造。

（3）架空地板系统的架空高度应根据管径尺寸、敷设路径、设置坡度等确定，并应设置检修口。

条文解读

▲8.2.6

架空地板系统的设置主要是为了实现管线分离。在住宅建筑中，应考虑设置架空地板对住宅层高的影响。

8.2.7 墙面系统宜选用具有高差调平作用的部品，并应与室内管线进行集成设计。

8.2.8 集成式厨房设计应符合下列规定：

（1）应合理设置洗涤池、灶具、操作台、排油烟机等设施，并预留厨房电气设施的位置和接口。

（2）应预留燃气热水器及排烟管道的安装及留孔条件。

（3）给水排水、燃气管线等应集中设置、合理定位，并在连接处设置检修口。

8.2.9 集成式卫生间设计应符合下列规定：

（1）宜采用干湿分离的布置方式。

（2）应综合考虑洗衣机、排气扇（管）、暖风机等的设置。

（3）应在给水排水、电气管线等连接处设置检修口。

（4）应做等电位连接。

条文解读

▲8.2.9

采用标准化集成卫生间是住宅全装修的发展趋势；较大卫生间可采用干湿分离设计方法，湿区采用标准化整体卫浴产品。

8.3 接口与连接

8.3.1 装配式混凝土建筑的内装部品、室内设备管线与主体结构的连接应符合下列规定：

（1）在设计阶段宜明确主体结构的开洞尺寸及准确定位。

（2）宜采用预留预埋的安装方式；当采用其他安装固定方法时，不应影响预制构件的完整性与结构安全。

条文链接 **★8.3.1**

根据《装配式混凝土结构技术规程》JGJ 1 的有关规定：

（1）设备管线应进行综合设计，减少平面交叉；竖向管线宜集中布置，并应满足维修更换的要求。

（2）竖向电气管线宜统一设置在预制板内或装饰墙面内。墙板内竖向电气管线布置应保持安全间距。

（3）隔墙内预留有电气设备时，应采取有效措施满足隔声及防火的要求。

（4）设备管线穿过楼板的部位，应采取防水、防火、隔声等措施。

（5）设备管线宜与预制构件上的预埋件可靠连接。

8.3.2 内装部品接口应做到位置固定，连接合理，拆装方便，使用可靠。

条文解读

▲8.3.2

装配式混凝土建筑的内装部品应具有通用性和互换性。采用标准化接口的内装部品，可有效避免出现不同内装部品系列接口的非兼容性；在内装部品的设计上，应严格遵守标准化、模数化的相关要求，提高部品之间的兼容性。

8.3.3　轻质隔墙系统的墙板接缝处应进行密封处理；隔墙端部与结构系统应有可靠连接。

8.3.4　门窗部品收口部位宜采用工厂化门窗套。

8.3.5　集成式卫生间采用防水底盘时，防水底盘的固定安装不应破坏结构防水层；防水底盘与壁板、壁板与壁板之间应有可靠连接设计，并保证水密性。

9 生产运输

9.1　一般规定

9.1.1　生产单位应具备保证产品质量要求的生产工艺设施、试验检测条件，建立完善的质量管理体系和制度，并宜建立质量可追溯的信息化管理系统。

条文解读

▲9.1.1

完善的质量管理体系和制度是质量管理的前提条件和企业质量管理水平的体现；质量管理体系中应建立并保持与质量管理有关的文件形成和控制工作程序，该程序应包括文件的编制（获取）、审核、批准、发放、变更和保存等。

生产单位宜采用现代化的信息管理系统，并建立统一的编码规则和标识系统。信息化管理系统应与生产单位的生产工艺流程相匹配，贯穿整个生产过程，并应与构件BIM信息模型有接口，有利于在生产全过程中控制构件生产质量，精确算量，并形成生产全过程记录文件及影像。预制构件表面预埋带无线射频芯片的标识卡（RFID卡）有利于实现装配式建筑质量全过程控制和追溯，芯片中应存入生产过程及质量控制全部相关信息。

条文链接　★9.1.1

根据《装配式混凝土结构技术规程》JGJ 1的有关规定：

预制构件制作单位应具备相应的生产工艺设施，并应有完善的质量管理体系和必要的试验检测手段。

9.1.2　预制构件生产前，应由建设单位组织设计单位、生产单位、施工单位进行设计文件交底和会审。必要时，应根据批准的设计文件、拟定的生产工艺、运输方案、吊装方案等编制加工详图。

条文解读

▲9.1.2

当原设计文件深度不够，不足以指导生产时，需要生产单位或专业公司另行制作加工详图，如加工详图与设计文件意图不同时，应经原设计单位认可。

加工详图包括：预制构件模具图、配筋图；满足建筑、结构和机电设备等专业要求和构件制作、运输、安装等环节要求的预埋件布置图；面砖或石材的排板图，夹芯保温外墙板内外叶墙拉结件布置图和保温板排板图等。

条文链接 ★9.1.2

根据《装配式混凝土结构技术规程》JGJ 1 的有关规定：

预制构件制作前，应对其技术要求和质量标准进行技术交底，并应制定生产方案；生产方案应包括生产工艺、模具方案、生产计划、技术质量控制措施、成品保护、堆放及运输方案等内容。

9.1.3 预制构件生产前应编制生产方案，生产方案宜包括生产计划及生产工艺、模具方案及计划、技术质量控制措施、成品存放、运输和保护方案等。

条文解读

▲**9.1.3**

生产方案具体内容包括：生产工艺、生产计划、模具方案、模具计划、技术质量控制措施、成品保护、存放及运输方案等内容，必要时，应对预制构件脱模、吊运、码放、翻转及运输等工况进行计算。

9.1.4 生产单位的检测、试验、张拉、计量等设备及仪器仪表均应检定合格，并应在有效期内使用。不具备试验能力的检验项目，应委托第三方检测机构进行试验。

条文解读

▲**9.1.4**

在预制构件生产质量控制中需要进行有关钢筋、混凝土和构件成品等的日常试验和检测，预制构件企业应配备开展日常试验检测工作的试验室。通常生产单位试验室应满足产品生产用原材料必试项目的试验检测要求，其他试验检测项目可委托有资质的检测机构进行。

9.1.5 预制构件生产宜建立首件验收制度。

条文解读

▲**9.1.5**

首件验收制度是对工程质量管理程序的进一步完善和加强，旨在以首件样本的标准在分项工程每一个检验批的施工过程中得以推广，认真落实质量控制程序，实现工序检查和中间验收标准化，统一操作规范和工作原则，从而带动工程整体质量水平的提高。

9.1.6 预制构件的原材料质量、钢筋加工和连接的力学性能、混凝土强度、构件结构性能、装饰材料、保温材料及拉结件的质量等均应根据国家现行有关标准进行检查和检验，并应具有生产操作规程和质量检验记录。

条文链接 ★9.1.6

根据《装配式混凝土结构技术规程》JGJ 1 的有关规定：

预制构件用混凝土的工作性应根据产品类别和生产工艺要求确定，构件用混凝土原材料及配合比设计应符合国家现行标准《混凝土结构工程施工规范》GB 50666、《普通混凝土配合比设计规程》JGJ 55 和《高强混凝土应用技术规程》JGJ/T 281 等的规定。

9.1.7 预制构件生产的质量检验应按模具、钢筋、混凝土、预应力、预制构件等检验进行。预制构件的质量评定应根据钢筋、混凝土、预应力、预制构件的试验、检验资料等项目进行。当上述各检验项目的质量均合格时，方可评定为合格产品。

条文解读

▲9.1.7

检验时对新制或改制后的模具应按件检验，对重复使用的定型模具、钢筋半成品和成品应分批随机抽样检验，对混凝土性能应按批检验。

模具、钢筋、混凝土、预制构件制作、预应力施工等质量，均应在生产班组自检、互检和交接检的基础上，由专职检验员进行检验。

9.1.8　预制构件和部品生产中采用新技术、新工艺、新材料、新设备时，生产单位应制定专门的生产方案；必要时进行样品试制，经检验合格后方可实施。

条文解读

▲9.1.8

采用新技术、新工艺、新材料、新设备时，应制定可行的技术措施。设计文件中规定使用新技术、新工艺、新材料时，生产单位应依据设计要求进行生产。

生产单位欲使用新技术、新工艺、新材料时，可能会影响到产品的质量，必要时应试制样品，并经建设、设计、施工和监理单位核准后方可实施。

9.1.9　预制构件和部品经检查合格后，宜设置表面标识。预制构件和部品出厂时，应出具质量证明文件。

条文解读

▲9.1.9

预制构件和部品检查合格后，应在明显位置设置表面标识。预制构件的表面标识宜包括构件编号、制作日期、合格状态、生产单位等信息。

9.2　原材料及配件

9.2.1　原材料及配件应按照国家现行有关标准、设计文件及合同约定进行进厂检验。检验批划分应符合下列规定：

（1）预制构件生产单位将采购的同一厂家同批次材料、配件及半成品用于生产不同工程的预制构件时，可统一划分检验批。

（2）获得认证的或来源稳定且连续三批均一次检验合格的原材料及配件，进场检验时检验批的容量可按本标准的有关规定扩大一倍，且检验批容量仅可扩大一倍。扩大检验批后的检验中，出现不合格情况时，应按扩大前的检验批容量重新验收，且该种原材料或配件不得再次扩大检验批容量。

条文解读

▲9.2.1

预制构件用原材料的种类较多，在组织生产前应充分了解图样设计要求，并通过试验进行合理选用材料，以满足预制构件的各项性能要求。

预制构件生产单位应要求原材料供货方提供满足要求的技术证明文件，证明文件包括出厂合格证和检验报告等，有特殊性能要求的原材料应由双方在采购合同中给予明确说明。

原材料质量的优劣对预制构件的质量起着决定性作用，生产单位应认真做好原材料的进货验收工作。首批或连续跨年进货时应核查供货方提供的型式检验报告，生产单位还应对其质量证明文件的真实性负责。如果存档的质量证明文件是伪造或不真实的，根据有关标准的规定生产单位也应承担相应的责任。质量证明文件的复印件存档时，还需加盖原件存放单位的公章，并由存放单位经办人签字。

9.2.2 钢筋进厂时，应全数检查外观质量，并应按国家现行有关标准的规定抽取试件做屈服强度、抗拉强度、伸长率、弯曲性能和重量偏差检验，检验结果应符合相关标准的规定，检查数量应按进厂批次和产品的抽样检验方案确定。

条文解读

▲9.2.2

质量证明文件包括产品合格证、出厂检验报告，有时产品合格证、出厂检验报告可以合并；当用户有特别要求时，还应列出某些专门检验数据。进厂抽样检验的结果是钢筋材料能否在预制构件中应用的判断依据。

条文链接 **★9.2.2**

根据《钢筋混凝土用钢第 1 部分：热轧光圆钢筋》GB/T 1499.1 的有关规定：

钢筋的屈服强度、抗拉强度、断后伸长率、最大力总伸长率等力学性能特征值应符合表 1-50 的规定。

表 1-50　钢筋的力学性能

牌　号	屈服强度	抗拉强度	断后伸长率	最大力总伸长率	冷弯试验 180° d——弯芯直径 a——钢筋公称直径
HPB300	300	420	25	10	$d=a$

根据《钢筋混凝土用钢第 2 部分：热轧带肋钢筋》GB/T 1499.2 的有关规定：

钢筋的屈服强度、抗拉强度、断后伸长率、最大力总伸长率等力学性能特征值应符合表 1-51 的规定。

表 1-51　钢筋的力学性能

牌　号	屈服强度	抗拉强度	断后伸长率	最大力总伸长率
HRBF335	335	455	17	7.5
HRB400 HRBF400	400	540	16	
HRB500 HRBF500	500	630	15	

根据《钢筋混凝土用余热处理钢筋》GB/T 13014 的有关规定：

钢筋的力学性能应符合表 1-52 的规定。

表 1-52　钢筋的力学性能

牌　号	屈服强度	抗拉强度	断后伸长率	最大力总伸长率
RRB400	400	540	14	5.0
RRB500	500	630	13	
RRB400W	430	570	16	7.5

9.2.3 成型钢筋进厂检验应符合下列规定：

（1）同一厂家、同一类型且同一钢筋来源的成型钢筋，不超过 30t 为一批，每批中每种钢筋牌号、规格均应至少抽取 1 个钢筋试件，总数不应少于 3 个，进行屈服强度、抗拉强度、伸长率、外观质量、尺寸偏差和重量偏差检验，检验结果应符合国家现行有关标准的规定。

（2）对由热轧钢筋组成的成型钢筋，当有企业或监理单位的代表驻厂监督加工过程并能提供原材料力学性能检验报告时，可仅进行重量偏差检验。

（3）成型钢筋尺寸允许偏差应符合本标准第9.4.3条的规定。

条文解读

▲9.2.3

标准所规定的同类型指钢筋品种、型号和加工后的形式完全相同；同一钢筋来源是指成型钢筋加工所用钢筋为同一钢筋企业生产。成型钢筋的质量证明文件主要为产品合格证和出厂检验报告。为鼓励成型钢筋产品的认证和先进加工模式的推广应用，规定此种情况可放大检验批量。

对采用热轧钢筋为原材料的成型钢筋，加工过程中一般对钢筋的性能改变较小，当有监理方的代表驻厂监督加工过程并能提交该批成型钢筋的原材料见证检验报告的情况下，可以减少部分检验项目，可只进行重量偏差检验。

外购的成型钢筋按照本条进行进厂检验，不包括预制构件生产单位自购原材料加工的产品。

9.2.4　预应力筋进厂时，应全数检查外观质量，并应按国家现行相关标准的规定抽取试件做抗拉强度、伸长率检验，其检验结果应符合相关标准的规定，检查数量应按进厂的批次和产品的抽样检验方案确定。

条文解读

▲9.2.4

预应力筋外表面不应有裂纹、小刺、机械损伤、氧化铁皮和油污等，展开后应平顺、不应有弯折。

预应力筋应根据进厂批次和产品的抽样检验方案确定检验批进行抽样检验。由于各厂家提供的预应力筋产品合格证内容与格式不尽相同，为统一及明确有关内容，要求厂家除了提供产品合格证外，还应提供反映预应力筋主要性能的出厂检验报告，两者也可合并提供。抽样检验可仅作预应力筋抗拉强度与伸长率试验；松弛率试验由于时间较长，成本较高，同时目前产品质量比较稳定，一般不需要进行该项检验，当工程确有需要时，可进行检验。

9.2.5　预应力筋锚具、夹具和连接器进厂检验应符合下列规定：

（1）同一厂家、同一型号、同一规格且同一批号的锚具不超过2000套为一批，夹具和连接器不超过500套为一批。

（2）每批随机抽取2%的锚具（夹具或连接器）且不少于10套进行外观质量和尺寸偏差检验，每批随机抽取3%的锚具（夹具或连接器）且不少于5套对有硬度要求的零件进行硬度检验，经上述两项检验合格后，应从同批锚具中随机抽取6套锚具（夹具或连接器）组成3个预应力锚具组装件，进行静载锚固性能试验。

（3）对于锚具用量较少的一般工程，如锚具供应商提供了有效的锚具静载锚固性能试验合格的证明文件，可仅进行外观检查和硬度检验。

（4）检验结果应符合现行行业标准《预应力筋用锚具、夹具和连接器应用技术规程》JGJ 85的有关规定。

条文链接　**★9.2.5**

根据《预应力筋用锚具、夹具和连接器》GB/T 14370的有关规定：

试验用的预应力筋锚具、夹具或连接器组装件由产品零件和预应力筋组装而成。试验用的零件应是经过外观检查和硬度检验合格的产品。组装时应将锚固零件上的油污擦拭干净（允许残留微量

条文链接

油膜），不得在锚固零件上添加影响锚固性能的介质。组装件中组成预应力筋的各根钢材应等长平行、初应力均匀，其受力长度不应小于3m。

单根钢绞线的组装件试件及钢绞线母材力学性能试验用的试件，不包括夹持部位的受力长度不应小于0.8m；其他单根预应力钢材的组装件及母材试件最小长度可按照试验设备及相关标准确定。

对于预应力钢材在锚具夹持部位不弯折的组装件（全部锚筋孔均与锚板底面垂直），各根预应力钢材平行受拉，侧面不应设置有碍受拉或产生摩擦的接触点；如预应力钢材的夹持部位与试件轴线有转向角度（锚筋孔与锚板底面倾斜或倾斜安装挤压头的连接器等）时，应在设计转角处加装转向约束钢环，试件受拉力时，该约束环不应与预应力钢材产生滑动摩擦。

根据《预应力筋用锚具、夹具和连接器应用技术规程》JGJ 85的有关规定：

进场验收时，每个检验批的锚具不宜超过2000套，每个检验批的连接器不宜超过500套，每个检验批的夹具不宜超过500套。获得第三方独立认证的产品，其检验批的批量可扩大1倍。

9.2.6 水泥进厂检验应符合下列规定：

（1）同一厂家、同一品种、同一代号、同一强度等级且连续进厂的硅酸盐水泥，袋装水泥不超过200t为一批，散装水泥不超过500t为一批；按批抽取试样进行水泥强度、安定性和凝结时间检验，设计有其他要求时，尚应对相应的性能进行试验，检验结果应符合现行国家标准《通用硅酸盐水泥》GB 175的有关规定。

（2）同一厂家、同一强度等级、同白度且连续进厂的白色硅酸盐水泥，不超过50t为一批；按批抽取试样进行水泥强度、安定性和凝结时间检验，设计有其他要求时，尚应对相应的性能进行试验，检验结果应符合现行国家标准《白色硅酸盐水泥》GB/T 2015的有关规定。

条文解读

▲9.2.6

装配式构件中装饰构件会越来越多，白水泥将逐渐成为构件厂的采用水泥之一，规定其进厂检验批量很有必要。本标准将白水泥的进厂检验批量定为50t，主要是考虑白水泥总用量较小，批量过大容易过期失效。同时也参考了现行国家标准《白色硅酸盐水泥》GB/T 2015第8.1节，编号及取样的规定：水泥出厂前按同标号、同白度编号取样。每一编号为一取样单位。水泥编号按水泥厂年产量规定。5万t以上，不超过200t为一编号；1～5万t，不超过150t为一编号；1万t以下，不超过50t或不超过三天产量为一编号。

条文链接 **★9.2.6**

根据《通用硅酸盐水泥》GB 175的有关规定：

（1）水泥出厂前按同品种、同强度等级编号和取样。袋装水泥和散装水泥应分别进行编号和取样。每一编号为一取样单位。

（2）取样方法按《水泥取样方法》GB 12573进行。可连续取，也可从20个以上不同部位取等量样品，总量至少12kg。当散装水泥运输工具的容量超过该厂规定编号吨数时，允许该编号的数量超过取样规定吨数。

9.2.7 矿物掺合料进厂检验应符合下列规定：

（1）同一厂家、同一品种、同一技术指标的矿物掺合料、粉煤灰和粒化高炉矿渣粉不超过200t为一批，硅灰不超过30t为一批。

（2）按批抽取试样进行细度（比表面积）、需水量比（流动度比）和烧失量（活性指数）试验；设计有其他要求时，尚应对相应的性能进行试验；检验结果应分别符合现行国家标准《用于水泥和混凝土中的粉煤灰》GB/T 1596、《用于水泥和混凝土中的粒化高炉矿渣粉》GB/T 18046 和《砂浆和混凝土用硅灰》GB/T 27690 的有关规定。

条文解读

▲9.2.7

本条只列出预制构件生产常用的粉煤灰、粒化高炉矿渣粉和硅灰等三种矿物掺合料的进厂检验规定。其他矿物掺合料的使用和检测应符合设计要求和现行有关标准的规定。

9.2.8　减水剂进厂检验应符合下列规定：

（1）同一厂家、同一品种的减水剂，掺量大于1%（含1%）的产品不超过100t为一批，掺量小于1%的产品不超过50t为一批。

（2）按批抽取试样进行减水率、1d抗压强度比、固体含量、含水率、pH值和密度试验。

（3）检验结果应符合国家现行标准《混凝土外加剂》GB 8076、《混凝土外加剂应用技术规范》GB 50119和《聚羧酸系高性能减水剂》JG/T 223的有关规定。

条文解读

▲9.2.8

本条只列出预制构件生产常用的减水剂进厂检验规定，其他外加剂的使用和检测应符合设计要求和现行有关标准的规定。混凝土减水剂是装配式预制构件生产采用的主要混凝土外加剂品种，而且宜采用早强型聚羧酸系高性能减水剂。

条文链接　★9.2.8

根据《混凝土外加剂》GB 8076的有关规定：

每批号外加剂的出厂检验项目，根据其品种不同按表1-53规定的项目进行检验。

表1-53　外加剂测定项目

测定项目	外加剂品种													备注
	高性能减水剂 HPWR			高效减水剂 HWR		普通减水剂 WR			引气减水剂 AEWR	泵送剂 PA	早强剂 Ac	缓凝剂 Re	引气剂 AE	
	早强型 HPWR A	标准型 HPWR S	缓凝型 HPWR R	标准型 HWR S	缓凝型 HWR R	早强型 WR A	标准型 WR S	缓凝型 WR R						
含固量														液体外加剂必测
含水率														粉状外加剂必测
密度														液体外加剂必测
细度														粉状外加剂必测
pH值	√	√	√	√	√	√	√	√	√	√	√	√	√	
氯离子含量	√	√	√	√	√	√	√	√	√	√	√	√	√	每3个月至少1次
硫酸钠含量				√	√	√					√			每3个月至少1次
总碱量	√	√	√	√	√	√	√	√	√	√	√	√	√	每年至少1次

9.2.9 骨料进厂检验应符合下列规定：

（1）同一厂家（产地）且同一规格的骨料，不超过400m^3或600t为一批。

（2）天然细骨料按批抽取试样进行颗粒级配、细度模数含泥量和泥块含量试验；机制砂和混合砂应进行石粉含量（含亚甲蓝）试验；再生细骨料还应进行微粉含量、再生胶砂需水量比和表观密度试验。

（3）天然粗骨料按批抽取试样进行颗粒级配、含泥量、泥块含量和针片状颗粒含量试验，压碎指标可根据工程需要进行检验；再生粗骨料应增加微粉含量、吸水率、压碎指标和表观密度试验。

（4）检验结果应符合国家现行标准《普通混凝土用砂、石质量及检验方法标准》JGJ 52、《混凝土用再生粗骨料》GB/T 25177和《混凝土和砂浆用再生细骨料》GB/T 25176的有关规定。

条文解读

▲9.2.9

除本条的检验项目外，骨料的坚固性、有害物质含量和氯离子含量等其他质量指标可在选择骨料时根据需要进行检验，一般情况下应由厂家提供的型式检验报告列出全套质量指标的检测结果。

条文链接 **★9.2.9**

根据《普通混凝土用砂、石质量及检验方法标准》JGJ 52的有关规定：

每验收批砂石至少应进行颗粒级配、含泥量、泥块含量检验。对于碎石或卵石，还应检验针片状颗粒含量；对于海砂或有氯离子污染的砂，还应检验其氯离子含量；对于海砂，还应检验贝壳含量；对于人工砂及混合砂，还应检验石粉含量。对于重要工程或特殊工程，应根据工程要求增加检测项目。对其他指标的合格性有怀疑时，应予检验。

当砂或石的质量比较稳定、进料量又较大时，可以1000t为一验收批。

9.2.10 轻骨料进厂检验应符合下列规定：

（1）同一类别、同一规格且同密度等级，不超过200m^3为一批。

（2）轻细骨料按批抽取试样进行细度模数和堆积密度试验，高强轻细骨料还应进行强度标号试验。

（3）轻粗骨料按批抽取试样进行颗粒级配、堆积密度、粒形系数、筒压强度和吸水率试验，高强轻粗骨料还应进行强度标号试验。

（4）检验结果应符合现行国家标准《轻集料及其试验方法　第1部分：轻集料》GB/T 17431.1的有关规定。

9.2.11 混凝土拌制及养护用水应符合现行行业标准《混凝土用水标准》JGJ 63的有关规定，并应符合下列规定：

（1）采用饮用水时，可不检验。

（2）采用中水、搅拌站清洗水或回收水时，应对其成分进行检验，同一水源每年至少检验一次。

条文解读

▲9.2.11

回收水是指搅拌机和运输车等清洗用水经过沉淀、过滤、回收后再次加以利用的水。从节约水资源角度出发，鼓励回收水再利用，但回收水中因含有水泥、外加剂等原材料及其反应后的残留物，这些残留成分可能影响混凝土的使用性能，应经过试验方可确定能否使用。

用高压水冲洗预涂缓凝剂形成粗糙面的回收水，未经处理和未经检验合格，不得用作混凝土搅拌用水。

条文链接 ★9.2.11

根据《混凝土用水标准》JGJ 63 的有关规定：

混凝土拌合用水水质要求应符合表1-54的规定。对于设计使用年限为100年的结构混凝土，氯离子含量不得超过500mg/L；对使用钢丝或经热处理钢筋的预应力混凝土，氯离子含量不得超过350mg/L。

表1-54 混凝土拌合用水水质要求

项　目	预应力混凝土	钢筋混凝土	素混凝土
pH值	≥5.0	≥4.5	≥4.5
不溶物（mg/L）	≤2000	≤2000	≤5000
可溶物（mg/L）	≤2000	≤5000	≤10000
Cl^-（mg/L）	≤500	≤1000	≤3500
SO_4^{2-}（mg/L）	≤600	≤2000	≤2700
碱含量（mg/L）	≤1500	≤1500	≤1500

注：碱含量按 $Na_2O+0.658K_2O$ 计算值来表示，采用非碱活性骨料时，可不检验碱含量。

9.2.12 钢纤维和有机合成纤维应符合设计要求，进厂检验应符合下列规定：

（1）用于同一工程的相同品种且相同规格的钢纤维，不超过20t为一批，按批抽取试样进行抗拉强度、弯折性能、尺寸偏差和杂质含量试验。

（2）用于同一工程的相同品种且相同规格的合成纤维，不超过50t为一批，按批抽取试样进行纤维抗拉强度、初始模量、断裂伸长率、耐碱性能、分散性相对误差和混凝土抗压强度比试验，增韧纤维还应进行韧性指数和抗冲击次数比试验。

（3）检验结果应符合现行行业标准《纤维混凝土应用技术规程》JGJ/T 221 的有关规定。

条文链接 ★9.2.12

根据《纤维混凝土应用技术规程》JGJ/T 221 的有关规定：

纤维混凝土原材料的检验规则应符合下列规定：

（1）用于同一工程的同品种和同规格的钢纤维，应按每20t为一个检验批；用于同一工程的同品种和同规格的合成纤维，应按每50t为一个检验批。

（2）散装水泥应按每500t为一个检验批，袋装水泥应按每200t为一个检验批；矿物掺合料应按每200t为一个检验批；砂、石骨料应按每400m³或600t为一个检验批；外加剂应按每50t为一个检验批。

（3）不同批次或非连续供应的纤维混凝土原材料，在不足一个检验批量情况下，应按同品种和同规格（或等级）材料每批次检验一次。

9.2.13 脱模剂应符合下列规定：

（1）脱模剂应无毒、无刺激性气味，不应影响混凝土性能和预制构件表面装饰效果。

（2）脱模剂应按照使用品种，选用前及正常使用后每年进行一次匀质性和施工性能试验。

（3）检验结果应符合现行行业标准《混凝土制品用脱模剂》JC/T 949 的有关规定。

条文解读

▲9.2.13

大多数预制构件在室内生产，应选择对人身体无害的环保型产品。脱模剂的使用效果与预制构件生产工艺、生产季节、涂刷方式有很大关系，应经过试验确定最佳脱模效果。

9.2.14 保温材料进厂检验应符合下列规定：

（1）同一厂家、同一品种且同一规格，不超过5000m^{2}为一批。

（2）按批抽取试样进行导热系数、密度、压缩强度、吸水率和燃烧性能试验。

（3）检验结果应符合设计要求和国家现行相关标准的有关规定。

条文解读

▲9.2.14

预制构件中常用的保温材料有挤塑聚苯板、硬泡聚氨酯板、真空绝热板等，其导热系数随时间逐步衰减，尤其是刚生产出来的保温材料的导热系数衰减很快，需要严格按照标准规定取样进行检测。当使用标准或规范无规定的保温材料时，应有充足的技术依据，并应在使用前进行试验验证。

9.2.15 预埋吊件进厂检验应符合下列规定：

（1）同一厂家、同一类别、同一规格预埋吊件，不超过10000件为一批。

（2）按批抽取试样进行外观尺寸、材料性能、抗拉拔性能等试验。

（3）检验结果应符合设计要求。

9.2.16 内外叶墙体拉结件进厂检验应符合下列规定：

（1）同一厂家、同一类别、同一规格产品，不超过10000件为一批。

（2）按批抽取试样进行外观尺寸、材料性能、力学性能检验，检验结果应符合设计要求。

条文解读

▲9.2.16

拉结件是保证装配整体式夹芯保温剪力墙板和夹芯保温外挂墙板内、外叶墙可靠连接的重要部件，应保证其在混凝土中的锚固可靠性。

9.2.17 灌浆套筒和灌浆料进厂检验应符合现行行业标准《钢筋套筒灌浆连接应用技术规程》JGJ 355的有关规定。

条文解读

▲9.2.17

灌浆料是灌浆套筒进货前进行的钢筋套筒连接工艺检验必不可少的材料。但由于生产单位用量极少，因此可以使用施工现场采购的同厂家、同品种、同型号产品。如果施工单位尚未开始进货，预制构件生产单位可以自购一批，检验合格后用于工艺检验。

条文链接 **★9.2.17**

参考第一部分5.4.4条的条文链接。

9.2.18 钢筋浆锚连接用镀锌金属波纹管进厂检验应符合下列规定：

（1）应全数检查外观质量，其外观应清洁，内外表面应无锈蚀、油污、附着物、孔洞，不应有不规则褶皱，咬口应无开裂、脱扣。

（2）应进行径向刚度和抗渗漏性能检验，检查数量应按进厂的批次和产品的抽样检验方案确定。

（3）检验结果应符合现行行业标准《预应力混凝土用金属波纹管》JG 225的规定。

条文链接 **★9.2.18**

根据《预应力混凝土用金属波纹管》JG 225的有关规定：

条文链接

预应力混凝土用金属波纹管按批进行检验。每批应由同一个钢带生产厂生产的同一批钢带所制造的预应力混凝土用金属波纹管组成。每半年或累计50000m生产量为一批，取产量最多的规格。

取样数量、检验内容见表1-55。

表1-55　出厂检验内容

序　号	项目名称	取样数量	试验方法	合格标准
1	外观	全部	目测	4.2
2	尺寸	3	5.2	4.1，4.4
3	集中荷载下径向刚度	3	5.3	4.5
4	集中荷载作用后抗渗漏	3	5.4	4.6
5	弯曲后抗渗漏	3	5.4	4.6

9.3　模具

9.3.1　预制构件生产应根据生产工艺、产品类型等制定模具方案，应建立健全模具验收、使用制度。

条文链接 ★**9.3.1**

根据《装配式混凝土结构技术规程》JGJ 1的有关规定：

预制构件应按设计要求和现行国家标准《混凝土结构工程施工质量验收规范》GB 50204的有关规定进行结构性能检验。

9.3.2　模具应具有足够的强度、刚度和整体稳固性，并应符合下列规定：

（1）模具应装拆方便，并应满足预制构件质量、生产工艺和周转次数等要求。

（2）结构造型复杂、外形有特殊要求的模具应制作样板，经检验合格后方可批量制作。

（3）模具各部件之间应连接牢固，接缝应紧密，附带的埋件或工装应定位准确，安装牢固。

（4）用作底模的台座、胎模、地坪及铺设的底板等应平整光洁，不得有下沉、裂缝、起砂和起鼓。

（5）模具应保持清洁，涂刷脱模剂、表面缓凝剂时应均匀、无漏刷、无堆积，且不得沾污钢筋，不得影响预制构件外观效果。

（6）应定期检查侧模、预埋件和预留孔洞定位措施的有效性；应采取防止模具变形和锈蚀的措施；重新启用的模具应检验合格后方可使用。

（7）模具与平模台间的螺栓、定位销、磁盒等固定方式应可靠，防止混凝土振捣成型时造成模具偏移和漏浆。

条文解读

▲**9.3.2**

模具是专门用来生产预制构件的各种模板系统，可采用固定在生产场地的固定模具，也可采用移动模具。对于形状复杂、数量少的构件也可采用木模或其他材料制作。清水混凝土预制构件建议采用精度较高的模具制作。流水线平台上的各种边模可采用玻璃钢、铝合金、高品质复合板等轻质材料制作。

在模台上用磁盒固定边模具有简单方便的优势，能够更好地满足流水线生产节拍需要。虽然磁盒在模台上的吸力很大，但是振动状态下抗剪切能力不足，容易造成偏移，影响几何尺寸，用磁盒生产高精度几何尺寸预制构件时，需要采取辅助定位措施。

条文链接 ★9.3.2

根据《装配式混凝土结构技术规程》JGJ 1 的有关规定：

预制构件模具除应满足承载力、刚度和整体稳定性要求外，尚应符合下列规定：

（1）应满足预制构件质量、生产工艺、模具组装与拆卸、周转次数等要求。

（2）应满足预制构件预留孔洞、插筋、预埋件的安装定位要求。

（3）预应力构件的模具应根据设计要求预设反拱。

9.3.3 除设计有特殊要求外，预制构件模具尺寸的允许偏差和检验方法应符合表 1-56 的规定。

表 1-56 预制构件模具尺寸的允许偏差和检验方法

项次	检验项目、内容		允许偏差/mm	检验方法
1	长度	≤6m	1，-2	用尺量平行构件高度方向，取其中偏差绝对值较大处
		>6m 且≤12m	2，-4	
		>12m	3，-5	
2	宽度、高（厚）度	墙板	1，-2	用尺测量两端或中部，取其中偏差绝对值较大处
		其他构件	2，-4	
3	底模表面平整度		2	用 2m 靠尺和塞尺量
4	对角线差		3	用尺量对角线
5	侧向弯曲		L/1500 且≤5	拉线，用钢尺量测侧向弯曲最大处
6	翘曲		L/1500	对角拉线测量交点间距离值的两倍
7	组装缝隙		1	用塞片或塞尺量测，取最大值
8	端模与侧模高低差		1	用钢尺量

注：L 为模具与混凝土接触面中最长边的尺寸。

条文链接 ★9.3.3

根据《装配式混凝土结构技术规程》JGJ 1 的有关规定：

预制构件模具尺寸的允许偏差和检验方法应符合表 1-57 的规定。当设计有要求时，模具尺寸的允许偏差应按设计要求确定。

表 1-57 预制构件模具尺寸的允许偏差和检验方法

项次	检验项目、内容		允许偏差/mm	检验方法
1	长度	≤6m	1，-2	用钢尺量平行构件高度方向，取其中偏差绝对值较大处
		>6m 且≤12m	2，-4	
		>12m	3，-5	
2	截面尺寸	墙板	1，-2	用钢尺量两端或中部，取其中偏差绝对值较大处
		其他构件	2，-4	
3	对角线差		3	用钢尺量纵、横两个方向对角线
4	侧向弯曲		l/1500 且≤5	拉线，用钢尺量测侧向弯曲最大处
5	翘曲		l/1500	对角拉线测量交点间距离值的两倍
6	底模表面平整度		2	用 2m 靠尺和塞尺量
7	组装缝隙		1	用塞片或塞尺量
8	端模与侧模高低差		1	用钢尺量

注：l 为模具与混凝土接触面中最长边的尺寸。

9.3.4 构件上的预埋件和预留孔洞宜通过模具进行定位，并安装牢固，其安装偏差应符合表1-58的规定。

表1-58　模具上预埋件、预留孔洞安装允许偏差

项次	检验项目		允许偏差/mm	检验方法
1	预埋钢板、建筑幕墙用槽式预埋组件	中心线位置	3	用尺量测纵横两个方向的中心线位置，取其中较大值
		平面高差	±2	钢直尺和塞尺检查
2	预埋管、电线盒、电线管水平和垂直方向的中心线位置偏移、预留孔、浆锚搭接预留孔（或波纹管）		2	用尺量测纵横两个方向的中心线位置，取其中较大值
3	插筋	中心线位置	3	用尺量测纵横两个方向的中心线位置，取其中较大值
		外露长度	+10，0	用尺量测
4	吊环	中心线位置	3	用尺量测纵横两个方向的中心线位置，取其中较大值
		外露长度	0，-5	用尺量测
5	预埋螺栓	中心线位置	2	用尺量测纵横两个方向的中心线位置，取其中较大值
		外露长度	+5，0	用尺量测
6	预埋螺母	中心线位置	2	用尺量测纵横两个方向的中心线位置，取其中较大值
		平面高差	±1	钢直尺和塞尺检查
7	预留洞	中心线位置	3	用尺量测纵横两个方向的中心线位置，取其中较大值
		尺寸	+3，0	用尺量测纵横两个方向尺寸，取其中较大值
8	灌浆套筒及连接钢筋	灌浆套筒中心线位置	1	用尺量测纵横两个方向的中心线位置，取其中较大值
		连接钢筋中心线位置	1	用尺量测纵横两个方向的中心线位置，取其中较大值
		连接钢筋外露长度	+5，0	用尺量测

条文链接 ★9.3.4

根据《装配式混凝土结构技术规程》JGJ 1的有关规定：

预埋件加工的允许偏差应符合表1-59的规定。

表1-59　预埋件加工允许偏差

项　次	检验项目及内容	允许偏差/mm	检验方法
1	预埋件锚板的边长	0，-5	用钢尺量

条文链接

（续）

项　　次	检验项目及内容		允许偏差/mm	检 验 方 法
2	预埋件锚板的平整度		1	用直尺和塞尺量
3	锚筋	长度	10，-5	用钢尺量
		间距偏差	±10	用钢尺量

固定在模具上的预埋件、预留孔洞中心位置的允许偏差应符合表1-60的规定。

表1-60　模具预留孔洞中心位置的允许偏差

项　　次	检验项目及内容	允许偏差/mm	检 验 方 法
1	预埋件、插筋、吊环、预留孔洞中心线位置	3	用钢尺量
2	预埋螺栓、螺母中心线位置	2	用钢尺量
3	灌浆套筒中心线位置	1	用钢尺量

注：检查中心线位置时，应沿纵、横两个方向量测，并取其中的较大值。

9.3.5　预制构件中预埋门窗框时，应在模具上设置限位装置进行固定，并应逐件检验。门窗框安装偏差和检验方法应符合表1-61的规定。

表1-61　门窗框安装允许偏差和检验方法

项　　目		允许偏差/mm	检 验 方 法
锚固脚片	中心线位置	5	钢尺检查
	外露长度	+5，0	钢尺检查
门窗框位置		2	钢尺检查
门窗框高、宽		±2	钢尺检查
门窗框对角线		±2	钢尺检查
门窗框的平整度		2	靠尺检查

9.4　钢筋及预埋件

9.4.1　钢筋宜采用自动化机械设备加工，并应符合现行国家标准《混凝土结构工程施工规范》GB 50666的有关规定。

条文解读

▲9.4.1

使用自动化机械设备进行钢筋加工与制作，可减少钢筋损耗且有利于质量控制，有条件时应尽量采用。自动化机械设备进行钢筋调直、切割和弯折，其性能应符合现行行业标准《混凝土结构用成型钢筋》JG/T 226的有关规定。

条文链接　**★9.4.1**

根据《混凝土结构工程施工规范》GB 50666的有关规定：

条文链接

钢筋宜采用机械设备进行调直，也可采用冷拉方法调直。当采用机械设备调直时，调直设备不应具有延伸功能。当采用冷拉方法调直时，HPB300光圆钢筋的冷拉率不宜大于4%；HRB335、HRB400、HRB500、HRBF335、HRBF400、HRBF500及RRB400带肋钢筋的冷拉率，不宜大于1%。钢筋调直过程中不应损伤带肋钢筋的横肋。调直后的钢筋应平直，不应有局部弯折。

9.4.2 钢筋连接除应符合现行国家标准《混凝土结构工程施工规范》GB 50666的有关规定外，尚应符合下列规定：

（1）钢筋接头的方式、位置、同一截面受力钢筋的接头百分率、钢筋的搭接长度及锚固长度等应符合设计要求或国家现行有关标准的规定。

（2）钢筋焊接接头、机械连接接头和套筒灌浆连接接头均应进行工艺检验，试验结果合格后方可进行预制构件生产。

（3）螺纹接头和半灌浆套筒连接接头应使用专用扭力扳手拧紧至规定扭力值。

（4）钢筋焊接接头和机械连接接头应全数检查外观质量。

（5）焊接接头、钢筋机械连接接头、钢筋套筒灌浆连接接头力学性能应符合现行行业标准《钢筋焊接及验收规程》JGJ 18、《钢筋机械连接技术规程》JGJ 107和《钢筋套筒灌浆连接应用技术规程》JGJ 355的有关规定。

条文解读

▲9.4.2

钢筋连接质量好坏关系到结构安全，本条提出了钢筋连接必须进行工艺检验的要求，在施工过程中重点检查。尤其是钢筋螺纹接头以及半灌浆套筒连接接头机械连接端安装时，可根据安装需要采用管钳、扭力扳手等工具，安装后应使用专用扭力扳手校核拧紧力矩，安装用扭力扳手和校核用扭力扳手应区分使用，二者的精度、校准要求均有所不同。

条文链接 **★9.4.2**

根据《混凝土结构工程施工规范》GB 50666的有关规定：

（1）钢筋接头宜设置在受力较小处；有抗震设防要求的结构中，梁端、柱端箍筋加密区范围内不宜设置钢筋接头，且不应进行钢筋搭接。同一纵向受力钢筋不宜设置两个或两个以上接头。接头末端至钢筋弯起点的距离，不应小于钢筋直径的10倍。

（2）钢筋机械连接施工应符合下列规定：

1）加工钢筋接头的操作人员应经专业培训合格后上岗，钢筋接头的加工应经工艺检验合格后方可进行。

2）机械连接接头的混凝土保护层厚度宜符合现行国家标准《混凝土结构设计规范》GB 50010中受力钢筋的混凝土保护层最小厚度规定，且不得小于15mm。接头之间的横向净间距不宜小于25mm。

3）螺纹接头安装后应使用专用扭力扳手校核拧紧扭力矩。挤压接头压痕直径的波动范围应控制在允许波动范围内，并使用专用量规进行检验。

4）机械连接接头的适用范围、工艺要求、套筒材料及质量要求等应符合现行行业标准《钢筋机械连接技术规程》JGJ 107的有关规定。

（3）钢筋焊接施工应符合下列规定：

1）从事钢筋焊接施工的焊工应持有钢筋焊工考试合格证，并应按照合格证规定的范围上岗操作。

条文链接

2）在钢筋工程焊接施工前，参与该项工程施焊的焊工应进行现场条件下的焊接工艺试验，经试验合格后，方可进行焊接。焊接过程中，如果钢筋牌号、直径发生变更，应再次进行焊接工艺试验。工艺试验使用的材料、设备、辅料及作业条件均应与实际施工一致。

3）细晶粒热轧钢筋及直径大于28mm的普通热轧钢筋，其焊接参数应经试验确定；余热处理钢筋不宜焊接。

4）电渣压力焊只应使用于柱、墙等构件中竖向受力钢筋的连接。

5）钢筋焊接接头的适用范围、工艺要求、焊条及焊剂选择、焊接操作及质量要求等应符合现行行业标准《钢筋焊接及验收规程》JGJ 18的有关规定。

9.4.3 钢筋半成品、钢筋网片、钢筋骨架和钢筋桁架应检查合格后方可进行安装，并应符合下列规定：

（1）钢筋表面不得有油污，不应严重锈蚀。

（2）钢筋网片和钢筋骨架宜采用专用吊架进行吊运。

（3）混凝土保护层厚度应满足设计要求。保护层垫块宜与钢筋骨架或网片绑扎牢固，按梅花状布置，间距满足钢筋限位及控制变形要求，钢筋绑扎丝甩扣应弯向构件内侧。

（4）钢筋成品的尺寸偏差应符合表1-62的规定，钢筋桁架的尺寸偏差应符合表1-63的规定。

表1-62 钢筋成品的允许偏差和检验方法

项目			允许偏差/mm	检验方法
钢筋网片	长、宽		±5	钢尺检查
	网眼尺寸		±10	钢尺量连续三挡，取最大值
	对角线		5	钢尺检查
	端头不齐		5	钢尺检查
钢筋骨架	长		0，-5	钢尺检查
	宽		±5	钢尺检查
	高（厚）		±5	钢尺检查
	主筋间距		±10	钢尺量两端、中间各一点，取最大值
	主筋排距		±5	钢尺量两端、中间各一点，取最大值
	箍筋间距		±10	钢尺量连续三挡，取最大值
	弯起点位置		15	钢尺检查
	端头不齐		5	钢尺检查
	保护层	柱、梁	±5	钢尺检查
		板、墙	±3	钢尺检查

表1-63 钢筋桁架尺寸允许偏差

项次	检验项目	允许偏差/mm
1	长度	总长度的±0.3%，且不超过±10
2	高度	+1，-3
3	宽度	±5
4	扭翘	≤5

条文解读

▲9.4.3

本条规定了钢筋半成品、钢筋网片、钢筋骨架安装的尺寸偏差和检测方法。安装后还应及时检查钢筋的品种、级别、规格、数量。

当钢筋网片或钢筋骨架中钢筋作为连接钢筋时，如与灌浆套筒连接，该部分钢筋定位应协调考虑连接的精度要求。

条文链接 ★9.4.3

根据《混凝土结构工程施工规范》GB 50666 的有关规定：

钢筋加工后，应检查尺寸偏差；钢筋安装后，应检查品种、级别、规格、数量及位置。

9.4.4　预埋件用钢材及焊条的性能应符合设计要求。预埋件加工偏差应符合表 1-64 的规定。

表 1-64　预埋件加工允许偏差

项　次	检 验 项 目		允许偏差/mm	检 验 方 法
1	预埋件锚板的边长		0，−5	用钢尺量测
2	预埋件锚板的平整度		1	用直尺和塞尺量测
3	锚筋	长度	10，−5	用钢尺量测
		间距偏差	±10	用钢尺量测

条文链接 ★9.4.4

参考第一部分 9.3.4 条的条文链接。

9.5　预应力构件

9.5.1　预制预应力构件生产应编制专项方案，并应符合现行国家标准《混凝土结构工程施工规范》GB 50666 的有关规定。

条文解读

▲9.5.1

预制预应力构件施工方案宜包括：生产顺序和工艺流程、生产质量要求，资源配备和质量保证措施以及生产安全要求和保证措施等。

条文链接 ★9.5.1

根据《混凝土结构工程施工规范》GB 50666 的有关规定：

预应力工程应编制专项施工方案。必要时，施工单位应根据设计文件进行深化设计。

9.5.2　预应力张拉台座应进行专项施工设计，并应具有足够的承载力、刚度及整体稳固性，应能满足各阶段施工荷载和施工工艺的要求。

条文解读

▲9.5.2

先张法预应力构件张拉台座受力巨大，为保证安全施工应由设计或有经验单位、部门进行专门设计计算。

9.5.3 预应力筋下料应符合下列规定：

（1）预应力筋的下料长度应根据台座的长度、锚夹具长度等经过计算确定。

（2）预应力筋应使用砂轮锯或切断机等机械方法切断，不得采用电弧或气焊切断。

条文解读

▲9.5.3

由于预应力筋过度受热会降低力学性能，因此规定了其切断方式。

条文链接 **★9.5.3**

根据《混凝土结构工程施工规范》GB 50666的有关规定：

预应力筋的下料长度应经计算确定，并应采用砂轮锯或切断机等机械方法切断。预应力筋制作或安装时，不应用作接地线，并应避免焊渣或接地电火花的损伤。

9.5.4 钢丝镦头及下料长度偏差应符合下列规定：

（1）镦头的头型直径不宜小于钢丝直径的1.5倍，高度不宜小于钢丝直径。

（2）镦头不应出现横向裂纹。

（3）当钢丝束两端均采用镦头锚具时，同一束中各根钢丝长度的极差不应大于钢丝长度的1/5000，且不应大于5mm；当成组张拉长度不大于10m的钢丝时，同组钢丝长度的极差不得大于2mm。

条文解读

▲9.5.4

钢丝束采用镦头锚具时，锚具的效率系数主要取决于镦头的强度，而镦头强度与采用的工艺及钢丝的直径有关。冷镦时由于冷作硬化，镦头的强度提高，但脆性增加，且容易出现裂纹，影响强度发挥，因此需事先确认钢丝的可镦性，以确保镦头质量。另外，钢丝下料长度的控制主要是为保证钢丝的两端均采用镦头锚具时钢丝的受力均匀性。

9.5.5 预应力筋的安装、定位和保护层厚度应符合设计要求。模外张拉工艺的预应力筋保护层厚度可用梳筋条槽口深度或端头垫板厚度控制。

条文链接 **★9.5.5**

根据《混凝土结构工程施工规范》GB 50666的有关规定：

预应力筋或成孔管道应按设计规定的形状和位置安装，并应符合下列规定：

（1）预应力筋或成孔管道应平顺，并与定位钢筋绑扎牢固。定位钢筋直径不宜小于10mm，间距不宜大于1.2m，板中无粘结预应力筋的定位间距可适当放宽，扁形管道、塑料波纹管或预应力筋曲线曲率较大处的定位间距，宜适当缩小。

（2）凡施工时需要预先起拱的构件，预应力筋或成孔管道宜随构件同时起拱。

（3）预应力筋或成孔管道控制点竖向位置允许偏差应符合表1-65的规定。

表1-65 预应力筋或成孔管道控制点竖向位置允许偏差

构件截面高（厚）度 h/mm	$h \leqslant 300$	$300 < h \leqslant 1500$	$h > 1500$
允许偏差/mm	±5	±10	±15

9.5.6 预应力筋张拉设备及压力表应定期维护和标定，并应符合下列规定：

（1）张拉设备和压力表应配套标定和使用，标定期限不应超过半年；当使用过程中出现反常现象或张拉设备检修后，应重新标定。

（2）压力表的量程应大于张拉工作压力读值，压力表的精确度等级不应低于1.6级。

（3）标定张拉设备用的试验机或测力计的测力示值不确定度不应大于1.0%。

（4）张拉设备标定时，千斤顶活塞的运行方向应与实际张拉工作状态一致。

条文链接 ★9.5.6

根据《混凝土结构工程施工规范》GB 50666的有关规定：

预应力筋张拉前，应进行下列准备工作：

（1）计算张拉力和张拉伸长值，根据张拉设备标定结果确定油泵压力表读数。

（2）根据工程需要搭设安全可靠的张拉作业平台。

（3）清理锚垫板和张拉端预应力筋，检查锚垫板后混凝土的密实性。

9.5.7 预应力筋的张拉控制应力应符合设计及专项方案的要求。当需要超张拉时，调整后的张拉控制应力σ_{con}应符合下列规定：

（1）消除应力钢丝、钢绞线　$\sigma_{con} \leqslant 0.80f_{ptk}$

（2）中强度预应力钢丝　$\sigma_{con} \leqslant 0.75f_{ptk}$

（3）预应力螺纹钢筋　$\sigma_{con} \leqslant 0.90f_{pyk}$

式中　σ_{con}——预应力筋张拉控制应力；

f_{ptk}——预应力筋极限强度标准值；

f_{pyk}——预应力螺纹钢筋屈服强度标准值。

9.5.8 采用应力控制方法张拉时，应校核最大张拉力下预应力筋伸长值。实测伸长值与计算伸长值的偏差应控制在±6%之内，否则应查明原因并采取措施后再张拉。

条文解读

▲9.5.8

张拉预应力筋的目的是建立设计希望的预应力，而伸长值校核是为了判断张拉质量是否达到设计规定的要求。如果各项参数都与设计相符，一般情况下张拉力值的偏差在±5%范围内是合理的，考虑到实际工程的测量精度及预应力筋材料参数的偏差等因素，适当放松了对伸长值偏差的限值，将其最大偏差放宽到±6%。

条文链接 ★9.5.8

根据《混凝土结构工程施工规范》GB 50666的有关规定：

采用应力控制方法张拉时，应校核最大张拉力下预应力筋伸长值。实测伸长值与计算伸长值的偏差应控制在±6%之内，否则应查明原因并采取措施后再张拉。必要时，宜进行现场孔道摩擦系数测定，并可根据实测结果调整张拉控制力。预应力筋张拉伸长值的计算和实测值的确定及孔道摩擦系数的测定，可分别按本规范附录D、附录E的规定执行。

9.5.9 预应力筋的张拉应符合设计要求，并应符合下列规定：

（1）应根据预制构件受力特点、施工方便及操作安全等因素确定张拉顺序。

（2）宜采用多根预应力筋整体张拉；单根张拉时应采取对称和分级方式，按照校准的张拉力控制张拉精度，以预应力筋的伸长值作为校核。

（3）对预制屋架等平卧叠浇构件，应从上而下逐榀张拉。

（4）预应力筋张拉时，应从零拉力加载至初拉力后，量测伸长值初读数，再以均匀速率加载至张拉控制力。

（5）张拉过程中应避免预应力筋断裂或滑脱。

（6）预应力筋张拉锚固后，应对实际建立的预应力值与设计给定值的偏差进行控制；应以每工作班为一批，抽查预应力筋总数的1%，且不少于3根。

条文解读

▲9.5.9

预应力筋的张拉顺序应使混凝土不产生超应力、构件不扭转与侧弯，因此，对称张拉是一个重要原则，对张拉比较敏感的结构构件，若不能对称张拉，也应尽量做到逐步渐进地施加预应力。

条文链接 **★9.5.9**

根据《混凝土结构工程施工规范》GB 50666的有关规定：

后张预应力筋应根据设计和专项施工方案的要求采用一端或两端张拉。采用两端张拉时，宜两端同时张拉，也可一端先张拉锚固，另一端补张拉。当设计无具体要求时，应符合下列规定：

（1）有粘结预应力筋长度不大于20m时，可一端张拉，大于20m时，宜两端张拉；预应力筋为直线形时，一端张拉的长度可延长至35m。

（2）无粘结预应力筋长度不大于40m时，可一端张拉，大于40m时，宜两端张拉。

9.5.10 预应力筋放张应符合设计要求，并应符合下列规定：

（1）预应力筋放张时，混凝土强度应符合设计要求，且同条件养护的混凝土立方体抗压强度不应低于设计混凝土强度等级值的75%；采用消除应力钢丝或钢绞线作为预应力筋的先张法构件，尚不应低于30MPa。

（2）放张前，应将限制构件变形的模具拆除。

（3）宜采取缓慢放张工艺进行整体放张。

（4）对受弯或偏心受压的预应力构件，应先同时放张预压应力较小区域的预应力筋，再同时放张预压应力较大区域的预应力筋。

（5）单根放张时，应分阶段、对称且相互交错放张。

（6）放张后，预应力筋的切断顺序，宜从放张端开始逐次切向另一端。

条文解读

▲9.5.10

先张法构件的预应力是靠粘结力传递的，过低的混凝土强度相应的粘结强度也较低，造成预应力传递长度增加，因此本条规定了放张时的混凝土最低强度值。

条文链接 **★9.5.10**

根据《混凝土结构工程施工规范》GB 50666的有关规定：

先张法预应力筋的放张顺序，应符合下列规定：

（1）宜采取缓慢放张工艺进行逐根或整体放张。

（2）对轴心受压构件，所有预应力筋宜同时放张。

（3）对受弯或偏心受压的构件，应先同时放张预压应力较小区域的预应力筋，再同时放张预压应力较大区域的预应力筋。

（4）当不能按本条第（1）~（3）款的规定放张时，应分阶段、对称、相互交错放张。

（5）放张后，预应力筋的切断顺序宜从张拉端开始依次切向另一端。

9.6 成型、养护及脱模

9.6.1 浇筑混凝土前应进行钢筋、预应力的隐蔽工程检查。隐蔽工程检查项目应包括：

（1）钢筋的牌号、规格、数量、位置和间距。

（2）纵向受力钢筋的连接方式、接头位置、接头质量、接头面积百分率、搭接长度、锚固方式及锚固长度。

（3）箍筋弯钩的弯折角度及平直段长度。

（4）钢筋的混凝土保护层厚度。

（5）预埋件、吊环、插筋、灌浆套筒、预留孔洞、金属波纹管的规格、数量、位置及固定措施。

（6）预埋线盒和管线的规格、数量、位置及固定措施。

（7）夹芯外墙板的保温层位置和厚度，拉结件的规格、数量和位置。

（8）预应力筋及其锚具、连接器和锚垫板的品种、规格、数量、位置。

（9）预留孔道的规格、数量、位置，灌浆孔、排气孔、锚固区局部加强构造。

条文解读

▲9.6.1

本条规定了混凝土浇筑前应进行的隐检内容，是保证预制构件满足结构性能的关键质量控制环节，应严格执行。

9.6.2 混凝土工作性能指标应根据预制构件产品特点和生产工艺确定，混凝土配合比设计应符合国家现行标准《普通混凝土配合比设计规程》JGJ 55 和《混凝土结构工程施工规范》GB 50666 的有关规定。

条文链接 **★9.6.2**

根据《普通混凝土配合比设计规程》JGJ 55 的有关规定：

（1）混凝土配合比设计应满足混凝土配制强度及其他力学性能、拌合物性能、长期性能和耐久性能的设计要求。混凝土拌合物性能、力学性能、长期性能和耐久性能的试验方法应分别符合现行国家标准《普通混凝土拌合物性能试验方法标准》GB/T 50080、《普通混凝土力学性能试验方法标准》GB/T 50081 和《普通混凝土长期性能和耐久性能试验方法标准》GB/T 50082 的规定。

（2）混凝土配合比设计应采用工程实际使用的原材料；配合比设计所采用的细骨料含水率应小于0.5%，粗骨料含水率应小于0.2%。

9.6.3 混凝土应采用有自动计量装置的强制式搅拌机搅拌，并具有生产数据逐盘记录和实时查询功能。混凝土应按照混凝土配合比通知单进行生产，原材料每盘称量的允许偏差应符合表1-66的规定。

表1-66 混凝土原材料每盘称量的允许偏差

项　次	材料名称	允许偏差
1	胶凝材料	±2%
2	粗骨料、细骨料	±3%
3	水、外加剂	±1%

条文链接 **★9.6.3**

根据《混凝土结构工程施工规范》GB 50666 的有关规定：

混凝土应搅拌均匀，宜采用强制式搅拌机搅拌。混凝土搅拌的最短时间可按表1-67采用，当能保证搅拌均匀时可适当缩短搅拌时间。搅拌强度等级C60及以上的混凝土时，搅拌时间应适当延长。

条文链接

表 1-67　混凝土搅拌的最短时间　（单位：s）

混凝土坍落度/mm	搅拌机机型	搅拌机出料量/L		
		<250	250～500	>500
≤40	强制式	60	90	120
>40，且<100	强制式	60	60	90
≥100	强制式	60		

注：1. 混凝土搅拌时间是指从全部材料装入搅拌筒中起，到开始卸料时止的时间段。
2. 当掺有外加剂与矿物掺合料时，搅拌时间应适当延长。
3. 采用自落式搅拌机时，搅拌时间宜延长 30s。
4. 当采用其他形式的搅拌设备时，搅拌的最短时间也可按设备说明书的规定或经试验确定。

根据《装配式混凝土结构技术规程》JGJ 1 的有关规定：

应根据混凝土的品种、工作性、预制构件的规格形状等因素，制定合理的振捣成型操作规程。混凝土应采用强制式搅拌机搅拌，并宜采用机械振捣。

9.6.4　混凝土应进行抗压强度检验，并应符合下列规定：

（1）混凝土检验试件应在浇筑地点取样制作。

（2）每拌制 100 盘且不超过 100m^3 的同一配合比混凝土，每工作班拌制的同一配合比的混凝土不足 100 盘为一批。

（3）每批制作强度检验试块不少于 3 组、随机抽取 1 组进行同条件转标准养护后进行强度检验，其余可作为同条件试件在预制构件脱模和出厂时控制其混凝土强度；还可根据预制构件吊装、张拉和放张等要求，留置足够数量的同条件混凝土试块进行强度检验。

（4）蒸汽养护的预制构件，其强度评定混凝土试块应随同构件蒸养后，再转入标准条件养护。构件脱模起吊、预应力张拉或放张的混凝土同条件试块，其养护条件应与构件生产中采用的养护条件相同。

（5）除设计有要求外，预制构件出厂时的混凝土强度不宜低于设计混凝土强度等级值的 75%。

条文链接　★**9.6.4**

根据《混凝土结构工程施工规范》GB 50666 的有关规定：

混凝土应进行抗压强度试验。有抗冻、抗渗等耐久性要求的混凝土，还应进行抗冻性、抗渗性等耐久性指标的试验。其试件留置方法和数量应按现行国家标准《混凝土结构工程施工质量验收规范》GB 50204 的有关规定执行。

9.6.5　带面砖或石材饰面的预制构件宜采用反打一次成型工艺制作，并应符合下列规定：

（1）应根据设计要求选择面砖的大小、图案、颜色，背面应设置燕尾槽或确保连接性能可靠的构造。

（2）面砖入模铺设前，宜根据设计排板图将单块面砖制成面砖套件，套件的长度不宜大于 600mm，宽度不宜大于 300mm。

（3）石材入模铺设前，宜根据设计排板图的要求进行配板和加工，并应提前在石材背面安装不锈钢锚固拉钩和涂刷防泛碱处理剂。

（4）应使用柔韧性好、收缩小、具有抗裂性能且不污染饰面的材料嵌填面砖或石材间的接缝，并应采取防止面砖或石材在安装钢筋及浇筑混凝土等工序中出现位移的措施。

条文解读

▲**9.6.5**

本条规定了预制外墙类构件表面预贴面砖或石材的技术要求，除了要满足安全耐久性外，还需保证装饰效果。对于饰面材料分隔缝的处理，砖缝可采用发泡塑料条成型，石材可采用弹性材料填充。

9.6.6　带保温材料的预制构件宜采用水平浇筑方式成型。夹芯保温墙板成型尚应符合下列规定：

（1）拉结件的数量和位置应满足设计要求。

（2）应采取可靠措施保证拉结件位置、保护层厚度，保证拉结件在混凝土中可靠锚固。

（3）应保证保温材料间拼缝严密或使用粘结材料密封处理。

（4）在上层混凝土浇筑完成之前，下层混凝土不得初凝。

条文解读

▲**9.6.6**

夹芯保温墙板内外叶墙体拉结件的品种、数量、位置对于保证外叶墙结构安全、避免墙体开裂极为重要，其安装必须符合设计和产品技术手册要求。控制内外叶墙体混凝土浇筑间隔是为了保证拉结件与混凝土的连接质量。

9.6.7　混凝土浇筑应符合下列规定：

（1）混凝土浇筑前，预埋件及预留钢筋的外露部分宜采取防止污染的措施。

（2）混凝土倾落高度不宜大于600mm，并应均匀摊铺。

（3）混凝土浇筑应连续进行。

（4）混凝土从出机到浇筑完毕的延续时间，气温高于25℃时不宜超过60min；气温不高于25℃时不宜超过90min。

9.6.8　混凝土振捣应符合下列规定：

（1）混凝土宜采用机械振捣方式成型。振捣设备应根据混凝土的品种、工作性、预制构件的规格和形状等因素确定，应制定振捣成型操作规程。

（2）当采用振捣棒时，混凝土振捣过程中不应碰触钢筋骨架、面砖和预埋件。

（3）混凝土振捣过程中应随时检查模具有无漏浆、变形或预埋件有无移位等现象。

9.6.9　预制构件粗糙面成型应符合下列规定：

（1）可采用模板面预涂缓凝剂工艺，脱模后采用高压水冲洗露出骨料。

（2）叠合面粗糙面可在混凝土初凝前进行拉毛处理。

条文链接　★**9.6.9**

根据《装配式混凝土结构技术规程》JGJ 1的有关规定：

采用后浇混凝土或砂浆、灌浆料连接的预制构件结合面，制作时应按设计要求进行粗糙面处理。设计无具体要求时，可采用化学处理、拉毛或凿毛等方法制作粗糙面。

9.6.10　预制构件养护应符合下列规定：

（1）应根据预制构件特点和生产任务量选择自然养护、自然养护加养护剂或加热养护方式。

（2）混凝土浇筑完毕或压面工序完成后应及时覆盖保湿，脱模前不得揭开。

（3）涂刷养护剂应在混凝土终凝后进行。

（4）加热养护可选择蒸汽加热、电加热或模具加热等方式。

（5）加热养护制度应通过试验确定，宜采用加热养护温度自动控制装置。宜在常温下预养护2～6h，升温、降温速度不宜超过20℃/h，最高养护温度不宜超过70℃。预制构件脱模时的表面温度与环境温度的差值不宜超过25℃。

（6）夹芯保温外墙板最高养护温度不宜大于60℃。

条文解读

▲9.6.10

条件允许的情况下，预制构件优先推荐自然养护。采用加热养护时，按照合理的养护制度进行温控可避免预制构件出现温差裂缝。

对于夹芯外墙板的养护，控制养护温度不大于60℃是因为有机保温材料在较高温度下会产生热变形，影响产品质量。

条文链接 **★9.6.10**

根据《装配式混凝土结构技术规程》JGJ 1的有关规定：

（1）预制构件采用洒水、覆盖等方式进行常温养护时，应符合现行国家标准《混凝土结构工程施工规范》GB 50666的要求。

（2）预制构件采用加热养护时，应制定养护制度对静停、升温、恒温和降温时间进行控制，宜在常温下静停2～6h，升温、降温速度不应超过20℃/h，最高养护温度不宜超过70℃，预制构件出池的表面温度与环境温度的差值不宜超过25℃。

9.6.11 预制构件脱模起吊时的混凝土强度应计算确定，且不宜小于15MPa。

条文解读

▲9.6.11

平模工艺生产的大型墙板、挂板类预制构件宜采用翻板机翻转直立后再行起吊。对于设有门洞、窗洞等较大洞口的墙板，脱膜起吊时应进行加固，防止扭曲变形造成开裂。

条文链接 **★9.6.11**

根据《装配式混凝土结构技术规程》JGJ 1的有关规定：

脱模起吊时，预制构件的混凝土立方体抗压强度应满足设计要求，且不应小于15N/mm^2。

9.7 预制构件检验

9.7.1 预制构件生产时应采取措施避免出现外观质量缺陷。外观质量缺陷根据其影响结构性能、安装和使用功能的严重程度，可按表1-68的规定划分为严重缺陷和一般缺陷。

表1-68 构件外观质量缺陷分类

名　称	现　　象	严重缺陷	一般缺陷
露筋	构件内钢筋未被混凝土包裹而外露	纵向受力钢筋有露筋	其他钢筋有少量露筋
蜂窝	混凝土表面缺少水泥砂浆而形成石子外露	构件主要受力部位有蜂窝	其他部位有少量蜂窝
孔洞	混凝土中孔穴深度和长度均超过保护层厚度	构件主要受力部位有孔洞	其他部位有少量孔洞
夹渣	混凝土中夹有杂物且深度超过保护层厚度	构件主要受力部位有夹渣	其他部位有少量夹渣
疏松	混凝土中局部不密实	构件主要受力部位有疏松	其他部位有少量疏松

（续）

名　称	现　象	严重缺陷	一般缺陷
裂缝	缝隙从混凝土表面延伸至混凝土内部	构件主要受力部位有影响结构性能或使用功能的裂缝	其他部位有少量不影响结构性能或使用功能的裂缝
连接部位缺陷	构件连接处混凝土缺陷及连接钢筋、连接件松动，插筋严重锈蚀、弯曲，灌浆套筒堵塞、偏位，灌浆孔洞堵塞、偏位、破损等缺陷	连接部位有影响结构传力性能的缺陷	连接部位有基本不影响结构传力性能的缺陷
外形缺陷	缺棱掉角、棱角不直、翘曲不平、飞出凸肋等，装饰面砖粘结不牢、表面不平、砖缝不顺直等	清水或具有装饰的混凝土构件内有影响使用功能或装饰效果的外形缺陷	其他混凝土构件有不影响使用功能的外形缺陷
外表缺陷	构件表面麻面、掉皮、起砂、沾污等	具有重要装饰效果的清水混凝土构件有外表缺陷	其他混凝土构件有不影响使用功能的外表缺陷

9.7.2　预制构件出模后应及时对其外观质量进行全数目测检查。预制构件外观质量不应有缺陷，对已经出现的严重缺陷应制定技术处理方案进行处理并重新检验，对出现的一般缺陷应进行修整并达到合格。

条文链接 ★**9.7.2**

根据《装配式混凝土结构技术规程》JGJ 1 的有关规定：

预制构件的外观质量不应有严重缺陷，且不宜有一般缺陷。对已出现的一般缺陷，应按技术方案进行处理，并应重新检验。

9.7.3　预制构件不应有影响结构性能、安装和使用功能的尺寸偏差。对超过尺寸允许偏差且影响结构性能和安装、使用功能的部位应经原设计单位认可，制定技术处理方案进行处理，并重新检查验收。

9.7.4　预制构件尺寸偏差及预留孔、预留洞、预埋件、预留插筋、键槽的位置和检验方法应符合表 1-69 ~ 表 1-72 的规定。预制构件有粗糙面时，与预制构件粗糙面相关的尺寸允许偏差可放宽 1.5 倍。

表 1-69　预制楼板类构件外形尺寸允许偏差及检验方法

项次	检查项目			允许偏差/mm	检验方法
1	规格尺寸	长度	<12m	±5	用尺量两端及中间部，取其中偏差绝对值较大值
			≥12m 且 <18m	±10	
			≥18m	±20	
2		宽度		±5	用尺量两端及中间部，取其中偏差绝对值较大值
3		厚度		±5	用尺量板四角和四边中部位置共 8 处，取其中偏差绝对值较大值
4	对角线差			6	在构件表面，用尺量测两对角线的长度，取其绝对值的差值

（续）

项次	检 查 项 目			允许偏差/mm	检 验 方 法
5	外形	表面平整度	内表面	4	用2m靠尺安放在构件表面上，用楔形塞尺量测靠尺与表面之间的最大缝隙
6			外表面	3	
7		楼板侧向弯曲		$L/750$且≤20mm	拉线，钢尺量最大弯曲处
		扭翘		$L/750$	四对角拉两条线，量测两线交点之间的距离，其值的2倍为扭翘值
8	预埋部件	预埋钢板	中心线位置偏差	5	用尺量测纵横两个方向的中心线位置，取其中较大值
			平面高差	0，-5	用尺紧靠在预埋件上，用楔形塞尺量测预埋件平面与混凝土面的最大缝隙
9		预埋螺栓	中心线位置偏移	2	用尺量测纵横两个方向的中心线位置，取其中较大值
			外露长度	+10，-5	用尺量
10		预埋线盒、电盒	在构件平面的水平方向中心位置偏差	10	用尺量
			与构件表面混凝土高差	0，-5	用尺量
11	预留孔	中心线位置偏移		5	用尺量测纵横两个方向的中心线位置，取其中较大值
		孔尺寸		±5	用尺量测纵横两个方向尺寸，取其最大值
12	预留洞	中心线位置偏移		5	用尺量测纵横两个方向的中心线位置，取其中较大值
		洞口尺寸、深度		±5	用尺量测纵横两个方向尺寸，取其最大值
13	预留插筋	中心线位置偏移		3	用尺量测纵横两个方向的中心线位置，取其中较大值
		外露长度		±5	用尺量
14	吊环、木砖	中心线位置偏移		10	用尺量测纵横两个方向的中心线位置，取其中较大值
		留出高度		0，-10	用尺量
15	桁架钢筋高度			+5，0	用尺量

表 1-70　预制墙板类构件外形尺寸允许偏差及检验方法

项次	检查项目			允许偏差/mm	检验方法
1	规格尺寸	高度		±4	用尺量两端及中间部，取其中偏差绝对值较大值
2		宽度		±4	用尺量两端及中间部，取其中偏差绝对值较大值
3		厚度		±3	用尺量板四角和四边中部位置共8处，取其中偏差绝对值较大值
4	对角线差			5	在构件表面，用尺量测两对角线的长度，取其绝对值的差值
5	外形	表面平整度	内表面	4	用2m靠尺安放在构件表面上，用楔形塞尺量测靠尺与表面之间的最大缝隙
			外表面	3	
6		侧向弯曲		L/1000且≤20	拉线，钢尺量最大弯曲处
7		扭翘		L/1000	四对角拉两条线，量测两线交点之间的距离，其值的2倍为扭翘值
8	预埋部件	预埋钢板	中心线位置偏移	5	用尺量测纵横两个方向的中心线位置，取其中较大值
			平面高差	0，-5	用尺紧靠在预埋件上，用楔形塞尺量测预埋件平面与混凝土面的最大缝隙
9		预埋螺栓	中心线位置偏移	2	用尺量测纵横两个方向的中心线位置，取其中较大值
			外露长度	+10，-5	用尺量
10		预埋套筒、螺母	中心线位置偏移	2	用尺量测纵横两个方向的中心线位置，取其中较大值
			平面高差	0，-5	用尺紧靠在预埋件上，用楔形塞尺量测预埋件平面与混凝土面的最大缝隙
11	预留孔	中心线位置偏移		5	用尺量测纵横两个方向的中心线位置，取其中较大值
		孔尺寸		±5	用尺量测纵横两个方向尺寸，取其最大值
12	预留洞	中心线位置偏移		5	用尺量测纵横两个方向的中心线位置，取其中较大值
		洞口尺寸、深度		±5	用尺量测纵横两个方向尺寸，取其最大值
13	预留插筋	中心线位置偏移		3	用尺量测纵横两个方向的中心线位置，取其中较大值
		外露长度		±5	用尺量
14	吊环、木砖	中心线位置偏移		10	用尺量测纵横两个方向的中心线位置，取其中较大值
		与构件表面混凝土高差		0，-10	用尺量

（续）

项次	检查项目		允许偏差/mm	检验方法
15	键槽	中心线位置偏移	5	用尺量测纵横两个方向的中心线位置，取其中较大值
15	键槽	长度、宽度	±5	用尺量
15	键槽	深度	±5	用尺量
16	灌浆套筒及连接钢筋	灌浆套筒中心线位置	2	用尺量测纵横两个方向的中心线位置，取其中较大值
16	灌浆套筒及连接钢筋	连接钢筋中心线位置	2	用尺量测纵横两个方向的中心线位置，取其中较大值
16	灌浆套筒及连接钢筋	连接钢筋外露长度	+10，0	用尺量

表 1-71　预制梁柱桁架类构件外形尺寸允许偏差及检验方法

项次	检查项目			允许偏差/mm	检验方法
1	规格尺寸	长度	<12m	±5	用尺量两端及中间部，取其中偏差绝对值较大值
1	规格尺寸	长度	≥12m 且<18m	±10	用尺量两端及中间部，取其中偏差绝对值较大值
1	规格尺寸	长度	≥18m	±20	用尺量两端及中间部，取其中偏差绝对值较大值
2	规格尺寸	宽度		±5	用尺量两端及中间部，取其中偏差绝对值较大值
3	规格尺寸	高度		±5	用尺量板四角和四边中部位置共 8 处，取其中偏差绝对值较大值
4	表面平整度			4	用 2m 靠尺安放在构件表面上，用楔形塞尺量测靠尺与表面之间的最大缝隙
5	侧向弯曲		梁柱	L/750 且≤20	拉线，钢尺量最大弯曲处
5	侧向弯曲		桁架	L/1000 且≤20	拉线，钢尺量最大弯曲处
6	预埋部件	预埋钢板	中心线位置偏移	5	用尺量测纵横两个方向的中心线位置，取其中较大值
6	预埋部件	预埋钢板	平面高差	0，−5	用尺紧靠在预埋件上，用楔形塞尺量测预埋件平面与混凝土面的最大缝隙
7	预埋部件	预埋螺栓	中心线位置偏移	2	用尺量测纵横两个方向的中心线位置，取其中较大值
7	预埋部件	预埋螺栓	外露长度	+10，−5	用尺量
8	预留孔	中心线位置偏移		5	用尺量测纵横两个方向的中心线位置，取其中较大值
8	预留孔	孔尺寸		±5	用尺量测纵横两个方向尺寸，取其最大值
9	预留洞	中心线位置偏移		5	用尺量测纵横两个方向的中心线位置，取其中较大值
9	预留洞	洞口尺寸、深度		±5	用尺量测纵横两个方向尺寸，取其最大值

（续）

项次	检查项目		允许偏差/mm	检验方法
10	预留插筋	中心线位置偏移	3	用尺量测纵横两个方向的中心线位置，取其中较大值
		外露长度	±5	用尺量
11	吊环	中心线位置偏移	10	用尺量测纵横两个方向的中心线位置，取其中较大值
		留出高度	0，－10	用尺量
12	键槽	中心线位置偏移	5	用尺量测纵横两个方向的中心线位置，取其中较大值
		长度、宽度	±5	用尺量
		深度	±5	用尺量
13	灌浆套筒及连接钢筋	灌浆套筒中心线位置	2	用尺量测纵横两个方向的中心线位置，取其中较大值
		连接钢筋中心线位置	2	用尺量测纵横两个方向的中心线位置，取其中较大值
		连接钢筋外露长度	+10，0	用尺量测

表1-72　装饰构件外观尺寸允许偏差及检验方法

项次	装饰种类	检查项目	允许偏差/mm	检验方法
1	通用	表面平整度	2	2m靠尺或塞尺检查
2	面砖、石材	阳角方正	2	用托线板检查
3		上口平直	2	拉通线用钢尺检查
4		接缝平直	3	用钢尺或塞尺检查
5		接缝深度	±5	用钢尺或塞尺检查
6		接缝宽度	±2	用钢尺检查

条文链接 ★9.7.4

根据《装配式混凝土结构技术规程》JGJ 1的有关规定：

预制构件的允许尺寸偏差及检验方法应符合表1-73的规定。预制构件有粗糙面时，与粗糙面相关的尺寸允许偏差可适当放松。

表1-73　预制构件尺寸允许偏差及检验方法

项目			允许偏差/mm	检验方法
长度	板、梁、柱、桁架	<12m	±5	尺量检查
		≥12m且<18m	±10	
		≥18m	±20	
	墙板		±4	

条文链接

（续）

项　　目		允许偏差/mm	检验方法
宽度、高（厚）度	板、梁、柱、桁架截面尺寸	±5	钢尺量一端及中部，取其中偏差绝对值较大处
	墙板的高度、厚度	±3	
表面平整度	板、梁、柱、墙板内表面	5	2m 靠尺和塞尺检查
	墙板外表面	3	
侧向弯曲	板、梁、柱	l/750 且≤20	拉线、钢尺量最大侧向弯曲处
	墙板、桁架	l/1000 且≤20	
翘曲	板	l/750	调平尺在两端量测
	墙板	l/1000	
对角线差	板	10	钢尺量两个对角线
	墙板、门窗口	5	
挠度变形	梁、板、桁架设计起拱	±10	拉线、钢尺量最大弯曲处
	梁、板、桁架下垂	0	
预留孔	中心线位置	5	尺量检查
	孔尺寸	±5	
预留洞	中心线位置	10	尺量检查
	洞口尺寸、深度	±10	
门窗口	中心线位置	5	尺量检查
	宽度、高度	±3	
预埋件	预埋件锚板中心线位置	5	尺量检查
	预埋件锚板与混凝土面平面高差	0，-5	
	预埋螺栓中心线位置	2	
	预埋螺栓外露长度	+10，-5	
	预埋套筒、螺母中心线位置	2	
	预埋套筒、螺母与混凝土面平面高差	0，-5	
	线管、电盒、木砖、吊环在构件平面的中心线位置偏差	20	
	线管、电盒、木砖、吊环与构件表面混凝土高差	0，-10	
预留插筋	中心线位置	3	尺量检查
	外露长度	+5，-5	
键槽	中心线位置	5	尺量检查
	长度、宽度、深度	±5	

注：1. l 为构件最长边的长度（mm）。

2. 检查中心线、螺栓和孔道位置偏差时，应沿纵横两个方向量测，并取其中偏差较大值。

9.7.5 预制构件的预埋件、插筋、预留孔的规格、数量应满足设计要求。

检查数量：全数检验。

检验方法：观察和量测。

9.7.6 预制构件的粗糙面或键槽成型质量应满足设计要求。

检查数量：全数检验。

检验方法：观察和量测。

9.7.7 面砖与混凝土的粘结强度应符合现行行业标准《建筑工程饰面砖粘结强度检验标准》JGJ 110 和《外墙饰面砖工程施工及验收规程》JGJ 126 的有关规定。

检查数量：按同一工程、同一工艺的预制构件分批抽样检验。

检验方法：检查试验报告单。

条文链接 ★**9.7.7**

根据《建筑工程饰面砖粘结强度检验标准》JGJ 110 的有关规定：

（1）试样粘结强度应按下式计算：

$$R_i = (X_i/S_i) \times 10^3$$

式中 R_i——第 i 个试样粘结强度（MPa），精确到 0.1MPa；

X_i——第 i 个试样粘结力（kN），精确到 0.01kN；

S_i——第 i 个试样断面面积（mm^2），精确到 $1mm^2$。

（2）每组试样平均粘结强度应按下式计算

$$R_m = \frac{1}{3}\sum_{i=1}^{3} R_i$$

式中 R_m——每组试样平均粘结强度（MPa），精确到 0.1MPa。

9.7.8 预制构件采用钢筋套筒灌浆连接时，在构件生产前应检查套筒型式检验报告是否合格，应进行钢筋套筒灌浆连接接头的抗拉强度试验，并应符合现行行业标准《钢筋套筒灌浆连接应用技术规程》JGJ 355 的有关规定。

检查数量：按同一工程、同一工艺的预制构件分批抽样检验。同一批号、同一类型、同一规格的灌浆套筒，不超过 1000 个为一批，每批随机抽取 3 个灌浆套筒制作对中连接接头试件。

检验方法：检查试验报告单、质量证明文件。

条文链接 ★**9.7.8**

参考第一部分 5.4.4 条的条文链接。

9.7.9 夹芯外墙板的内外叶墙板之间的拉结件类别、数量、使用位置及性能应符合设计要求。

检查数量：按同一工程、同一工艺的预制构件分批抽样检验。

检验方法：检查试验报告单、质量证明文件及隐蔽工程检查记录。

9.7.10 夹芯保温外墙板用的保温材料类别、厚度、位置及性能应满足设计要求。

检查数量：按批检查。

检验方法：观察、量测，检查保温材料质量证明文件及检验报告。

9.7.11 混凝土强度应符合设计文件及国家现行有关标准的规定。

检查数量：按构件生产批次在混凝土浇筑地点随机抽取标准养护试件，取样频率应符合本标准规定。

检验方法：应符合现行国家标准《混凝土强度检验评定标准》GB/T 50107 的有关规定。

9.8 存放、吊运及防护

9.8.1 预制构件吊运应符合下列规定：

（1）应根据预制构件的形状、尺寸、重量和作业半径等要求选择吊具和起重设备，所采用的吊具和起重设备及其操作，应符合国家现行有关标准及产品应用技术手册的规定。

（2）吊点数量、位置应经计算确定，应保证吊具连接可靠，应采取保证起重设备的主钩位置、吊具及构件重心在竖直方向上重合的措施。

（3）吊索水平夹角不宜小于60°，不应小于45°。

（4）应采用慢起、稳升、缓放的操作方式。吊运过程应保持稳定，不得偏斜、摇摆和扭转，严禁吊装构件长时间悬停在空中。

（5）吊装大型构件、薄壁构件或形状复杂的构件时，应使用分配梁或分配桁架类吊具，并应采取避免构件变形和损伤的临时加固措施。

9.8.2 预制构件存放应符合下列规定：

（1）存放场地应平整、坚实，并应有排水措施。

（2）存放库区宜实行分区管理和信息化台账管理。

（3）应按照产品品种、规格型号、检验状态分类存放，产品标识应明确、耐久，预埋吊件应朝上，标识应向外。

（4）应合理设置垫块支点位置，确保预制构件存放稳定，支点宜与起吊点位置一致。

（5）与清水混凝土面接触的垫块应采取防污染措施。

（6）预制构件多层叠放时，每层构件间的垫块应上下对齐；预制楼板、叠合板、阳台板和空调板等构件宜平放，叠放层数不宜超过6层；长期存放时，应采取措施控制预应力构件起拱值和叠合板翘曲变形。

（7）预制柱、梁等细长构件宜平放且用两条垫木支撑。

（8）预制内外墙板、挂板宜采用专用支架直立存放，支架应有足够的强度和刚度，薄弱构件、构件薄弱部位和门窗洞口应采取防止变形开裂的临时加固措施。

条文链接 ★9.8.2

根据《装配式混凝土结构技术规程》JGJ 1的有关规定：

预制构件堆放应符合下列规定：

（1）堆放场地应平整、坚实，并应有排水措施。

（2）预埋吊件应朝上，标识宜朝向堆垛间的通道。

（3）构件支垫应坚实，垫块在构件下的位置宜与脱模、吊装时的起吊位置一致。

（4）重叠堆放构件时，每层构件间的垫块应上下对齐，堆垛层数应根据构件、垫块的承载力确定，并应根据需要采取防止堆垛倾覆的措施。

（5）堆放预应力构件时，应根据构件起拱值的大小和堆放时间采取相应措施。

9.8.3 预制构件成品保护应符合下列规定：

（1）预制构件成品外露保温板应采取防止开裂措施，外露钢筋应采取防弯折措施，外露预埋件和连接件等外露金属件应按不同环境类别进行防护或防腐、防锈。

（2）宜采取保证吊装前预埋螺栓孔清洁的措施。

（3）钢筋连接套筒、预埋孔洞应采取防止堵塞的临时封堵措施。

（4）露骨料粗糙面冲洗完成后应对灌浆套筒的灌浆孔和出浆孔进行透光检查，并清理灌浆套筒内的杂物。

（5）冬期生产和存放的预制构件的非贯穿孔洞应采取措施防止雨雪水进入发生冻胀损坏。

9.8.4 预制构件在运输过程中应做好安全和成品防护，并应符合下列规定：

（1）应根据预制构件种类采取可靠的固定措施。

（2）对于超高、超宽、形状特殊的大型预制构件的运输和存放应制定专门的质量安全保证措施。

（3）运输时宜采取如下防护措施：

1）设置柔性垫片避免预制构件边角部位或链索接触处的混凝土损伤。

2）用塑料薄膜包裹垫块避免预制构件外观污染。

3）墙板门窗框、装饰表面和棱角采用塑料贴膜或其他措施防护。

4）竖向薄壁构件设置临时防护支架。

5）装箱运输时，箱内四周采用木材或柔性垫片填实，支撑牢固。

（4）应根据构件特点采用不同的运输方式，托架、靠放架、插放架应进行专门设计，进行强度、稳定性和刚度验算：

1）外墙板宜采用立式运输，外饰面层应朝外，梁、板、楼梯、阳台宜采用水平运输。

2）采用靠放架立式运输时，构件与地面倾斜角度宜大于80°，构件应对称靠放，每侧不大于2层，构件层间上部采用木垫块隔离。

3）采用插放架直立运输时，应采取防止构件倾倒措施，构件之间应设置隔离垫块。

4）水平运输时，预制梁、柱构件叠放不宜超过3层，板类构件叠放不宜超过6层。

9.9　资料及交付

9.9.1　预制构件的资料应与产品生产同步形成、收集和整理，归档资料宜包括以下内容：

（1）预制混凝土构件加工合同。

（2）预制混凝土构件加工图样、设计文件、设计洽商、变更或交底文件。

（3）生产方案和质量计划等文件。

（4）原材料质量证明文件、复试试验记录和试验报告。

（5）混凝土试配资料。

（6）混凝土配合比通知单。

（7）混凝土开盘鉴定。

（8）混凝土强度报告。

（9）钢筋检验资料、钢筋接头的试验报告。

（10）模具检验资料。

（11）预应力施工记录。

（12）混凝土浇筑记录。

（13）混凝土养护记录。

（14）构件检验记录。

（15）构件性能检测报告。

（16）构件出厂合格证。

（17）质量事故分析和处理资料。

（18）其他与预制混凝土构件生产和质量有关的重要文件资料。

条文解读

▲9.9.1

预制构件产品资料归档应包括产品质量形成过程中的有关依据和记录，具体归档资料还应满足不同工程对其资料归档的具体要求。

9.9.2　预制构件交付的产品质量证明文件应包括以下内容：

（1）出厂合格证。

（2）混凝土强度检验报告。
（3）钢筋套筒等其他构件钢筋连接类型的工艺检验报告。
（4）合同要求的其他质量证明文件。

条文解读

▲9.9.2

当设计有要求或合同约定时，还应提供混凝土抗渗、抗冻等约定性能的试验报告。

预制构件出厂合格证范本见表1-74。

表1-74 预制构件出厂合格证（范本）

<table>
<tr><td colspan="3">预制混凝土构件出厂合格证</td><td>资 料 编 号</td><td colspan="2"></td></tr>
<tr><td>工程名称及使用部位</td><td colspan="2"></td><td>合格证编号</td><td colspan="2"></td></tr>
<tr><td>构件名称</td><td></td><td>型号规格</td><td></td><td>供应数量</td><td></td></tr>
<tr><td>制造厂家</td><td colspan="2"></td><td>企业等级证</td><td colspan="2"></td></tr>
<tr><td>标准图号或设计图样号</td><td colspan="2"></td><td>混凝土设计强度等级</td><td colspan="2"></td></tr>
<tr><td>混凝土浇筑日期</td><td colspan="2">至</td><td>构件出厂日期</td><td colspan="2"></td></tr>
<tr><td rowspan="12">性能检验评定结果</td><td colspan="2">混凝土抗压强度</td><td colspan="3">主筋</td></tr>
<tr><td>试验编号</td><td>达到设计强度（%）</td><td>试验编号</td><td>力学性能</td><td>工艺性能</td></tr>
<tr><td></td><td></td><td></td><td></td><td></td></tr>
<tr><td colspan="2">外观</td><td colspan="3">面层装饰材料</td></tr>
<tr><td>质量状况</td><td>规格尺寸</td><td colspan="2">试验编号</td><td>试验结论</td></tr>
<tr><td></td><td></td><td colspan="2"></td><td></td></tr>
<tr><td colspan="2">保温材料</td><td colspan="3">保温连接件</td></tr>
<tr><td>试验编号</td><td>试验结论</td><td colspan="2">试验编号</td><td>试验结论</td></tr>
<tr><td></td><td></td><td colspan="2"></td><td></td></tr>
<tr><td colspan="2">钢筋连接套筒</td><td colspan="3">结构性能</td></tr>
<tr><td>试验编号</td><td>试验结论</td><td colspan="2">试验编号</td><td>试验结论</td></tr>
<tr><td></td><td></td><td colspan="2"></td><td></td></tr>
<tr><td colspan="5">备注</td><td>结论：</td></tr>
<tr><td colspan="2">供应单位技术负责人</td><td colspan="3">填表人</td><td rowspan="3">供应单位名称
（盖章）</td></tr>
<tr><td colspan="2"></td><td colspan="3"></td></tr>
<tr><td colspan="5">填表日期：</td></tr>
</table>

9.10　部品生产

9.10.1　部品原材料应使用节能环保的材料，并应符合现行国家标准《民用建筑工程室内环境污染控制规范》GB 50325、《建筑材料放射性核素限量》GB 6566 和室内建筑装饰材料有害物质限量的相关规定。

9.10.2　部品原材料应有质量合格证明并完成抽样复试，没有复试或者复试不合格的不能使用。

9.10.3　部品生产应成套供应，并满足加工精度的要求。

条文解读

▲**9.10.3**

目前装配式混凝土建筑有多种类型，部品作为标准化、系列化的产品，应考虑与不同主体结构形式连接时的连接方法与配套组件，并成套供应。

9.10.4　部品生产时，应对尺寸偏差和外观质量进行控制。

9.10.5　预制外墙部品生产时，应符合下列规定：

（1）外门窗的预埋件设置应在工厂完成。

（2）不同金属的接触面应避免电化学腐蚀。

（3）预制混凝土外挂墙板生产应符合现行行业标准《装配式混凝土结构技术规程》JGJ 1 的规定。

（4）蒸压加气混凝土板的生产应符合现行行业标准《蒸压加气混凝土建筑应用技术规程》JGJ/T 17 的规定。

9.10.6　现场组装骨架外墙的骨架、基层墙板、填充材料应在工厂完成生产。

9.10.7　建筑幕墙的加工制作应按现行行业标准《玻璃幕墙工程技术规范》JGJ 102、《金属与石材幕墙工程技术规范》JGJ 133 及《人造板材幕墙工程技术规范》JGJ 336 的规定执行。

条文链接　★**9.10.7**

根据《玻璃幕墙工程技术规范》JGJ 102 的有关规定：

除全玻幕墙外，不应在现场打注硅酮结构密封胶。

根据《金属与石材幕墙工程技术规范》JGJ 133 的有关规定：

用硅酮结构密封胶黏结固定构件时，注胶应在温度 15℃以上 30℃以下，相对湿度 50%以上，且洁净、通风的室内进行，胶的宽度、厚度应符合设计要求。

9.10.8　合格部品应具有唯一编码和生产信息，并在包装的明显位置标注部品编码、生产单位、生产日期、检验员代码等。

9.10.9　部品包装的尺寸和重量应考虑到现场运输条件，便于搬运与组装；并注明卸货方式和明细清单。

9.10.10　应制定部品的成品保护、堆放和运输专项方案，其内容应包括运输时间、次序、堆放场地、运输路线、固定要求、堆放支垫及成品保护措施等。对于超高、超宽、形状特殊的部品的运输和堆放应有专门的质量安全保护措施。

10 施工安装

10.1　一般规定

10.1.1　装配式混凝土建筑应结合设计、生产、装配一体化的原则整体策划，协同建筑、结构、机电、装饰装修等专业要求，制定施工组织设计。

条文解读

▲10.1.1

装配式混凝土施工应制定以装配为主的施工组织设计文件，应根据建筑、结构、机电、内装一体化，设计、加工、装配一体化的原则，制定施工组织设计。施工组织设计应体现管理组织方式吻合装配工法的特点，以发挥装配技术优势为原则。

10.1.2 施工单位应根据装配式混凝土建筑工程特点配置组织的机构和人员。施工作业人员应具备岗位需要的基础知识和技能，施工单位应对管理人员、施工作业人员进行质量安全技术交底。

条文解读

▲10.1.2

装配式混凝土结构施工具有其固有特性，应设立与装配施工技术相匹配的项目部机构和人员，装配施工对不同岗位的技能和知识要求区别于以往的传统施工方式要求，需要配置满足装配施工要求的专业人员。且在施工前应对相关作业人员进行培训和技术、安全、质量交底，培训和交底对象包括一线管理人员和作业人员、监理人员等。

10.1.3 装配式混凝土建筑施工宜采用工具化、标准化的工装系统。

条文解读

▲10.1.3

工装系统是指装配式混凝土建筑吊装、安装过程中所用的工具化、标准化吊具、支撑架体等产品，包括标准化堆放架、模数化通用吊梁、框式吊梁、起吊装置、吊钩吊具、预制墙板斜支撑、叠合板独立支撑、支撑体系、模架体系、外围护体系、系列操作工具等产品。

工装系统的定型产品及施工操作均应符合国家现行有关标准及产品应用技术手册的有关规定，在使用前应进行必要的施工验算。

10.1.4 装配式混凝土建筑施工宜采用建筑信息模型技术对施工全过程及关键工艺进行信息化模拟。

条文解读

▲10.1.4

施工安装宜采用BIM组织施工方案，用BIM模型指导和模拟施工，制定合理的施工工序并精确算量，从而提高施工管理水平和施工效率，减少浪费。

10.1.5 装配式混凝土建筑施工前，宜选择有代表性的单元进行预制构件试安装，并应根据试安装结果及时调整施工工艺、完善施工方案。

条文解读

▲10.1.5

为避免由于设计或施工缺乏经验造成工程实施障碍或损失，保证装配式混凝土结构施工质量，并不断摸索和积累经验，特提出应通过试生产和试安装进行验证性试验。装配式混凝土结构施工前的试安装，对于没有经验的承包商非常必要，不但可以验证设计和施工方案存在的缺陷，还可以培训人员，调试设备，完善方案。

另一方面对于没有实践经验的新的结构体系，应在施工前进行典型单元的安装试验，验证并完善方案实施的可行性，这对于体系的定型和推广使用，是十分重要的。

10.1.6 装配式混凝土建筑施工中采用的新技术、新工艺、新材料、新设备，应按有关规定进行评审、备案。施工前，应对新的或首次采用的施工工艺进行评价，并应制定专门的施工方案。施工方案经监理单位审核批准后实施。

条文解读

▲10.1.6

采用新技术、新工艺、新材料、新设备时，应经过试验和技术鉴定，并应制定可行的技术措施。设计文件中规定使用的新技术、新工艺、新材料，施工单位应依据设计要求进行施工。施工单位欲使用新技术、新工艺、新材料时，应经监理单位核准，并按相关规定办理。本条的“新的施工工艺”是指以前未在任何工程中应用的施工工艺，“首次采用的施工工艺”是指施工单位以前未实施过的施工工艺。

10.1.7 装配式混凝土建筑施工过程中应采取安全措施，并应符合国家现行有关标准的规定。

条文解读

▲10.1.7

装配式混凝土建筑施工中，应建立健全安全管理保障体系和管理制度，对危险性较大的分部（分项）工程应经专家论证通过后进行施工。应结合装配施工特点，针对构件吊装、安装施工安全要求，制定系列安全专项方案。

条文链接 **★10.1.7**

根据《建筑施工高处作业安全技术规范》JGJ 80 的有关规定：

(1) 建筑施工中凡涉及临边与洞口作业、攀登与悬空作业、操作平台、交叉作业及安全网搭设的，应在施工组织设计或施工方案中制定高处作业安全技术措施。

(2) 高处作业施工前，应按类别对安全防护设施进行检查、验收，验收合格后方可进行作业，并应做验收记录。验收可分层或分阶段进行。

(3) 高处作业施工前，应对作业人员进行安全技术交底，并应记录。应对初次作业人员进行培训。

(4) 应根据要求将各类安全警示标志悬挂于施工现场各相应部位，夜间应设红灯警示。高处作业施工前，应检查高处作业的安全标志、工具、仪表、电气设施和设备，确认其完好后，方可进行施工。

(5) 高处作业人员应根据作业的实际情况配备相应的高处作业安全防护用品，并应按规定正确佩戴和使用相应的安全防护用品、用具。

(6) 对需临时拆除或变动的安全防护设施，应采取可靠措施，作业后应立即恢复。

(7) 应有专人对各类安全防护设施进行检查和维修保养，发现隐患应及时采取整改措施。

(8) 安全防护设施宜采用定型化、工具化设施，防护栏应为黑黄或红白相间的条纹标示，盖件应为黄色或红色标示。

根据《建筑施工起重吊装工程安全技术规范》JGJ 276 的有关规定：

起重吊装作业前，必须编制吊装作业的专项施工方案，并应进行安全技术措施交底；作业中，未经技术负责人批准，不得随意更改。

根据《施工现场临时用电安全技术规范》JGJ 46 的有关规定：

(1) 临时用电组织设计及变更时，必须履行“编制、审核、批准”程序，由电气工程技术人员组织编制，经相关部门审核及具有法人资格企业的技术负责人批准后实施。变更用电组织设计时应补充有关图样资料。

条文链接

（2）临时用电工程必须经编制、审核、批准部门和使用单位共同验收，合格后方可投入使用。

（3）施工现场临时用电设备在5台以下和设备总容量在50kW以下者，应制定安全用电和电气防火措施，并应符合（1）条、（2）条规定。

10.2 施工准备

10.2.1 装配式混凝土结构施工应制定专项方案。专项施工方案宜包括工程概况、编制依据、进度计划、施工场地布置、预制构件运输与存放、安装与连接施工、绿色施工、安全管理、质量管理、信息化管理、应急预案等内容。

条文解读

▲10.2.1

装配式混凝土结构施工方案应全面系统，且应结合装配式建筑特点和一体化建造的具体要求，本着资源节省、人工减少、质量提高、工期缩短的原则制定装配方案。进度计划应结合协同构件生产计划和运输计划等；预制构件运输方案包括车辆型号及数量、运输路线、发货安排、现场装卸方法等；施工场地布置包括场内循环通道、吊装设备布设、构件码放场地等；安装与连接施工包括测量方法、吊装顺序和方法、构件安装方法、节点施工方法、防水施工方法、后浇混凝土施工方法、全过程的成品保护及修补措施等；安全管理包括吊装安全措施、专项施工安全措施等；质量管理包括构件安装的专项施工质量管理，渗漏、裂缝等质量缺陷防治措施；预制构件安装应结合构件连接装配方法和特点，合理制定施工工序。

10.2.2 预制构件、安装用材料及配件等应符合国家现行有关标准及产品应用技术手册的规定，并应按照国家现行相关标准的规定进行进场验收。

条文链接 **★10.2.2**

根据《混凝土结构工程施工质量验收规范》GB 50204的有关规定：

（1）专业企业生产的预制构件进场时，预制构件结构性能检验应符合下列规定：

1）梁板类简支受弯预制构件进场时应进行结构性能检验，并应符合下列规定：

①结构性能检验应符合国家现行相关标准的有关规定及设计的要求，检验要求和试验方法应符合本规范附录B的规定。

②钢筋混凝土构件和允许出现裂缝的预应力混凝土构件应进行承载力、挠度和裂缝宽度检验；不允许出现裂缝的预应力混凝土构件应进行承载力、挠度和抗裂检验。

③对大型构件及有可靠应用经验的构件，可只进行裂缝宽度、抗裂和挠度检验。

④对使用数量较少的构件，当能提供可靠依据时，可不进行结构性能检验。

2）对其他预制构件，除设计有专门要求外，进场时可不做结构性能检验。

3）对进场时不做结构性能检验的预制构件，应采取下列措施：

①施工单位或监理单位代表应驻厂监督制作过程。

②当无驻厂监督时，预制构件进场时应对预制构件主要受力钢筋数量、规格、间距及混凝土强度等进行实体检验。

检验数量：同一类型预制构件不超过1000个为一批，每批随机抽取1个构件进行结构性能检验。

检验方法：检查结构性能检验报告或实体检验报告。

注：“同类型”是指同一钢种、同一混凝土强度等级、同一生产工艺和同一结构形式。抽取预制构件时，宜从设计荷载最大、受力最不利或生产数量最多的预制构件中抽取。

条文链接

（2）预制构件的外观质量不应有严重缺陷，且不应有影响结构性能和安装、使用功能的尺寸偏差。

检查数量：全数检查。

检验方法：观察，尺量；检查处理记录。

（3）预制构件上的预埋件、预留插筋、预埋管线等的规格和数量以及预留孔、预留洞的数量应符合设计要求。

检查数量：全数检查。

检验方法：观察。

10.2.3　施工现场应根据施工平面规划设置运输通道和存放场地，并应符合下列规定：

（1）现场运输道路和存放场地应坚实平整，并应有排水措施。

（2）施工现场内道路应按照构件运输车辆的要求合理设置转弯半径及道路坡度。

（3）预制构件运送到施工现场后，应按规格、品种、使用部位、吊装顺序分别设置存放场地。存放场地应设置在吊装设备的有效起重范围内，且应在堆垛之间设置通道。

（4）构件的存放架应具有足够的抗倾覆性能。

（5）构件运输和存放对已完成结构、基坑有影响时，应经计算复核。

条文解读

▲10.2.3

施工现场应根据装配化建造方式布置施工总平面，宜规划主体装配区、构件堆放区、材料堆放区和运输通道。各个区域宜统筹规划布置，满足高效吊装、安装的要求，通道宜满足构件运输车辆平稳、高效、节能的行驶要求。竖向构件宜采用专用存放架进行存放，专用存放架应根据需要设置安全操作平台。

10.2.4　安装施工前，应进行测量放线、设置构件安装定位标识。测量放线应符合现行国家标准《工程测量规范》GB 50026的有关规定。

条文解读

▲10.2.4

安装施工前，应制定安装定位标识方案，根据安装连接的精细化要求，控制合理误差。安装定位标识方案应按照一定顺序进行编制，标识点应清晰明确，定位顺序应便于查询标识。

条文链接　**★10.2.4**

根据《工程测量规范》GB 50026的有关规定：

（1）施工测量前，应收集有关测量资料，熟悉施工设计图样，明确施工要求，制定施工测量方案。

（2）大中型的施工项目，应先建立场区控制网，再分别建立建筑物施工控制网；小规模或精度高的独立施工项目，可直接布设建筑物施工控制网。

10.2.5　安装施工前，应核对已施工完成结构、基础的外观质量和尺寸偏差，确认混凝土强度和预留预埋符合设计要求，并应核对预制构件的混凝土强度及预制构件和配件的型号、规格、数量等符合设计要求。

条文解读

▲10.2.5

安装施工前，应结合深化设计图样核对已施工完成结构或基础的外观质量、尺寸偏差、混凝土强度和预留预埋等条件是否具备上层构件的安装，并应核对待安装预制构件的混凝土强度及预制构件和配件的型号、规格、数量等是否符合设计要求。

10.2.6 安装施工前，应复核吊装设备的吊装能力。应按现行行业标准《建筑机械使用安全技术规程》JGJ 33 的有关规定，检查复核吊装设备及吊具处于安全操作状态，并核实现场环境、天气、道路状况等满足吊装施工要求。防护系统应按照施工方案进行搭设、验收，并应符合下列规定：

（1）工具式外防护架应试组装并全面检查，附着在构件上的防护系统应复核其与吊装系统的协调。

（2）防护架应经计算确定。

（3）高处作业人员应正确使用安全防护用品，宜采用工具式操作架进行安装作业。

条文解读

▲10.2.6

吊装设备应根据构件吊装需求进行匹配性选型，安装施工前，应再次复核吊装设备的吊装能力、吊装器具和吊装环境，满足安全、高效的吊装要求。

条文链接 **★10.2.6**

根据《建筑机械使用安全技术规程》JGJ 33 的有关规定：

（1）在进入寒冷季节前，机械使用单位应制定寒冷季节施工安全技术措施，并对机械操作人员进行寒冷季节使用机械设备的安全教育，同时应做好防寒物资的供应工作。

（2）在进入寒冷季节前，对在用机械设备应进行一次换季保养，换用适合寒冷季节的燃油、润滑油、液压油、防冻液、蓄电池液等。对停用机械设备，应放尽存水。

10.3 预制构件安装

10.3.1 预制构件吊装除应符合本标准 9.8.1 条的有关规定外，尚应符合下列规定：

（1）应根据当天的作业内容进行班前技术安全交底。

（2）预制构件应按照吊装顺序预先编号，吊装时严格按编号顺序起吊。

（3）预制构件在吊装过程中，宜设置缆风绳控制构件转动。

10.3.2 预制构件吊装就位后，应及时校准并采取临时固定措施。预制构件就位校核与调整应符合下列规定：

（1）预制墙板、预制柱等竖向构件安装后，应对安装位置、安装标高、垂直度进行校核与调整。

（2）叠合构件、预制梁等水平构件安装后应对安装位置、安装标高进行校核与调整。

（3）水平构件安装后，应对相邻预制构件平整度、高低差、拼缝尺寸进行校核与调整。

（4）装饰类构件应对装饰面的完整性进行校核与调整。

（5）临时固定措施、临时支撑系统应具有足够的强度、刚度和整体稳固性，应按现行国家标准《混凝土结构工程施工规范》GB 50666 的有关规定进行验算。

条文解读

▲10.3.2

预制构件安装就位后应对安装位置、标高、垂直度进行调整，并应考虑安装偏差的累积影响，

条文解读

安装偏差应严于装配式混凝土结构分项工程验收的施工尺寸偏差。装饰类预制构件安装完成后，应结合相邻构件对装饰面的完整性进行校核和调整，保证整体装饰效果满足设计要求。

条文链接 ★10.3.2

根据《混凝土结构工程施工规范》GB 50666 的有关规定：

（1）装配式结构安装现场应根据工期要求以及工程量、机械设备等现场条件，组织立体交叉、均衡有效的安装施工流水作业。

（2）预制构件安装前的准备工作应符合下列规定：

1）应核对已施工完成结构的混凝土强度、外观质量、尺寸偏差等符合设计要求和本规范的有关规定。

2）应核对预制构件混凝土强度及预制构件和配件的型号、规格、数量等符合设计要求。

3）应在已施工完成结构及预制构件上进行测量放线，并应设置安装定位标志。

4）应确认吊装设备及吊具处于安全操作状态。

5）应核实现场环境、天气、道路状况满足吊装施工要求。

（3）安放预制构件时，其搁置长度应满足设计要求。预制构件与其支承构件间宜设置厚度不大于30mm 坐浆或垫片。

（4）预制构件安装过程中应根据水准点和轴线校正位置，安装就位后应及时采取临时固定措施。预制构件与吊具的分离应在校准定位及临时固定措施安装完成后进行。临时固定措施的拆除应在装配式结构能达到后续施工承载要求后进行。

10.3.3 预制构件与吊具的分离应在校准定位及临时支撑安装完成后进行。

条文链接 ★10.3.3

参考第一部分 10.3.2 条的条文链接。

10.3.4 竖向预制构件安装采用临时支撑时，应符合下列规定：

（1）预制构件的临时支撑不宜少于2道。

（2）对预制柱、墙板构件的上部斜支撑，其支撑点距离板底的距离不宜小于构件高度的2/3，且不应小于构件高度的1/2；斜支撑应与构件可靠连接。

（3）构件安装就位后，可通过临时支撑对构件的位置和垂直度进行微调。

条文解读

▲10.3.4

竖向预制构件主要包括预制墙板、预制柱，对于预制墙板，临时斜撑一般安放在其背面，且一般不宜少于2道。当墙板底没有水平约束时，墙板的每道临时支撑包括上部斜撑和下部支撑，下部支撑可做成水平支撑或斜向支撑。对于预制柱，由于其底部纵向钢筋可以起到水平约束的作用，故一般仅设置上部斜撑。柱子的斜撑不应少于2道，且应设置在两个相邻的侧面上，水平投影相互垂直。临时斜撑与预制构件一般做成铰接并通过预埋件进行连接。考虑到临时斜撑主要承受的是水平荷载，为充分发挥其作用，对上部的斜撑，其支撑点距离板底的距离不宜小于板高的2/3，且不应小于板高的1/2。斜支撑与地面或楼面连接应可靠，不得出现连接松动引起竖向预制构件倾覆等。

10.3.5 水平预制构件安装采用临时支撑时，应符合下列规定：

（1）首层支撑架体的地基应平整坚实，宜采取硬化措施。

（2）临时支撑的间距及其与墙、柱、梁边的净距应经设计计算确定，竖向连续支撑层数不宜少于2层且上下层支撑宜对准。

（3）叠合板预制底板下部支架宜选用定型独立钢支柱，竖向支撑间距应经计算确定。

10.3.6 预制柱安装应符合下列规定：

（1）宜按照角柱、边柱、中柱顺序进行安装，与现浇部分连接的柱宜先行吊装。

（2）预制柱的就位以轴线和外轮廓线为控制线，对于边柱和角柱，应以外轮廓线控制为准。

（3）就位前应设置柱底调平装置，控制柱安装标高。

（4）预制柱安装就位后应在两个方向设置可调节临时固定措施，并应进行垂直度、扭转调整。

（5）采用灌浆套筒连接的预制柱调整就位后，柱脚连接部位宜采用模板封堵。

条文解读

▲10.3.6

可通过千斤顶调整预制柱平面位置，通过在柱脚位置的预埋螺栓，使用专门调整工具进行微调，调整垂直度；预制柱完成垂直度调整后，应在柱子四角缝隙处加塞刚性垫片。柱脚连接部位宜采用工具式模板对柱脚四周进行封堵，封堵应确保密闭连接牢固有效，满足压力要求。

10.3.7 预制剪力墙板安装应符合下列规定：

（1）与现浇部分连接的墙板宜先行吊装，其他宜按照外墙先行吊装的原则进行吊装。

（2）就位前，应在墙板底部设置调平装置。

（3）采用灌浆套筒连接、浆锚搭接连接的夹芯保温外墙板应在保温材料部位采用弹性密封材料进行封堵。

（4）采用灌浆套筒连接、浆锚搭接连接的墙板需要分仓灌浆时，应采用坐浆料进行分仓；多层剪力墙采用坐浆时应均匀铺设坐浆料；坐浆料强度应满足设计要求。

（5）墙板以轴线和轮廓线为控制线，外墙应以轴线和外轮廓线双控制。

（6）安装就位后应设置可调斜撑临时固定，测量预制墙板的水平位置、垂直度、高度等，通过墙底垫片、临时斜支撑进行调整。

（7）预制墙板调整就位后，墙底部连接部位宜采用模板封堵。

（8）叠合墙板安装就位后进行叠合墙板拼缝处附加钢筋安装，附加钢筋应与现浇段钢筋网交叉点全部绑扎牢固。

条文解读

▲10.3.7

对于不带夹芯保温的各类外墙板，外侧宜采用工具式模板封堵。

10.3.8 预制梁或叠合梁安装应符合下列规定：

（1）安装顺序宜遵循先主梁后次梁、先低后高的原则。

（2）安装前，应测量并修正临时支撑标高，确保与梁底标高一致，并在柱上弹出梁边控制线；安装后根据控制线进行精密调整。

（3）安装前，应复核柱钢筋与梁钢筋位置、尺寸，对梁钢筋与柱钢筋位置有冲突的，应按经设计单位确认的技术方案调整。

（4）安装时梁伸入支座的长度与搁置长度应符合设计要求。

（5）安装就位后应对水平度、安装位置、标高进行检查。

（6）叠合梁的临时支撑，应在后浇混凝土强度达到设计要求后方可拆除。

条文解读

▲10.3.8

临时支撑可为工具式支撑，也可为在预制柱上的牛腿。安装时梁伸入支座的长度应符合设计要求；梁搁置在临时支撑上的长度也应符合设计要求。

10.3.9　叠合板预制底板安装应符合下列规定：

（1）预制底板吊装完后应对板底接缝高差进行校核；当叠合板板底接缝高差不满足设计要求时，应将构件重新起吊，通过可调托座进行调节。

（2）预制底板的接缝宽度应满足设计要求。

（3）临时支撑应在后浇混凝土强度达到设计要求后方可拆除。

条文解读

▲10.3.9

预制底板吊至梁、墙上方300～500mm后，应调整板位置使板锚固筋与梁箍筋错开，根据板边线和板端控制线，准确就位。板就位后调节支撑立杆，确保所有立杆共同均匀受力。

10.3.10　预制楼梯安装应符合下列规定：

（1）安装前，应检查楼梯构件平面定位及标高，并宜设置调平装置。

（2）就位后，应及时调整并固定。

条文解读

▲10.3.10

预制楼梯的安装方式应结合预制楼梯的设计要求进行确定。

10.3.11　预制阳台板、空调板安装应符合下列规定：

（1）安装前，应检查支座顶面标高及支撑面的平整度。

（2）临时支撑应在后浇混凝土强度达到设计要求后方可拆除。

10.4　预制构件连接

10.4.1　模板工程、钢筋工程、预应力工程、混凝土工程除满足本节规定外，尚应符合国家现行标准《混凝土结构工程施工规范》GB 50666、《钢筋套筒灌浆连接应用技术规程》JGJ 355等的有关规定。当采用自密实混凝土时，尚应符合现行行业标准《自密实混凝土应用技术规程》JGJ/T 283的有关规定。

条文解读

▲10.4.1

结合部位或接缝处混凝土施工，由于操作面的限制，不便于混凝土的振捣密实时，宜采用自密实混凝土，并应符合国家现行有关标准的规定。

条文链接　**★10.4.1**

根据《自密实混凝土应用技术规程》JGJ/T 283的有关规定：

（1）自密实混凝土应根据工程结构形式、施工工艺以及环境因素进行配合比设计，并应在综合考虑混凝土自密实性能、强度、耐久性以及其他性能要求的基础上，计算初始配合比，经试验室试配、调整得出满足自密实性能要求的基准配合比，经强度、耐久性复核得到设计配合比。

（2）自密实混凝土原材料进场时，供方应按批次向需方提供质量证明文件。

（3）原材料进场后，应进行质量检验，并应符合下列规定：

1）胶凝材料、外加剂的检验项目与批次应符合现行国家标准《预拌混凝土》GB/T 14902的规定。

2）粗、细骨料的检验项目与批次应符合现行行业标准《普通混凝土用砂、石质量及检验方法标准》JGJ 52的规定，其中人工砂检验项目还应包括亚甲蓝（MB）值。

3）其他原材料的检验项目和批次应按国家现行有关标准执行。

10.4.2 采用钢筋套筒灌浆连接、钢筋浆锚搭接连接的预制构件施工，应符合下列规定：

（1）现浇混凝土中伸出的钢筋应采用专用模具进行定位，并应采用可靠的固定措施控制连接钢筋的中心位置及外露长度满足设计要求。

（2）构件安装前应检查预制构件上套筒、预留孔的规格、位置、数量和深度；当套筒、预留孔内有杂物时，应清理干净。

（3）应检查被连接钢筋的规格、数量、位置和长度。当连接钢筋倾斜时，应进行校直；连接钢筋偏离套筒或孔洞中心线不宜超过3mm。连接钢筋中心位置存在严重偏差影响预制构件安装时，应会同设计单位制定专项处理方案，严禁随意切割、强行调整定位钢筋。

条文解读

▲10.4.2

本条用于伸入预制构件内灌浆套筒、浆锚预留孔中的预留钢筋的精准控制和预制构件的安全、高效连接。宜采用与预留钢筋匹配的专用模具进行精准定位，起到安装前预留钢筋位置的预检和控制，提高安装效率，也可通过设计诱导钢筋进行预制构件的快速对位和安装。

10.4.3 钢筋套筒灌浆连接接头应按检验批划分要求及时灌浆，灌浆作业应符合现行行业标准《钢筋套筒灌浆连接应用技术规程》JGJ 355的有关规定。

条文解读

▲10.4.3

灌浆作业是装配整体式结构工程施工质量控制的关键环节之一。对作业人员应进行培训考核，并持证上岗，同时要求有专职检验人员在灌浆操作全过程监督。

条文链接 **★10.4.3**

根据《钢筋套筒灌浆连接应用技术规程》JGJ 355的有关规定：

（1）灌浆施工方式及构件安装应符合下列规定：

1）钢筋水平连接时，灌浆套筒应各自独立灌浆。

2）竖向构件宜采用连通腔灌浆，并应合理划分连通灌浆区域；每个区域除预留灌浆孔、出浆孔与排气孔外，应形成密闭空腔，不应漏浆；连通灌浆区域内任意两个灌浆套筒间距离不宜超过1.5m。

3）竖向预制构件不采用连通腔灌浆方式时，构件就位前应设置坐浆层。

（2）灌浆施工应按施工方案执行，并应符合下列规定：

1）灌浆操作全过程应有专职检验人员负责现场监督并及时形成施工检查记录。

2）灌浆施工时，环境温度应符合灌浆料产品使用说明书要求；环境温度低于5℃时不宜施工，低于0℃时不得施工；当环境温度高于30℃时，应采取降低灌浆料拌合物温度的措施。

3）对竖向钢筋套筒灌浆连接，灌浆作业应采用压浆法从灌浆套筒下灌浆孔注入，当灌浆料拌合物从构件其他灌浆孔、出浆孔流出后应及时封堵。

4）竖向钢筋套筒灌浆连接采用连通腔灌浆时，宜采用一点灌浆的方式；当一点灌浆遇到问题而需要改变灌浆点时，各灌浆套筒已封堵灌浆孔、出浆孔应重新打开，待灌浆料拌合物再次流出后进行封堵。

5）对水平钢筋套筒灌浆连接，灌浆作业应采用压浆法从灌浆套筒灌浆孔注入，当灌浆套筒灌浆孔、出浆孔的连接管或连接头处的灌浆料拌合物均高于灌浆套筒外表面最高点时应停止灌浆，并及时封堵灌浆孔、出浆孔。

6）灌浆料宜在加水后30min内用完。

7）散落的灌浆料拌合物不得二次使用；剩余的拌合物不得再次添加灌浆料、水后混合使用。

10.4.4 钢筋机械连接的施工应符合现行行业标准《钢筋机械连接技术规程》JGJ 107 的有关规定。

条文链接 ★**10.4.4**

根据《钢筋机械连接技术规程》JGJ 107 的有关规定：

（1）直螺纹接头的安装应符合下列规定：

1）安装接头时可用管钳扳手拧紧，钢筋丝头应在套筒中央位置相互顶紧，标准型、正反丝型、异径型接头安装后的单侧外露螺纹不宜超过2p；对无法对顶的其他直螺纹接头，应附加锁紧螺母、顶紧凸台等措施紧固。

2）接头安装后应用扭力扳手校核拧紧扭矩，最小拧紧扭矩值应符合表1-75的规定。

表1-75 直螺纹接头安装时最小拧紧扭矩值

钢筋直径/mm	≤16	18~20	22~25	28~32	36~40	50
拧紧扭矩/(N·m)	100	200	260	320	360	460

3）校核用扭力扳手的准确度级别可选用10级。

（2）锥螺纹接头的安装应符合下列规定：

1）接头安装时应严格保证钢筋与连接件的规格相一致。

2）接头安装时应用扭力扳手拧紧，拧紧扭矩值应满足表1-76的要求。

表1-76 锥螺纹接头安装时拧紧扭矩值

钢筋直径/mm	≤16	18~20	22~25	28~32	36~40	50
拧紧扭矩/（N·m）	100	180	240	300	360	460

3）校核用扭力扳手与安装用扭力扳手应区分使用，校核用扭力扳手应每年校核1次，准确度级别不应低于5级。

（3）套筒挤压接头的安装应符合下列规定：

1）钢筋端部不得有局部弯曲，不得有严重锈蚀和附着物。

2）钢筋端部应有挤压套筒后可检查钢筋插入深度的明显标记，钢筋端头离套筒长度中点不宜超过10mm。

3）挤压应从套筒中央开始，依次向两端挤压，挤压后的压痕直径或套筒长度的波动范围应用专用量规检验；压痕处套筒外径应为原套筒外径的0.80~0.90倍，挤压后套筒长度应为原套筒长度的1.10~1.15倍。

4）挤压后的套筒不应有可见裂纹。

10.4.5 焊接或螺栓连接的施工应符合国家现行标准《钢结构焊接规范》GB 50661、《钢结构工程施工规范》GB 50755、《钢筋焊接及验收规程》JGJ 18 的有关规定。采用焊接连接时，应采取避免损伤已施工完成的结构、预制构件及配件的措施。

条文链接 ★**10.4.5**

根据《钢结构焊接规范》GB 50661 的有关规定：

钢结构焊接工程用钢材及焊接材料应符合设计文件的要求，并应具有钢厂和焊接材料厂出具的产品质量证明书或检验报告，其化学成分、力学性能和其他质量要求应符合国家现行有关标准的规定。

10.4.6 预应力工程施工应符合国家现行标准《混凝土结构工程施工规范》GB 50666、

《预应力混凝土结构设计规范》JGJ 369 和《无粘结预应力混凝土结构技术规程》JGJ 92 的有关规定。

条文解读

▲10.4.6

后张预应力筋连接也是一种预制构件连接形式，其张拉、放张、封锚等均与预应力混凝土结构施工基本相同，应按国家现行有关标准的规定执行。

10.4.7 装配式混凝土结构后浇混凝土部分的模板与支架应符合下列规定：

(1) 装配式混凝土结构宜采用工具式支架和定型模板。

(2) 模板应保证后浇混凝土部分形状、尺寸和位置准确。

(3) 模板与预制构件接缝处应采取防止漏浆的措施，可粘贴密封条。

条文解读

▲10.4.7

工具式模板与支架宜具有标准化、模块化、可周转、易于组合、便于安装、通用性强、造价低等特点。定型模板与预制构件之间应粘贴密封封条，在混凝土浇筑时节点处模板不应产生变形和漏浆。

10.4.8 装配式混凝土结构的后浇混凝土部位在浇筑前应按本标准第 11.1.5 条进行隐蔽工程验收。

10.4.9 后浇混凝土的施工应符合下列规定：

(1) 预制构件结合面疏松部分的混凝土应剔除并清理干净。

(2) 混凝土分层浇筑高度应符合国家现行有关标准的规定，应在底层混凝土初凝前将上一层混凝土浇筑完毕。

(3) 浇筑时应采取保证混凝土或砂浆浇筑密实的措施。

(4) 预制梁、柱混凝土强度等级不同时，预制梁柱节点区混凝土强度等级应符合设计要求。

(5) 混凝土浇筑应布料均衡，浇筑和振捣时，应对模板及支架进行观察和维护，发生异常情况应及时处理；构件接缝混凝土浇筑和振捣应采取措施防止模板、相连接构件、钢筋、预埋件及其定位件移位。

10.4.10 构件连接部位后浇混凝土及灌浆料的强度达到设计要求后，方可拆除临时支撑系统。拆模时的混凝土强度应符合现行国家标准《混凝土结构工程施工规范》GB 50666 的有关规定和设计要求。

条文解读

▲10.4.10

临时支撑系统拆除时，要检查支撑对象即预制构件经过安装后的连接情况，确认其已与主体结构形成稳定的受力体系后，方可拆除临时支撑系统。

条文链接 ★10.4.10

根据《混凝土结构工程施工规范》GB 50666 的有关规定：

底模及支架应在混凝土强度达到设计要求后再拆除；当设计无具体要求时，同条件养护的混凝土立方体试件抗压强度应符合表 1-77 的规定。

条文链接

表 1-77　底膜拆除时的混凝土强度要求

构件类型	构件跨度/m	达到设计混凝土强度等级值的百分率（%）
板	≤2	≥50
	>2，≤8	≥75
	>8	≥100
梁、拱、壳	≤8	≥75
	>8	≥100
悬臂结构		≥100

10.4.11　外墙板接缝防水施工应符合下列规定：

（1）防水施工前，应将板缝空腔清理干净。

（2）应按设计要求填塞背衬材料。

（3）密封材料嵌填应饱满、密实、均匀、顺直、表面平滑，其厚度应满足设计要求。

10.4.12　装配式混凝土结构的尺寸偏差及检验方法应符合表 1-78 的规定。

表 1-78　预制构件安装尺寸的允许偏差及检验方法

项目			允许偏差/mm	检验方法
构件中心线对轴线位置	基础		15	经纬仪及尺量
	竖向构件（柱、墙、桁架）		8	
	水平构件（梁、板）		5	
构件标高	梁、柱、墙、板底面或顶面		±5	水准仪或拉线、尺量
构件垂直度	柱、墙	≤6m	5	经纬仪或吊线、尺量
		>6m	10	
构件倾斜度	梁、桁架		5	经纬仪或吊线、尺量
相邻构件平整度	板端面		5	2m 靠尺和塞尺量测
	梁、板底面	外露	3	
		不外露	5	
	柱墙侧面	外露	5	
		不外露	8	
构件搁置长度	梁、板		±10	尺量
支座、支垫中心位置	板、梁、柱、墙、桁架		10	尺量
墙板接缝	宽度		±5	尺量

条文解读

▲10.4.12

预制构件安装完成后尺寸偏差应符合表1-78的要求，安装过程中，宜采取相应措施从严控制，方可保证完成后的尺寸偏差要求。

当预制构件中用于连接的外伸钢筋定位精度有特别要求时，如与灌浆套筒连接的钢筋，预制构件安装尺寸偏差尚应与连接钢筋的定位要求相协调。

10.5 部品安装

10.5.1 装配式混凝土建筑的部品安装宜与主体结构同步进行，可在安装部位的主体结构验收合格后进行，并应符合国家现行有关标准的规定。

10.5.2 安装前的准备工作应符合下列规定：

（1）应编制施工组织设计和专项施工方案，包括安全、质量、环境保护方案及施工进度计划等内容。

（2）应对所有进场部品、零配件及辅助材料按设计规定的品种、规格、尺寸和外观要求进行检查。

（3）应进行技术交底。

（4）现场应具备安装条件，安装部位应清理干净。

（5）装配安装前应进行测量放线工作。

10.5.3 严禁擅自改动主体结构或改变房间的主要使用功能，严禁擅自拆改燃气、暖通、电气等配套设施。

条文解读

▲10.5.3

改动建筑主体、承重结构或改变房间的主要使用功能，擅自拆改燃气、暖通、电气等配套设施，有时会危及整个建筑的安全，应严格禁止。

10.5.4 部品吊装应采用专用吊具，起吊和就位应平稳，避免磕碰。

10.5.5 预制外墙安装应符合下列规定：

（1）墙板应设置临时固定和调整装置。

（2）墙板在轴线、标高和垂直度调校合格后方可永久固定。

（3）当条板采用双层墙板安装时，内、外层墙板的拼缝宜错开。

（4）蒸压加气混凝土板施工应符合现行行业标准《蒸压加气混凝土建筑应用技术规程》JGJ/T 17的规定。

条文链接 **★10.5.5**

根据《蒸压加气混凝土建筑应用技术规程》JGJ/T 17的有关规定：

（1）内隔墙板的安装顺序应从门洞处向两端依次进行，门洞两侧宜用整块板。无门洞口的墙体应从一端向另一端顺序安装。

（2）在墙板上钻孔、开洞，或固定物件时，必须待板缝内粘结砂浆达到设计强度后进行。

（3）当在屋面板上部施工时，板上部的施工荷载不得超过设计荷载，否则应加临时支撑。

10.5.6 现场组合骨架外墙安装应符合下列规定：

（1）竖向龙骨安装应平直，不得扭曲，间距应满足设计要求。

（2）空腔内的保温材料应连续、密实，并应在隐蔽验收合格后方可进行面板安装。

（3）面板安装方向及拼缝位置应满足设计要求，内外侧接缝不宜在同一根竖向龙骨上。

（4）木骨架组合墙体施工应符合现行国家标准《木骨架组合墙体技术规范》GB/T 50361 的规定。

条文链接 ★10.5.6

根据《木骨架组合墙体技术规范》GB/T 50361 的有关规定：

（1）墙体的制作和施工应符合下列要求：

1）在木骨架制作前应检测木材的含水率、虫蛀、裂纹等质量是否符合设计要求。当木材含水率超过本规范规定时，应进行烘干处理，施工中木材应注意防水、防潮。

2）木骨架的上、下边框和立柱与墙面板接触的表面应按设计要求的尺寸刨平、刨光。木骨架构件截面尺寸的负偏差不应大于2m。

3）根据施工条件，木骨架可工厂预制或现场制作组装。

（2）木骨架的安装应符合下列要求：

1）木骨架安装前应按安装线安装好塑料垫，待木骨架安装固定后用密封剂和密封条填严、填满四周连接缝。

2）木骨架安装完成后应按本规范规定检测其垂直方向和水平方向的垂直度。两表面应平整、光洁，表面平整度偏差应小于3mm。

（3）9 木骨架组合墙体工厂预制与现场安装应符合下列要求：

1）当用销钉固定时，应按设计要求在混凝土楼板或梁上预留孔洞。预留孔位置偏差不应大于10mm。

2）当用自钻自攻螺钉或膨胀螺钉固定时，墙体按设计要求定位后，应将木骨架边框与主体结构构件一起钻孔，再进行固定。

3）预制墙体在吊运过程中，应避免碰坏墙体的边角、墙面或震裂墙面板，应保证每面墙体完好无损。

10.5.7　幕墙安装应符合下列规定：

（1）玻璃幕墙安装应符合现行行业标准《玻璃幕墙工程技术规范》JGJ 102 的规定。

（2）金属与石材幕墙安装应符合现行行业标准《金属与石材幕墙工程技术规范》JGJ 133 的规定。

（3）人造板材幕墙安装应符合现行行业标准《人造板材幕墙工程技术规范》JGJ 336 的规定。

条文链接 ★10.5.7

根据《金属与石材幕墙工程技术规范》JGJ 133 的有关规定：

（1）金属、石材幕墙与主体结构连接的预埋件，应在主体结构施工时按设计要求埋设。预埋件应牢固，位置准确，预埋件的位置误差应按设计要求进行复查。当设计无明确要求时，预埋件的标高偏差不应大于10mm，预埋件位置差不应大于20mm。

（2）金属板与石板安装应符合下列规定：

1）应对横竖连接件进行检查、测量、调整。

2）金属板、石板安装时，左右、上下的偏差不应大于1.5mm。

3）金属板、石板空缝安装时，必须有防水措施，并应有符合设计要求的排水出口。

4）填充硅酮耐候密封胶时，金属板、石板缝的宽度、厚度应根据硅酮耐候密封胶的技术参数，经计算后确定。

10.5.8　外门窗安装应符合下列规定：

（1）铝合金门窗安装应符合现行行业标准《铝合金门窗工程技术规范》JGJ 214 的规定。

（2）塑料门窗安装应符合现行行业标准《塑料门窗工程技术规程》JGJ 103 的规定。

条文链接 ★10.5.8

根据《铝合金门窗工程技术规范》JGJ 214 的有关规定：

（1）铝合金门窗工程不得采用边砌口边安装或先安装后砌口的施工方法。

（2）铝合金门窗安装宜采用干法施工方式。

（3）铝合金门窗的安装施工宜在室内侧或洞口内进行。

（4）门窗应启闭灵活、无卡滞。

根据《塑料门窗工程技术规程》JGJ 103 的有关规定：

（1）推拉门窗扇必须有防脱落装置。

（2）安装滑撑时，紧固螺钉必须使用不锈钢材质，并应与框扇增强型钢或内衬局部加强钢板可靠连接。螺钉与框扇连接处应进行防水密封处理。

10.5.9 轻质隔墙部品的安装应符合下列规定：

（1）条板隔墙的安装应符合现行行业标准《建筑轻质条板隔墙技术规程》JGJ/T 157 的有关规定。

（2）龙骨隔墙安装应符合下列规定：

1）龙骨骨架应与主体结构连接牢固，并应垂直、平整、位置准确。

2）龙骨的间距应满足设计要求。

3）门、窗洞口等位置应采用双排竖向龙骨。

4）壁挂设备、装饰物等的安装位置应设置加固措施。

5）隔墙饰面板安装前，隔墙板内管线应进行隐蔽工程验收。

6）面板拼缝应错缝设置，当采用双层面板安装时，上下层板的接缝应错开。

条文链接 ★10.5.9

根据《建筑轻质条板隔墙技术规程》JGJ/T 157 的有关规定：

条板隔墙安装应符合下列规定：

（1）应按排板图在地面及顶棚板面上放线，条板应从主体墙、柱的一端向另一端按顺序安装；当有门洞口时，宜从门洞口向两侧安装。

（2）应先安装定位板；可在条板的企口处、板的顶面均匀满刮粘结材料，空心条板的上端宜局部封孔，上下对准定位线立板；条板下端距地面的预留安装间隙宜保持在 30～60mm，并可根据需要调整。

（3）可在条板下部打入木楔，并应楔紧，且木楔的位置应选择在条板的实心肋处。

（4）应利用木楔调整位置，两个木楔为一组，使条板就位，可将板垂直向上挤压，顶紧梁、板底部，调整好板的垂直度后再固定。

（5）应按顺序安装条板，将板榫槽对准榫头拼接，条板与条板之间应紧密连接；应调整好垂直度和相邻板面的平整度，并应待条板的垂直度、平整度检验合格后，再安装下一块条板。

（6）应按排板图在条板与顶板、结构梁，主体墙、柱的连接处设置定位钢卡、抗震钢卡。

（7）板与板之间的对接缝隙内应填满、灌实粘结材料，板缝间隙应揉挤严密，被挤出的粘结材料应刮平勾实。

（8）条板隔墙与楼地面空隙处，可用干硬性细石混凝土填实。

（9）木楔可在立板养护 3d 后取出，并应填实楔孔。

10.5.10 吊顶部品的安装应符合下列规定：

（1）装配式吊顶龙骨应与主体结构固定牢靠。

（2）超过 3kg 的灯具、电扇及其他设备应设置独立吊挂结构。

（3）饰面板安装前应完成吊顶内管道、管线施工，并经隐蔽验收合格。

10.5.11　架空地板部品的安装应符合下列规定：

（1）安装前应完成架空层内管线敷设，且应经隐蔽验收合格。

（2）地板辐射供暖系统应对地暖加热管进行水压试验并隐蔽验收合格后铺设面层。

10.6　设备与管线安装

10.6.1　设备与管线施工质量应符合设计文件和现行国家标准《建筑给水排水及采暖工程施工质量验收规范》GB 50242、《通风与空调工程施工质量验收规范》GB 50243、《智能建筑工程施工规范》GB 50606、《智能建筑工程质量验收规范》GB 50339、《建筑电气工程施工质量验收规范》GB 50303 和《火灾自动报警系统施工及验收规范》GB 50166 的规定。

10.6.2　设备与管线需要与结构构件连接时宜采用预留埋件的连接方式。当采用其他连接方法时，不得影响混凝土构件的完整性与结构的安全性。

10.6.3　设备与管线施工前应按设计文件核对设备及管线参数，并应对结构构件预埋套管及预留孔洞的尺寸、位置进行复核，合格后方可施工。

10.6.4　室内架空地板内排水管道支（托）架及管座（墩）的安装应按排水坡度排列整齐，支（托）架与管道接触紧密，非金属排水管道采用金属支架时，应在与管外径接触处设置橡胶垫片。

10.6.5　隐蔽在装饰墙体内的管道，其安装应牢固可靠。管道安装部位的装饰结构应采取方便更换、维修的措施。

10.6.6　当管线需埋置在桁架钢筋混凝土叠合板后浇混凝土中时，应设置在桁架上弦钢筋下方，管线之间不宜交叉。

10.6.7　防雷引下线、防侧击雷、等电位连接施工应与预制构件安装配合。利用预制柱、预制梁、预制墙板内钢筋作为防雷引下线、接地线时，应按设计要求进行预埋和跨接，并进行引下线导通性试验，保证连接的可靠性。

条文解读

▲10.6.7

需等电位连接的部件与局部等电位端子箱的接地端子可用导线直接连接，保证连接的可靠性。

10.7　成品保护

10.7.1　交叉作业时，应做好工序交接，不得对已完成工序的成品、半成品造成破坏。

条文解读

▲10.7.1

交叉作业时，应做好工序交接，做好已完部位移交单，各工种之间明确责任主体。

10.7.2　在装配式混凝土建筑施工全过程中，应采取防止预制构件、部品及预制构件上的建筑附件、预埋件、预埋吊件等损伤或污染的保护措施。

10.7.3　预制构件饰面砖、石材、涂刷、门窗等处宜采用贴膜保护或其他专业材料保护。安装完成后，门窗框应采用槽形木框保护。

条文解读

▲10.7.3

饰面砖保护应选用无褪色或污染的材料，以防揭膜后，饰面砖表面被污染。

10.7.4 连接止水条、高低口、墙体转角等薄弱部位，应采用定型保护垫块或专用式套件作加强保护。

10.7.5 预制楼梯饰面应采用铺设木板或其他覆盖形式的成品保护措施。楼梯安装后，踏步口宜铺设木条或其他覆盖形式保护。

10.7.6 遇有大风、大雨、大雪等恶劣天气时，应采取有效措施对存放预制构件成品进行保护。

10.7.7 装配式混凝土建筑的预制构件和部品在安装施工过程、施工完成后，不应受到施工机具碰撞。

10.7.8 施工梯架、工程用的物料等不得支撑、顶压或斜靠在部品上。

10.7.9 当进行混凝土地面等施工时，应防止物料污染、损坏预制构件和部品表面。

10.8 施工安全与环境保护

10.8.1 装配式混凝土建筑施工应执行国家、地方、行业和企业的安全生产法规和规章制度，落实各级各类人员的安全生产责任制。

10.8.2 施工单位应根据工程施工特点对重大危险源进行分析并予以公示，并制定相对应的安全生产应急预案。

条文解读

▲10.8.2

施工企业应对危险源进行辨识、分析，提出应对处理措施，制定应急预案，并根据应急预案进行演练。

10.8.3 施工单位应对从事预制构件吊装作业及相关人员进行安全培训与交底，识别预制构件进场、卸车、存放、吊装、就位各环节的作业风险，并制定防控措施。

10.8.4 安装作业开始前，应对安装作业区进行围护并做出明显的标识，拉警戒线，根据危险源级别安排旁站，严禁与安装作业无关的人员进入。

条文解读

▲10.8.4

构件吊运时，吊机回转半径范围内，为非作业人员禁止入内区域，以防坠物伤人。

10.8.5 施工作业使用的专用吊具、吊索、定型工具式支撑、支架等，应进行安全验算，使用中进行定期、不定期检查，确保其安全状态。

条文解读

▲10.8.5

装配式构件或体系选用的支撑应经计算符合受力要求，架身组合后，经验收、挂牌后使用。

10.8.6 吊装作业安全应符合下列规定：

（1）预制构件起吊后，应先将预制构件提升300mm左右后，停稳构件，检查钢丝绳、吊具和预制构件状态，确认吊具安全且构件平稳后，方可缓慢提升构件。

（2）吊机吊装区域内，非作业人员严禁进入；吊运预制构件时，构件下方严禁站人，应待预制构件降落至距地面1m以内方准作业人员靠近，就位固定后方可脱钩。

（3）高空应通过揽风绳改变预制构件方向，严禁高空直接用手扶预制构件。

（4）遇到雨、雪、雾天气，或者风力大于5级时，不得进行吊装作业。

10.8.7 夹芯保温外墙板后浇混凝土连接节点区域的钢筋连接施工时，不得采用焊接连接。

条文解读

▲10.8.7

钢筋焊接作业时产生的火花极易引燃或损坏夹芯保温外墙板中的保温层。

10.8.8 预制构件安装施工期间，噪声控制应符合现行国家标准《建筑施工场界环境噪声排放标准》GB 12523 的规定。

条文解读

▲10.8.8

运转的机械设备和运输工具等是主要的噪声源，控制它们的噪声有两条途径：一是改进结构，提高其中部件的加工精度和装配质量，采用合理的操作方法等，以降低声源的噪声发射功率。二是利用声的吸收、反射、干涉等特性，采用吸声、隔声、减振、隔振等技术，以及安装消声器等，以控制声源的噪声辐射。

采用各种噪声控制方法，可以收到不同的降噪效果。如将机械传动部分的普通齿轮改为有弹性轴套的齿轮，可降低噪声 15～20dB；把铆接改成焊接，把锻打改成摩擦压力加工等，一般可减低噪声 30～40dB。

条文链接 **★10.8.8**

根据《建筑施工场界环境噪声排放标准》GB 12523 的有关规定：

（1）建筑施工过程中场界环境噪声不得超过表 1-79 规定的排放限值。

表 1-79 建筑施工场界环境噪声排放限值

昼间/dB	夜间/dB
70	55

（2）夜间噪声最大声级超过限值的幅度不得高于 15dB。

（3）当场界距噪声敏感建筑物较近，其室外不满足测量条件时，可在噪声敏感建筑物室内测量，并将表 1-79 中相应的限值减 10dB 作为评价依据。

10.8.9 施工现场应加强对废水、污水的管理，现场应设置污水池和排水沟。废水、废弃涂料、胶料应统一处理，严禁未经处理直接排入下水管道。

条文解读

▲10.8.9

严禁施工现场产生的废水、污水不经处理排放，影响正常生产、生活以及生态系统平衡的现象。

10.8.10 夜间施工时，应防止光污染对周边居民的影响。

条文解读

▲10.8.10

预制构件安装过程中常见的光污染主要是可见光、夜间现场照明灯光、汽车前照灯光、电焊产生的强光等。可见光的亮度过高或过低，对比过强或过弱时，都有损人体健康。

10.8.11 预制构件运输过程中，应保持车辆整洁，防止对场内道路的污染，并减少扬尘。

10.8.12 预制构件安装过程中废弃物等应进行分类回收。施工中产生的胶粘剂、稀释剂等易燃易爆废弃物应及时收集送至指定储存器内并按规定回收，严禁丢弃未经处理的废弃物。

11 质量验收

11.1 一般规定

11.1.1 装配式混凝土建筑施工应按现行国家标准《建筑工程施工质量验收统一标准》GB 50300的有关规定进行单位工程、分部工程、分项工程和检验批的划分和质量验收。

11.1.2 装配式混凝土建筑的装饰装修、机电安装等分部工程应按国家现行有关标准进行质量验收。

11.1.3 装配式混凝土结构工程应按混凝土结构子分部工程进行验收，装配式混凝土结构部分应按混凝土结构子分部工程的分项工程验收，混凝土结构子分部中其他分项工程应符合现行国家标准《混凝土结构工程施工质量验收规范》GB 50204 的有关规定。

条文链接 ★**11.1.3**

根据《混凝土结构工程施工质量验收规范》GB 50204 的有关规定：

混凝土结构子分部工程施工质量验收合格应符合下列规定：

（1）所含分项工程质量验收应合格。

（2）应有完整的质量控制资料。

（3）观感质量验收应合格。

（4）结构实体检验结果应符合本规范第10.1节的要求。

11.1.4 装配式混凝土结构工程施工用的原材料、部品、构（配）件均应按检验批进行进场验收。

11.1.5 装配式混凝土结构连接节点及叠合构件浇筑混凝土前，应进行隐蔽工程验收。隐蔽工程验收应包括下列主要内容：

（1）混凝土粗糙面的质量，键槽的尺寸、数量、位置。

（2）钢筋的牌号、规格、数量、位置、间距，箍筋弯钩的弯折角度及平直段长度。

（3）钢筋的连接方式、接头位置、接头数量、接头面积百分率、搭接长度、锚固方式及锚固长度。

（4）预埋件、预留管线的规格、数量、位置。

（5）预制混凝土构件接缝处防水、防火等构造做法。

（6）保温及其节点施工。

（7）其他隐蔽项目。

条文解读

▲**11.1.5**

本条规定的验收内容涉及采用后浇混凝土连接及采用叠合构件的装配整体式结构，隐蔽工程反映钢筋、现浇结构分项工程施工的综合质量，后浇混凝土处的钢筋既包括预制构件外伸的钢筋，也包括后浇混凝土中设置的纵向钢筋和箍筋。在浇筑混凝土之前进行隐蔽工程验收是为了确保其连接构造性能满足设计要求。

11.1.6 混凝土结构子分部工程验收时，除应符合现行国家标准《混凝土结构工程施工质量验收规范》GB 50204 的有关规定提供文件和记录外，尚应提供下列文件和记录：

（1）工程设计文件、预制构件安装施工图和加工制作详图。

（2）预制构件、主要材料及配件的质量证明文件、进场验收记录、抽样复验报告。

（3）预制构件安装施工记录。

（4）钢筋套筒灌浆型式检验报告、工艺检验报告和施工检验记录，浆锚搭接连接的施工检验记录。

（5）后浇混凝土部位的隐蔽工程检查验收文件。

（6）后浇混凝土、灌浆料、坐浆材料强度检测报告。

（7）外墙防水施工质量检验记录。

（8）装配式结构分项工程质量验收文件。

（9）装配式工程的重大质量问题的处理方案和验收记录。

（10）装配式工程的其他文件和记录。

条文链接 ★11.1.6

根据《混凝土结构工程施工质量验收规范》GB 50204的有关规定：

（1）混凝土结构子分部工程可划分为模板、钢筋、预应力、混凝土、现浇结构和装配式结构等分项工程。各分项工程可根据与生产和施工方式相一致且便于控制施工质量的原则，按进场批次、工作班、楼层、结构缝或施工段划分为若干检验批。

（2）混凝土结构子分部工程的质量验收，应在钢筋、预应力、混凝土、现浇结构和装配式结构等相关分项工程验收合格的基础上，进行质量控制资料检查、观感质量验收及本规范第10.1节规定的结构实体检验。

11.2 预制构件

主控项目

11.2.1 专业企业生产的预制构件，进场时应检查质量证明文件。

检查数量：全数检查。

检验方法：检查质量证明文件或质量验收记录。

条文解读

▲11.2.1

对专业企业生产的预制构件，质量证明文件包括产品合格证明书、混凝土强度检验报告及其他重要检验报告等；预制构件的钢筋、混凝土原材料、预应力材料、预埋件等均应参照本标准及国家现行有关标准的有关规定进行检验，其检验报告在预制构件进场时可不提供，但应在构件生产单位存档保留，以便需要时查阅。

11.2.2 专业企业生产的预制构件进场时，预制构件结构性能检验应符合下列规定：

（1）梁板类简支受弯预制构件进场时应进行结构性能检验，并应符合下列规定：

1）结构性能检验应符合国家现行有关标准的有关规定及设计的要求，检验要求和试验方法应符合现行国家标准《混凝土结构工程施工质量验收规范》GB 50204的有关规定。

2）钢筋混凝土构件和允许出现裂缝的预应力混凝土构件应进行承载力、挠度和裂缝宽度检验；不允许出现裂缝的预应力混凝土构件应进行承载力、挠度和抗裂检验。

3）对大型构件及有可靠应用经验的构件，可只进行裂缝宽度、抗裂和挠度检验。

4）对使用数量较少的构件，当能提供可靠依据时，可不进行结构性能检验。

5）对多个工程共同使用的同类型预制构件，结构性能检验可共同委托，其结果对多个工程共同有效。

（2）对于不可单独使用的叠合板预制底板，可不进行结构性能检验。对叠合梁构件，是否进行结构性能检验、结构性能检验的方式应根据设计要求确定。

（3）对本条第1、2款之外的其他预制构件，除设计有专门要求外，进场时可不做结构性能检验。

（4）本条第1、2、3款规定中不做结构性能检验的预制构件，应采取下列措施：

1）施工单位或监理单位代表应驻厂监督生产过程。

2）当无驻厂监督时，预制构件进场时应对其主要受力钢筋数量、规格、间距、保护层厚度及混凝土强度等进行实体检验。

检验数量：同一类型预制构件不超过1000个为一批，每批随机抽取1个构件进行结构性能检验。

检验方法：检查结构性能检验报告或实体检验报告。

注："同类型"是指同一钢种、同一混凝土强度等级、同一生产工艺和同一结构形式。抽取预制构件时，宜从设计荷载最大、受力最不利或生产数量最多的预制构件中抽取。

条文解读

▲11.2.2

本条规定了专业企业生产预制构件进场时的结构性能检验要求。结构性能检验通常应在构件进场时进行，但考虑检验方便，工程中多在各方参与下在预制构件生产场地进行。

考虑构件特点及加载检验条件，本条仅提出了梁板类非叠合简支受弯预制构件的结构性能检验要求。本条还对非叠合简支梁板类受弯预制构件提出了结构性能检验的简化条件：大型构件一般指跨度大于18m的构件；可靠应用经验是指该单位生产的标准构件在其他工程已多次应用，如预制楼梯、预制空心板、预制双T板等；使用数量较少一般指数量在50件以内，近期完成的合格结构性能检验报告可作为可靠依据。不做结构性能检验时，尚应符合本条第（4）款的规定。

本条第（2）款的"不单独使用的叠合预制底板"主要包括桁架钢筋叠合底板和各类预应力叠合楼板用薄板、带肋板。由于此类构件刚度较小，且板类构件强度与混凝土强度相关性不大，很难通过加载方式对结构受力性能进行检验，故本条规定可不进行结构性能检验。对于可单独使用，也可作为叠合楼板使用的预应力空心板、双T板，按本条第1款的规定对构件进行结构性能检验，检验时不浇后浇层，仅检验预制构件。对叠合梁构件，由于情况复杂，本条规定是否进行结构性能检验、结构性能检验的方式由设计确定。

根据本条第（1）、（2）款的规定，工程中需要做结构性能检验的构件主要有预制梁、预制楼梯、预应力空心板、预应力双T板等简支受弯构件。其他预制构件除设计有专门要求外，进场时可不做结构性能检验。

条文链接 **★11.2.2**

根据《混凝土结构工程施工质量验收规范》GB 50204的有关规定：

可参考附录B——受弯预制构件结构性能检验、附录D——结构实体混凝土回弹-取芯法强度检验、附录E——结构实体钢筋保护层厚度检验。

11.2.3 预制构件的混凝土外观质量不应有严重缺陷，且不应有影响结构性能和安装、使用功能的尺寸偏差。

检查数量：全数检查。

检验方法：观察、尺量；检查处理记录。

条文解读

▲11.2.3

对于出现的外观质量严重缺陷、影响结构性能和安装、使用功能的尺寸偏差，以及拉结件类别、数量和位置有不符合设计要求的情形应作退场处理。如经设计同意可以进行修理使用，则应制定处理方案并获得监理确认后，预制构件生产单位应按技术处理方案处理，修理后应重新验收。

11.2.4　预制构件表面预贴饰面砖、石材等饰面与混凝土的粘结性能应符合设计和国家现行有关标准的规定。

检查数量：按批检查。

检验方法：检查拉拔强度检验报告。

条文解读

▲11.2.4

预制构件外贴材料等应在进场时按设计要求对预制构件产品全数检查，合格后方可使用，避免在构件安装时发现问题造成不必要的损失。

一般项目

11.2.5　预制构件外观质量不应有一般缺陷，对出现的一般缺陷应要求构件生产单位按技术处理方案进行处理，并重新检查验收。

检查数量：全数检查。

检验方法：观察，检查技术处理方案和处理记录。

11.2.6　预制构件粗糙面的外观质量、键槽的外观质量和数量应符合设计要求。

检查数量：全数检查。

检验方法：观察，量测。

11.2.7　预制构件表面预贴饰面砖、石材等饰面及装饰混凝土饰面的外观质量应符合设计要求或国家现行有关标准的规定。

检查数量：按批检查。

检验方法：观察或轻击检查；与样板比对。

条文解读

▲11.2.7

预制构件的装饰外观质量应在进场时按设计要求对预制构件产品全数检查，合格后方可使用。如果出现偏差情况，应和设计协商相应处理方案，如设计不同意处理应作退场报废处理。

11.2.8　预制构件上的预埋件、预留插筋、预留孔洞、预埋管线等规格型号、数量应符合设计要求。

检查数量：按批检查。

检验方法：观察、尺量；检查产品合格证。

条文解读

▲11.2.8

预制构件的预留、预埋件等应在进场时按设计要求对每件预制构件产品全数检查，合格后方可使用，避免在构件安装时发现问题造成不必要的损失。

对于预埋件和预留孔洞等项目验收出现问题时，应和设计协商相应处理方案，如设计不同意处理应作退场报废处理。检查数量：按照进场检验批，同一规格（品种）的构件每次抽检数量不应少于该规格（品种）数量的5%，且不少于3件。

11.2.9　预制板类、墙板类、梁柱类构件外形尺寸偏差和检验方法应分别符合表1-69～表1-71的规定。

检查数量：按照进场检验批，同一规格（品种）的构件每次抽检数量不应少于该规格（品种）数量的5%且不少于3件。

11.2.10　装饰构件的装饰外观尺寸偏差和检验方法应符合设计要求；当设计无具体要求时，

应符合表 1-72 的规定。

检查数量：按照进场检验批，同一规格（品种）的构件每次抽检数量不应少于该规格（品种）数量的 10% 且不少于 5 件。

条文解读

▲11.2.9～11.2.10

预制构件的一般项目验收应在预制工厂出厂检验的基础上进行，现场验收时应按规定填写检验记录。对于部分项目不满足标准规定时，可以允许厂家按要求进行修理，但应责令预制构件生产单位制定产品出厂质量管理的预防纠正措施。

预制构件的外观质量一般缺陷应按产品标准规定全数检验；当构件没有产品标准或现场制作时，应按现浇结构构件的外观质量要求检查和处理。

预制构件尺寸偏差和预制构件上的预留孔、预留洞、预埋件、预留插筋、键槽位置偏差等基本要求应进行抽样检验。如根据具体工程要求提出高于标准规定时，应按设计要求或合同规定执行。

装配整体式结构中预制构件与后浇混凝土结合的界面统称为结合面，结合面的表面一般要求在预制构件上设置粗糙面或键槽，同时还需要配置抗剪或抗拉钢筋等以确保结构连接构造的整体性设计要求。

构件尺寸偏差设计有专门规定的，尚应符合设计要求。预制构件有粗糙面时，与粗糙面相关的尺寸允许偏差可适当放宽。

11.3 预制构件安装与连接

主控项目

11.3.1 预制构件临时固定措施应符合设计、专项施工方案要求及国家现行有关标准的规定。

检查数量：全数检查。

检验方法：观察检查，检查施工方案、施工记录或设计文件。

条文解读

▲11.3.1

临时固定措施是装配式混凝土结构安装过程中承受施工荷载、保证构件定位、确保施工安全的有效措施。临时支撑是常用的临时固定措施，包括水平构件下方的临时竖向支撑、水平构件两端支撑构件上设置的临时牛腿、竖向构件的临时斜撑等。

11.3.2 装配式结构采用后浇混凝土连接时，构件连接处后浇混凝土的强度应符合设计要求。

检查数量：按批检验。

检验方法：应符合现行国家标准《混凝土强度检验评定标准》GB/T 50107 的有关规定。

条文解读

▲11.3.2

装配整体式混凝土结构节点区的后浇混凝土质量控制非常重要，不但要求其与预制构件的结合面紧密结合，还要求其自身浇筑密实，更重要的是要控制混凝土强度指标。当后浇混凝土和现浇结构采用相同强度等级混凝土浇筑时，此时可以采用现浇结构的混凝土试块强度进行评定；对有特殊要求的后浇混凝土应单独制作试块进行检验评定。

11.3.3 钢筋采用套筒灌浆连接、浆锚搭接连接时，灌浆应饱满、密实，所有出口均应出浆。

检查数量：全数检查。

检验方法：检查灌浆施工质量检查记录、有关检验报告。

11.3.4 钢筋套筒灌浆连接及浆锚搭接连接用的灌浆料强度应符合国家现行有关标准的规定及设计要求。

检查数量：按批检验，以每层为一检验批；每工作班应制作1组且每层不应少于3组40mm×40mm×160mm的长方体试件，标准养护28d后进行抗压强度试验。

检验方法：检查灌浆料强度试验报告及评定记录。

条文解读

▲11.3.3～11.3.4

钢筋套筒灌浆连接和浆锚搭接连接是装配式混凝土结构的重要连接方式，灌浆质量的好坏对结构的整体性影响非常大，应采取措施保证孔道的灌浆密实。

钢筋采用套筒灌浆连接或浆锚搭接连接时，连接接头的质量及传力性能是影响装配式混凝土结构受力性能的关键，应严格控制。

条文链接 **★11.3.3～11.3.4**

参考第一部分5.4.4条的条文链接。

11.3.5 预制构件底部接缝坐浆强度应满足设计要求。

检查数量：按批检验，以每层为一检验批；每工作班同一配合比应制作1组且每层不应少于3组边长为70.7mm的立方体试件，标准养护28d后进行抗压强度试验。

检验方法：检查坐浆材料强度试验报告及评定记录。

条文解读

▲11.3.5

接缝采用坐浆连接时，如果希望坐浆满足竖向传力要求，则应对坐浆的强度提出明确的设计要求。对于不需要传力的填缝砂浆可以按构造要求规定其强度指标。施工时应采取措施确保坐浆在接缝部位饱满密实，并加强养护。

11.3.6 钢筋采用机械连接时，其接头质量应符合现行行业标准《钢筋机械连接技术规程》JGJ 107的有关规定。

检查数量：应符合现行行业标准《钢筋机械连接技术规程》JGJ 107的有关规定。

检验方法：检查钢筋机械连接施工记录及平行试件的强度试验报告。

11.3.7 钢筋采用焊接连接时，其焊缝的接头质量应满足设计要求，并应符合现行行业标准《钢筋焊接及验收规程》JGJ 18的有关规定。

检查数量：应符合现行行业标准《钢筋焊接及验收规程》JGJ 18的有关规定。

检验方法：检查钢筋焊接接头检验批质量验收记录。

11.3.8 预制构件采用型钢焊接连接时，型钢焊缝的接头质量应满足设计要求，并应符合现行国家标准《钢结构焊接规范》GB 50661和《钢结构工程施工质量验收规范》GB 50205的有关规定。

检查数量：全数检查。

检验方法：应符合现行国家标准《钢结构工程施工质量验收规范》GB 50205的有关规定。

11.3.9 预制构件采用螺栓连接时，螺栓的材质、规格、拧紧力矩应符合设计要求及现行国家标准《钢结构设计规范》GB 50017和《钢结构工程施工质量验收规范》GB 50205的有关规定。

检查数量：全数检查。

检验方法：应符合现行国家标准《钢结构工程施工质量验收规范》GB 50205的有关规定。

条文解读

▲11.3.6～11.3.9

考虑到装配式混凝土结构中钢筋或型钢焊接连接的特殊性，很难做到连接试件原位截取，故要求制作平行加工试件。平行加工试件应与实际钢筋连接接头的施工环境相似，并宜在工程结构附近制作。

条文链接 ★11.3.8

根据《钢结构工程施工质量验收规范》GB 50205 的有关规定：

钢结构焊接工程可按相应的钢结构制作或安装工程检验批的划分原则划分为一个或若干个检验批。

根据《钢筋焊接及验收规程》JGJ 18 的有关规定：

（1）钢筋闪光对焊接头、电弧焊接头、电渣压力焊接头、气压焊接头、箍筋闪光对焊接头、预埋件钢筋T形接头的拉伸试验，应从每一检验批接头中随机切取三个接头进行试验并应按下列规定对试验结果进行评定：

1）符合下列条件之一，应评定该检验批接头拉伸试验合格：

①3个试件均断于钢筋母材，呈延性断裂，其抗拉强度大于或等于钢筋母材抗拉强度标准值。

②2个试件断于钢筋母材，呈延性断裂，其抗拉强度大于或等于钢筋母材抗拉强度标准值；另一试件断于焊缝，呈脆性断裂，其抗拉强度大于或等于钢筋母材抗拉强度标准值的1.0倍。

注：试件断于热影响区，呈延性断裂，应视作与断于钢筋母材等同；试件断于热影响区，呈脆性断裂，应视作与断于焊缝等同。

2）符合下列条件之一，应进行复验：

①2个试件断于钢筋母材，呈延性断裂，其抗拉强度大于或等于钢筋母材抗拉强度标准值；另一试件断于焊缝，或热影响区，呈脆性断裂，其抗拉强度小于钢筋母材抗拉强度标准值的1.0倍。

②1个试件断于钢筋母材，呈延性断裂，其抗拉强度大于或等于钢筋母材抗拉强度标准值；另2个试件断于焊缝或热影响区，呈脆性断裂。

3）3个试件均断于焊缝，呈脆性断裂，其抗拉强度均大于或等于钢筋母材抗拉强度标准值的1.0倍，应进行复验。当3个试件中有1个试件抗拉强度小于钢筋母材抗拉强度标准值的1.0倍，应评定该检验批接头拉伸试验不合格。

4）复验时，应切取6个试件进行试验。试验结果，若有4个或4个以上试件断于钢筋母材，呈延性断裂，其抗拉强度大于或等于钢筋母材抗拉强度标准值。另2个或2个以下试件断于焊缝。呈脆性断裂，其抗拉强度大于或等于钢筋母材抗拉强度标准值的1.0倍，应评定该检验批接头拉伸试验复验合格。

5）可焊接余热处理钢筋RRB400W焊接接头拉伸试验结果，其抗拉强度应符合同级别热轧带肋钢筋抗拉强度标准值540MPa的规定。

6）预埋件钢筋T形接头拉伸试验结果，3个试件的抗拉强度均大于或等于表1-80的规定值时，应评定该检验批接头拉伸试验合格。若有一个接头试件抗拉强度小于表1-81的规定值时，应进行复验。

表1-80　预埋件钢筋T形接头抗拉强度规定值

钢筋牌号	抗拉强度规定值/MPa
HPB300	400
HRB335、HRBF335	435

条文链接

（续）

钢筋牌号	抗拉强度规定值/MPa
HRB400、HRBF400	520
HRB500、HRBF500	610
RRB400W	520

复验时，应切取6个试件进行试验。复验结果，其抗拉强度均大于或等于表1-80的规定值时，应评定该检验批接头拉伸试验复验合格。

（2）钢筋闪光对焊接头、气压焊接头进行弯曲试验时，应从每一个检验批接头中随机切取3个接头，焊缝应处于弯曲中心点，弯心直径和弯曲角度应符合表1-81的规定。

表1-81　接头弯曲试验指标

钢筋牌号	弯心直径	弯曲角度（°）
HPB300	$2d$	90
HRB335、HRBF335	$4d$	90
HRB400、HRBF400、RRB400W	$5d$	90
HRB500、HRBF500	$7d$	90

注：1. d为钢筋直径（mm）。
2. 直径大于25mm的钢筋焊接接头，弯心直径应增加1倍钢筋直径。

弯曲试验结果应按下列规定进行评定：

1）当试验结果，弯曲至90°，有2个或3个试件外侧（含焊缝和热影响区）未发生宽度达到0.5mm的裂纹，应评定该检验批接头弯曲试验合格。

2）当有2个试件发生宽度达到0.5mm的裂纹，应进行复验。

3）当有3个试件发生宽度达到0.5mm的裂纹，应评定该检验批接头弯曲试验不合格。

4）复验时，应切取6个试件进行试验。复验结果，当不超过2个试件发生宽度达到0.5mm的裂纹时，应评定该检验批接头弯曲试验复验合格。

（3）钢筋焊接接头或焊接制品质量验收时，应在施工单位自行质量评定合格的基础上，由监理（建设）单位对检验批有关资料进行检查，组织项目专业质量检查员等进行验收，并应按本规程附录A规定记录。

参考第一部分5.4.4、10.4.4条的条文链接。

11.3.10　装配式结构分项工程的外观质量不应有严重缺陷，且不得有影响结构性能和使用功能的尺寸偏差。

检查数量：全数检查。

检验方法：观察、量测；检查处理记录。

条文链接 ★11.3.10

参考第一部分10.2.2条的条文链接。

11.3.11　外墙板接缝的防水性能应符合设计要求。

检验数量：按批检验。每1000m² 外墙（含窗）面积应划分为一个检验批，不足1000m² 时也应划分为一个检验批；每个检验批应至少抽查一处，抽查部位应为相邻两层4块墙板形成的水平和竖向十字接缝区域，面积不得少于10m²。

检验方法：检查现场淋水试验报告。

条文解读

▲11.3.11

装配式混凝土结构的接缝防水施工是非常关键的质量检验内容，是保证装配式外墙防水性能的关键，施工时应按设计要求进行选材和施工，并采取严格的检验验证措施。考虑到此项验收内容与结构施工密切相关，应按设计及有关防水施工要求进行验收。

外墙板接缝的现场淋水试验应在精装修进场前完成，并应满足下列要求：淋水量应控制在3L/（m^2·min）以上，持续淋水时间为24h。某处淋水试验结束后，若背水面存在渗漏现象，应对该检验批的全部外墙板接缝进行淋水试验，并对所有渗漏点进行整改处理，并在整改完成后重新对渗漏的部位进行淋水试验，直至不再出现渗漏点为止。

一般项目

11.3.12 装配式结构分项工程的施工尺寸偏差及检验方法应符合设计要求；当设计无要求时，应符合表1-78的规定。

检查数量：按楼层、结构缝或施工段划分检验批。同一检验批内，对梁、柱，应抽查构件数量的10%，且不少于3件；对墙和板，应按有代表性的自然间抽查10%，且不少于3间；对大空间结构，墙可按相邻轴线间高度5m左右划分检查面，板可按纵、横轴线划分检查面，抽查10%，且均不少于3面。

11.3.13 装配式混凝土建筑的饰面外观质量应符合设计要求，并应符合现行国家标准《建筑装饰装修工程质量验收规范》GB 50210的有关规定。

检查数量：全数检查。

检验方法：观察、对比量测。

11.4 部品安装

11.4.1 装配式混凝土建筑的部品验收应分层分阶段开展。

11.4.2 部品质量验收应根据工程实际情况检查下列文件和记录：

（1）施工图或竣工图、性能试验报告、设计说明及其他设计文件。

（2）部品和配套材料的出厂合格证、进场验收记录。

（3）施工安装记录。

（4）隐蔽工程验收记录。

（5）施工过程中重大技术问题的处理文件、工作记录和工程变更记录。

11.4.3 部品验收分部分项划分应满足国家现行相关标准要求，检验批划分应符合下列规定：

（1）相同材料、工艺和施工条件的外围护部品每1000m^2应划分为一个检验批，不足1000m^2也应划分为一个检验批；每个检验批每100m^2应至少抽查一处，每处不得小于10m^2。

（2）住宅建筑装配式内装工程应进行分户验收，划分为一个检验批。

（3）公共建筑装配式内装工程应按照功能区间进行分段验收，划分为一个检验批。

（4）对于异形、多专业综合或有特殊要求的部品，国家现行相关标准未做出规定时，检验批的划分可根据部品的结构、工艺特点及工程规模，由建设单位组织监理单位和施工单位协商确定。

11.4.4 外围护部品应在验收前完成下列性能的试验和测试：

（1）抗风压性能、层间变形性能、耐撞击性能、耐火极限等实验室检测。

（2）连接件材性、锚栓拉拔强度等现场检测。

11.4.5 外围护部品验收根据工程实际情况进行下列现场试验和测试：

（1）饰面砖（板）的粘结强度测试。

（2）板接缝及外门窗安装部位的现场淋水试验。

（3）现场隔声测试。

（4）现场传热系数测试。

11.4.6　外围护部品应完成下列隐蔽项目的现场验收：

（1）预埋件。

（2）与主体结构的连接节点。

（3）与主体结构之间的封堵构造节点。

（4）变形缝及墙面转角处的构造节点。

（5）防雷装置。

（6）防火构造。

11.4.7　屋面应按现行国家标准《屋面工程质量验收规范》GB 50207 的规定进行验收。

条文链接　★**11.4.7**

根据《屋面工程质量验收规范》GB 50207 的有关规定：

（1）检查屋面有无渗漏、积水和排水系统是否通畅，应在雨后或持续淋水 2h 后进行，并应填写淋水试验记录。具备蓄水条件的檐沟、天沟应进行蓄水试验，蓄水时间不得少于 24h，并应填写蓄水试验记录。

（2）对安全与功能有特殊要求的建筑屋面，工程质量验收除应符合本规范的规定外，尚应按合同约定和设计要求进行专项检验（检测）和专项验收。

（3）屋面工程验收后，应填写分部工程质量验收记录，并应交建设单位和施工单位存档。

11.4.8　外围护系统的保温和隔热工程质量验收应按现行国家标准《建筑节能工程施工质量验收规范》GB 50411 的规定执行。

条文链接　★**11.4.8**

根据《建筑节能工程施工质量验收规范》GB 50411 的有关规定：

（1）建筑节能工程的检验批质量验收合格，应符合下列规定：

1）检验批应按主控项目和一般项目验收。

2）主控项目应全部合格。

3）一般项目应合格；当采用计数检验时，至少应有 90% 以上的检查点合格，且其余检查点不得有严重缺陷。

4）应具有完整的施工操作依据和质量验收记录。

（2）建筑节能分项工程质量验收合格，应符合下列规定：

1）分项工程所含的检验批均应合格。

2）分项工程所含检验批的质量验收记录应完整。

（3）建筑节能分部工程质量验收合格，应符合下列规定：

1）分项工程应全部合格。

2）质量控制资料应完整。

3）外墙节能构造现场实体检验结果应符合设计要求。

4）严寒、寒冷和夏热冬冷地区的外窗气密性现场实体检测结果应合格。

5）建筑设备工程系统节能性能检测结果应合格。

11.4.9　幕墙应按现行行业标准《玻璃幕墙工程技术规范》JGJ 102、《金属与石材幕墙工程技术规范》JGJ 133 和《人造板材幕墙工程技术规范》JGJ 336 的规定进行验收。

条文链接　★**11.4.9**

根据《玻璃幕墙工程技术规范》JGJ 102 的有关规定：

条文链接

(1) 玻璃幕墙验收时应提交下列资料:

1) 幕墙工程的竣工图或施工图、结构计算书、设计变更文件及其他设计文件。

2) 幕墙工程所用各种材料、附件及紧固件、构件及组件的产品合格证书、性能检测报告、进场验收记录和复验报告。

3) 进口硅酮结构胶的商检证;国家指定检测机构出具的硅酮结构胶相容性和剥离粘结性试验报告。

4) 后置埋件的现场拉拔检测报告。

5) 幕墙的风压变形性能、气密性能、水密性能检测报告及其他设计要求的性能检测报告。

6) 打胶、养护环境的温度、湿度记录;双组分硅酮结构胶的混匀性试验记录及拉断试验记录。

7) 防雷装置测试记录。

8) 隐蔽工程验收文件。

9) 幕墙构件和组件的加工制作记录;幕墙安装施工记录。

10) 张拉杆索体系预拉力张拉记录。

11) 淋水试验记录。

12) 其他质量保证资料。

(2) 玻璃幕墙工程质量检验应进行观感检验和抽样检验,并应按下列规定划分检验批,每幅玻璃幕墙均应检验。

1) 相同设计、材料、工艺和施工条件的玻璃幕墙工程每500~1000m^2为一个检验批,不足500m^2应划分为一个检验批。每个检验批每100m^2应至少抽查一处,每处不得少于10m^2。

2) 同一单位工程的不连续的幕墙工程应单独划分检验批。

3) 对于异形或有特殊要求的幕墙,检验批的划分应根据幕墙的结构、工艺特点及幕墙工程的规模,宜由监理单位、建设单位和施工单位协商确定。

11.4.10 外围护系统的门窗工程、涂饰工程应按现行国家标准《建筑装饰装修工程质量验收规范》GB 50210的规定进行验收。

条文链接 **★11.4.10**

根据《建筑装饰装修工程质量验收规范》GB 50210的有关规定:

(1) 有特殊要求的建筑装饰装修工程,竣工验收时应按合同约定加测相关技术指标。

(2) 建筑装饰装修工程的室内环境质量应符合国家现行标准《民用建筑工程室内环境污染控制规范》GB 50325的规定。

11.4.11 木骨架组合外墙系统应按现行国家标准《木骨架组合墙体技术规范》GB/T 50361的规定进行验收。

条文链接 **★11.4.11**

根据《木骨架组合墙体技术规范》GB/T 50361的有关规定:

木骨架组合墙体工程验收时,应提交下列技术文件,并应归档:

(1) 工程设计文件、设计变更通知单、工程承包合同。

(2) 工程施工组织设计文件、施工方案、技术交底记录。

(3) 主要材料的产品出厂合格证、材性试验或检测报告。

(4) 木骨架组合墙体施工质量的自检记录和测试报告。

11.4.12 蒸压加气混凝土外墙板应按现行行业标准《蒸压加气混凝土建筑应用技术规程》

JGJ/T 17 的规定进行验收。

条文链接 ★11.4.12

根据《蒸压加气混凝土建筑应用技术规程》JGJ/T 17 的有关规定：

屋面板施工时支座的平整度偏差不得大于5mm，屋面板相邻的平整度偏差不得大于3mm。

11.4.13 内装工程应按国家现行标准《建筑装饰装修工程质量验收规范》GB 50210、《建筑轻质条板隔墙技术规程》JGJ/T 157 和《公共建筑吊顶工程技术规程》JGJ 345 的有关规定进行验收。

条文链接 ★11.4.13

根据《公共建筑吊顶工程技术规程》JGJ 345 的有关规定：

吊顶工程应对下列隐蔽工程项目进行验收：

（1）吊顶内管道、设备的安装及水管试压、风管严密性检验。

（2）吊杆与承重结构的连接。

（3）吊杆安装。

（4）钢结构转换层及反支撑的设置及构造。

（5）龙骨安装。

（6）龙骨骨架完成后的起拱尺寸及平整度。

（7）整体面层吊顶工程中面板与龙骨固定及面板接缝处理。

（8）填充材料的设置。

11.4.14 室内环境的质量验收应在内装工程完成后进行，并应符合现行国家标准《民用建筑工程室内环境污染控制规范》GB 50325 的有关规定。

条文链接 ★11.4.14

根据《民用建筑工程室内环境污染控制规范》GB 50325 的有关规定：

民用建筑工程验收时，必须进行室内环境污染物浓度检测，其限量应符合表1-82的规定。

表1-82 民用建筑工程室内环境污染物浓度限量

污 染 物	Ⅰ类民用建筑工程	Ⅱ类民用建筑工程
氡/(Bq/m³)	≤200	≤400
甲醛/(mg/m³)	≤0.08	≤0.1
苯/(mg/m³)	≤0.09	≤0.09
氨/(mg/m³)	≤0.2	≤0.2
TVOC/(mg/m³)	≤0.5	≤0.6

注：1. 表中污染物浓度测量值，除氡外均指室内测量值扣除同步测定的室外上风向空气测量值（本底值）后的测量值。

2. 表中污染物浓度测量值的极限值判定，采用全数值比较法。

11.5 设备与管线安装

11.5.1 装配式混凝土建筑中涉及建筑给水排水及供暖、通风与空调、建筑电气、智能建筑、建筑节能、电梯等安装的施工质量验收应按其对应的分部工程进行验收。

11.5.2 给水排水及采暖工程的分部工程、分项工程、检验批质量验收等应符合现行国家标准《建筑给水排水及采暖工程施工质量验收规范》GB 50242 的有关规定。

条文链接 ★11.5.2

根据《建筑给水排水及采暖工程施工质量验收规范》GB 50242 的有关规定：

检验批、分项工程、分部（或子分部）工程质量的验收，均应在施工单位自检合格的基础上进行。并应按检验批、分项、分部（或子分部）、单位（或子单位）工程的程序进行验收，同时做好记录。

（1）检验批、分项工程的质量验收应全部合格。

1）检验批质量验收见附录 B。

2）分项工程质量验收见附录 C。

（2）分部（子分部）工程的验收，必须在分项工程验收通过的基础上，对涉及安全、卫生和使用功能的重要部位进行抽样检验和检测。

1）子分部工程质量验收见附录 D。

2）建筑给水排水及采暖（分部）工程质量验收见附录 E。

11.5.3 电气工程的分部工程、分项工程、检验批质量验收等应符合现行国家标准《建筑电气工程施工质量验收规范》GB 50303 及《火灾自动报警系统施工及验收规范》GB 50166 的有关规定。

11.5.4 通风与空调工程的分部工程、分项工程、检验批质量验收等应符合现行国家标准《通风与空调工程施工质量验收规范》GB 50243 的有关规定。

条文链接 ★11.5.4

根据《通风与空调工程施工质量验收规范》GB 50243 的有关规定：

（1）通风与空调工程竣工验收资料应包括下列内容：

1）图样会审记录、设计变更通知书和竣工图。

2）主要材料、设备、成品、半成品和仪表的出厂合格证明及进场检（试）验报告。

3）隐蔽工程验收记录。

4）工程设备、风管系统、管道系统安装及检验记录。

5）管道系统压力试验记录。

6）设备单机试运转记录。

7）系统非设计满负荷联合试运转与调试记录。

8）分部（子分部）工程质量验收记录。

9）观感质量综合检查记录。

10）安全和功能检验资料的核查记录。

11）净化空调的洁净度测试记录。

12）新技术应用论证资料。

（2）通风与空调工程各系统的观感质量应符合下列规定：

1）风管表面应平整、无破损，接管应合理。风管的连接以及风管与设备或调节装置的连接处不应有接管不到位、强扭连接等缺陷。

2）各类阀门安装位置应正确牢固，调节应灵活，操作应方便。

3）风口表面应平整，颜色应一致，安装位置应正确，风口的可调节构件动作应正常。

4）制冷及水管道系统的管道、阀门及仪表安装位置应正确，系统不应有渗漏。

5）风管、部件及管道的支、吊架形式、位置及间距应符合设计及本规范要求。

6）除尘器、积尘室安装应牢固，接口应严密。

7）制冷机、水泵、通风机、风机盘管机组等设备的安装应正确牢固；组合式空气调节机组组装顺序应正确，接缝应严密；室外表面不应有渗漏。

条文链接

8）风管、部件、管道及支架的油漆应均匀，不应有透底返锈现象，油漆颜色与标志应符合设计要求。

9）绝热层材质、厚度应符合设计要求，表面应平整，不应有破损和脱落现象；室外防潮层或保护壳应平整、无损坏，且应顺水流方向搭接，不应有渗漏。

10）消声器安装方向应正确，外表面应平整、无损坏。

11）风管、管道的软性接管位置应符合设计要求，接管应正确牢固，不应有强扭。

12）测试孔开孔位置应正确，不应有遗漏。

13）多联空调机组系统的室内、室外机组安装位置应正确，送、回风不应存在短路回流的现象。

检查数量：按Ⅱ方案。

检查方法：尺量、观察检查。

11.5.5　智能建筑的分部工程、分项工程、检验批质量验收等除应符合本标准外，尚应符合现行国家标准《智能建筑工程质量验收规范》GB 50339 的有关规定。

11.5.6　电梯工程的分部工程、分项工程、检验批质量验收等应符合现行国家标准《电梯工程施工质量验收规范》GB 50310 的有关规定。

条文链接 **★11.5.6**

根据《电梯工程施工质量验收规范》GB 50310 的有关规定：

（1）分项工程质量验收合格应符合下列规定：

1）各分项工程中的主控项目应进行全验，一般项目应进行抽验，且均应符合合格质量规定。可按附录 C 表 C 记录。

2）应具有完整的施工操作依据、质量检查记录。

（2）分部（子分部）工程质量验收合格应符合下列规定：

1）子分部工程所含分项工程的质量均应验收合格且验收记录应完整。子分部可按附录 D 表 D 记录。

2）分部工程所含子分部工程的质量均应验收合格。分部工程质量验收可按附录 E 表 E 记录汇总。

3）质量控制资料应完整。

4）观感质量应符合本规范要求。

11.5.7　建筑节能工程的分部工程、分项工程、检验批质量验收等应符合现行国家标准《建筑节能工程施工质量验收规范》GB 50411 的有关规定。

条文链接 **★11.5.7**

参考第一部分 11.4.8 条的条文链接。

第二部分

装配式钢结构建筑技术标准

1 总 则

1.0.1 为规范我国装配式钢结构建筑的建设，按照适用、经济、安全、绿色、美观的要求，全面提高装配式钢结构建筑的环境效益、社会效益和经济效益，制定本标准。

1.0.2 本标准适用于抗震设防烈度为6度到9度的装配式钢结构建筑的设计、生产运输、施工安装、质量验收与使用维护。

1.0.3 装配式钢结构建筑应遵循建筑全寿命期的可持续性原则，并应标准化设计、工厂化生产、装配化施工、一体化装修、信息化管理和智能化应用。

1.0.4 装配式钢结构建筑应将结构系统、外围护系统、设备与管线系统、内装系统集成，实现建筑功能完整、性能优良。

1.0.5 装配式钢结构建筑的设计、生产运输、施工安装、质量验收与使用维护，除应执行本标准外，尚应符合国家现行有关标准的规定。

2 术 语

2.0.1 装配式建筑

结构系统、外围护系统、设备与管线系统、内装系统的主要部分采用预制部品和部件集成的建筑。

2.0.2 装配式钢结构建筑

建筑的结构系统由钢部（构）件构成的装配式建筑。

2.0.3 建筑系统集成

以装配化建造方式为基础，统筹策划、设计、生产和施工等，实现建筑结构系统、外围护系统、设备与管线系统、内装系统一体化的过程。

2.0.4 集成设计

建筑结构系统、外围护系统、设备与管线系统、内装系统一体化的设计。

2.0.5 协同设计

装配式建筑设计中通过建筑、结构、设备、装修等专业相互配合，运用信息化技术手段满足建筑设计、生产运输、施工安装等要求的一体化设计。

2.0.6 结构系统

由结构构件通过可靠的连接方式装配而成，以承受或传递荷载作用的整体。

2.0.7 外围护系统

由建筑外墙、屋面、外门窗及其他部品部件等组合而成，用于分隔建筑室内外环境的部品和部件的整体。

2.0.8 设备与管线系统

由给水排水、供暖通风空调、电气和智能化、燃气等设备与管线组合而成，满足建筑使用功能的整体。

2.0.9 内装系统

由楼地面、墙面、轻质隔墙、吊顶、内门窗、厨房和卫生间等组合而成，满足建筑空间使用要求的整体。

2.0.10 部件

在工厂或现场预先生产制作完成，构成建筑结构系统的结构构件及其他构件的统称。

2.0.11 部品

由工厂生产，构成外围护系统、设备与管线系统、内装系统的建筑单一产品或复合产品组装而成的功能单元的统称。

2.0.12 全装修

所有功能空间的固定面装修和设备设施全部安装完成，达到建筑使用功能和建筑性能的状态。

2.0.13 装配式装修

采用干式工法，将工厂生产的内装部品在现场进行组合安装的装修方式。

2.0.14 干式工法

采用干作业施工的建造方法。

2.0.15 模块

建筑中相对独立，具有特定功能，能够通用互换的单元。

2.0.16 标准化接口

具有统一的尺寸规格与参数，并满足公差配合及模数协调的接口。

2.0.17 集成式厨房

由工厂生产的楼地面、吊顶、墙面、橱柜和厨房设备及管线等集成并主要采用干式工法装配而成的厨房。

2.0.18 集成式卫生间

由工厂生产的楼地面、墙面（板）、吊顶和洁具设备及管线等集成并主要采用干式工法装配而成的卫生间。

2.0.19 整体收纳

由工厂生产、现场装配、满足储藏需求的模块化部品。

2.0.20 装配式隔墙、吊顶和楼地面

由工厂生产的，具有隔声、防火、防潮等性能，且满足空间功能和美学要求的部品集成，并主要采用干式工法装配而成的隔墙、吊顶和楼地面。

2.0.21 管线分离

将设备与管线设置在结构系统之外的方式。

2.0.22 同层排水

在建筑排水系统中，器具排水管及排水支管不穿越本层结构楼板到下层空间、与卫生器具同层敷设并接入排水立管的排水方式。

2.0.23 钢框架结构

以钢梁和钢柱或钢管混凝土柱刚性连接，具有抗剪和抗弯能力的结构。

2.0.24 钢框架-支撑结构

由钢框架和钢支撑构件组成，能共同承受竖向作用和水平作用的结构，钢支撑分中心支撑、偏心支撑和屈曲约束支撑等。

2.0.25 钢框架延性墙板结构

由钢框架和延性墙板构件组成，能共同承受竖向、水平作用的结构，延性墙板有带加劲肋的钢板剪力墙、带竖缝混凝土剪力墙等。

2.0.26 交错桁架结构

在建筑物横向的每个轴线上，平面桁架各层设置，而在相邻轴线上交错布置的结构。

2.0.27 钢筋桁架楼承板组合楼板

钢筋桁架楼承板上浇筑混凝土形成的组合楼板。

2.0.28 压型钢板组合楼板

压型钢板上浇筑混凝土形成的组合楼板。

2.0.29 门式刚架结构

承重结构采用变截面或等截面实腹刚架的单层房屋结构。

2.0.30 低层冷弯薄壁型钢结构

以冷弯薄壁型钢为主要承重构件，不大于3层，檐口高度不大于12m的低层房屋结构。

3 基本规定

3.0.1 装配式钢结构建筑应采用系统集成的方法统筹设计、生产运输、施工安装和使用维护，实现全过程的协同。

3.0.2 装配式钢结构建筑应按照通用化、模数化、标准化的要求，以少规格、多组合的原则，实现建筑及部品和部件的系列化和多样化。

3.0.3 部品和部件的工厂化生产应建立完善的生产质量管理体系，设置产品标识，提高生产精度，保障产品质量。

3.0.4 装配式钢结构建筑应综合协调建筑、结构、设备和内装等专业，制定相互协同的施工组织方案，并应采用装配式施工，保证工程质量，提高劳动效率。

3.0.5 装配式钢结构建筑应实现全装修，内装系统应与结构系统、外围护系统、设备与管线系统一体化设计建造。

3.0.6 装配式钢结构建筑宜采用建筑信息模型（BIM）技术，实现全专业、全过程的信息化管理。

3.0.7 装配式钢结构建筑宜采用智能化技术，提升建筑使用的安全、便利、舒适和环保等性能。

3.0.8 装配式钢结构建筑应进行技术策划，对技术选型、技术经济可行性和可建造性进行评估，并应科学合理地确定建造目标与技术实施方案。

3.0.9 装配式钢结构建筑应采用绿色建材和性能优良的部品和部件，提升建筑整体性能和品质。

3.0.10 装配式钢结构建筑防火、防腐应符合国家现行相关标准的规定，满足可靠性、安全性和耐久性的要求。

4 建筑设计

4.1 一般规定

4.1.1 装配式钢结构建筑应模数协调，采用模块化、标准化设计，将结构系统、外围护系统、设备与管线系统和内装系统进行集成。

4.1.2 装配式钢结构建筑应按照集成设计原则，将建筑、结构、给水排水、暖通空调、电气、智能化和燃气等专业之间进行协同设计。

4.1.3 装配式钢结构建筑设计宜建立信息化协同平台，共享数据信息，实现建设全过程的管理和控制。

4.1.4 装配式钢结构建筑应满足建筑全寿命期的使用维护要求，宜采用管线分离的方式。

4.2 建筑性能

4.2.1 装配式钢结构建筑应符合国家现行标准对建筑适用性能、安全性能、环境性能、经济性能、耐久性能等综合规定。

4.2.2 装配式钢结构建筑的耐火等级应符合现行国家标准《建筑设计防火规范》GB 50016的有关规定。

条文链接 ★4.2.2

根据《建筑设计防火规范》GB 50016 的有关规定：

（1）民用建筑的耐火等级应根据其建筑高度、使用功能、重要性和火灾扑救难度等确定，并应符合下列规定：

1）地下或半地下建筑（室）和一类高层建筑的耐火等级不应低于一级。

2）单、多层重要公共建筑和二类高层建筑的耐火等级不应低于二级。

（2）建筑高度大于100m的民用建筑，其楼板的耐火极限不应低于2.00h。

一、二级耐火等级建筑的上人平屋顶，其屋面板的耐火极限分别不应低于1.50h和1.00h。

4.2.3 钢构件应根据环境条件、材质、部位、结构性能、使用要求、施工条件和维护管理条件等进行防腐蚀设计，并应符合现行行业标准《建筑钢结构防腐蚀技术规程》JGJ/T 251 的有关规定。

条文链接 ★4.2.3

根据《建筑钢结构防腐蚀技术规程》JGJ/T 251 的有关规定：

（1）钢结构杆件应采用实腹式或闭口截面。闭口截面端部应进行封闭；封闭截面进行热镀浸锌时，应采取开孔防爆措施。腐蚀性等级为Ⅳ、Ⅴ或Ⅵ级时，钢结构杆件截面不应采用由双角钢组成的T形截面和由双槽钢组成的工形截面。

（2）钢结构杆件采用钢板组合时，截面的最小厚度不应小于6mm；采用闭口截面杆件时，截面的最小厚度不应小于4mm；采用角钢时，截面的最小厚度不应小于5mm。

（3）门式刚架构件宜采用热轧H型钢；当采用T型钢或钢板组合时，应采用双面连续焊缝。

4.2.4 装配式钢结构建筑应根据功能部位、使用要求等进行隔声设计，在易形成声桥的部位应采取柔性连接或间接连接等措施，并应符合现行国家标准《民用建筑隔声设计规范》GB 50118 的有关规定。

条文链接 ★4.2.4

根据《民用建筑隔声设计规范》GB 50118 的有关规定：

产生噪声的建筑服务设备等噪声源的设置位置、防噪设计，应按下列规定：

（1）锅炉房、水泵房、变压器室、制冷机房宜单独设置在噪声敏感建筑之外。住宅、学校、医院、旅馆、办公等建筑所在区域内有噪声源的建筑附属设施，其设置位置应避免对噪声敏感建筑物产生噪声干扰，必要时应作防噪处理。区内不得设置未经有效处理的强噪声源。

（2）确需在噪声敏感建筑物内设置锅炉房、水泵房、变压器室、制冷机房时，若条件许可，宜将噪声源设置在地下，但不宜毗邻主体建筑或设在主体建筑下。并且应采取有效的隔振、隔声措施。

（3）冷却塔、热泵机组宜设置在对噪声敏感建筑物噪声干扰较小的位置。当冷却塔、热泵机组的噪声在周围环境超过现行国家标准《声环境质量标准》GB 3096 的规定时，应对冷却塔和热泵机组采取有效的降低或隔离噪声措施。冷却塔和热泵机组设置在楼顶或裙房顶上时，还应采取有效的隔振措施。

4.2.5 装配式钢结构建筑的热工性能应符合国家现行标准《民用建筑热工设计规范》GB 50176、《公共建筑节能设计标准》GB 50189、《严寒和寒冷地区居住建筑节能设计标准》JGJ 26、《夏热冬冷地区居住建筑节能设计标准》JGJ 134 和《夏热冬暖地区居住建筑节能设计标准》JGJ 75的有关规定。

条文链接 ★4.2.5

根据《公共建筑节能设计标准》GB 50189 的有关规定：

甲类公共建筑的屋顶透光部分面积不应大于屋顶总面积的20%。当不能满足本条的规定时，必须按本标准规定的方法进行权衡判断。

根据《严寒和寒冷地区居住建筑节能设计标准》JGJ 26 的有关规定：

严寒和寒冷地区居住建筑的体形系数不应大于表2-1 规定的限值。当体形系数大于表2-1 规定的限值时，必须按照本标准第4.3 节的要求进行围护结构热工性能的权衡判断。

表2-1 严寒和寒冷地区居住建筑的体型系数限值

	建筑层数			
	≤3层	（4~8）层	（9~13）层	≥14层
严寒地区	0.50	0.30	0.28	0.25
寒冷地区	0.52	0.33	0.30	0.26

严寒和寒冷地区居住建筑的窗墙面积比不应大于表2-2 规定的限值。当窗墙面积比大于表2-2 规定的限值时，必须按照本标准第4.3 节的要求进行围护结构热工性能的权衡判断，并且在进行权衡判断时，各朝向的窗墙面积比值最大也只能比表2-2 中的对应值大0.1。

表2-2 严寒和寒冷地区居住建筑的窗墙面积比限值

朝向	窗墙面积比	
	严寒地区	寒冷地区
北	0.25	0.30
东、西	0.30	0.35
南	0.45	0.50

根据《夏热冬冷地区居住建筑节能设计标准》JGJ 134 的有关规定：

夏热冬冷地区居住建筑的体形系数不应大于表2-3 规定的限值。当体形系数大于表2-3 规定的限值时，必须按照本标准第5 章的要求进行建筑围护结构热工性能的综合判断。

表2-3 夏热冬冷地区居住建筑的体形系数限值

建筑层数	≤3层	（4~11）层	≥12层
建筑的体形系数	0.55	0.40	0.35

根据《夏热冬暖地区居住建筑节能设计标准》JGJ 75 的有关规定：

（1）各朝向的单一朝向窗墙面积比，南、北向不应大于0.40；东、西向不应大于0.30。当设计建筑的外窗不符合上述规定时，其空调采暖年耗电指数（或耗电量）不应超过参照建筑的空调采暖年耗电指数（或耗电量）。

（2）建筑的卧室、书房、起居室等主要房间的房间窗地面积比不应小于1/7。当房间窗地面积比小于1/5 时，外窗玻璃的可见光透射比不应小于0.40。

（3）居住建筑的天窗面积不应大于屋顶总面积的4%，传热系数不应大于4.0W/（m^2·K），遮阳系数不应大于0.40。当设计建筑的天窗不符合上述规定时，其空调采暖年耗电指数（或耗电量）不应超过参照建筑的空调采暖年耗电指数（或耗电量）。

4.2.6 装配式钢结构建筑应满足楼盖舒适度的要求，并应按本标准第5.2.18条执行。

4.3 模数协调

4.3.1 装配式钢结构建筑设计应符合现行国家标准《建筑模数协调标准》GB/T 50002的有关规定。

4.3.2 装配式钢结构建筑的开间与柱距、进深与跨度、门窗洞口宽度等宜采用水平扩大模数数列2*n*M、3*n*M（*n*为自然数）。

条文链接 ★4.3.2

参考第一部分4.2.2条的条文链接。

4.3.3 装配式钢结构建筑的层高和门窗洞口高度等宜采用竖向扩大模数数列*n*M。

4.3.4 梁、柱、墙、板等部件的截面尺寸宜采用竖向扩大模数数列*n*M。

条文链接 ★4.3.4

参考第一部分4.2.4条的条文链接。

4.3.5 构造节点和部品部件的接口尺寸宜采用分模数数列*n*M/2、*n*M/5、*n*M/10。

条文链接 ★4.3.5

参考第一部分4.2.5条的条文链接。

4.3.6 装配式钢结构建筑的开间、进深、层高、洞口等的优先尺寸应根据建筑类型、使用功能、部品和部件生产与装配要求等确定。

条文解读

▲**4.3.6**

住宅建筑常用优选尺寸见表1-1～表1-4。

条文链接 ★4.3.6

参考第一部分4.2.6条的条文链接。

4.3.7 部品和部件尺寸及安装位置的公差协调应根据生产装配要求、主体结构层间变形、密封材料变形能力、材料干缩、温差变形、施工误差等确定。

条文解读

▲**4.3.7**

装配式建筑应严格控制钢构件与其他部品部件之间的建筑公差。接缝的宽度应满足主体结构层间变形、密封材料变形能力、施工误差、温差引起变形等的要求，防止接缝漏水等质量事故发生。

4.4 标准化设计

4.4.1 装配式钢结构建筑应在模数协调的基础上，采用标准化设计，提高部品和部件的通用性。

条文解读

▲**4.4.1**

装配式建筑既要符合建筑设计功能、技术性能（安全、防火、节能、防水、隔声、采光等）

条文解读

的要求，又要重点突出装配式建筑的标准化；通过采用模块化、标准化的设计方法，实现尺寸模数化、部品部件标准化、设备集成化、装修一体化。装配式建筑只有通过标准化设计、批量化生产，才能真正进入市场竞争。

4.4.2　装配式钢结构建筑应采用模块及模块组合的设计方法，遵循少规格、多组合的原则。

4.4.3　公共建筑应采用楼电梯、公共卫生间、公共管井、基本单元等模块进行组合设计。

条文链接　★4.4.3

参考第一部分4.3.3条的条文链接。

4.4.4　住宅建筑应采用楼电梯、公共管井、集成式厨房、集成式卫生间等模块进行组合设计。

4.4.5　装配式钢结构建筑的部品部件应采用标准化接口。

4.5　建筑平面与空间

4.5.1　装配式钢结构建筑平面与空间的设计应满足结构构件布置、立面基本元素组合及可实施性等要求。

条文解读

▲4.5.1

装配式钢结构建筑平面设计与空间应尽量做到标准化和模块化，但考虑到建筑平面功能的不同，应当允许适当的个性化设计，并且做好个性化设计的部分与标准化模块部分的合理衔接。一般情况下，重复性空间采用模块化设计，而反映建筑设计理念及形象部分的功能空间则可进行个性化设计。

4.5.2　装配式钢结构建筑应采用大开间大进深、空间灵活可变的结构布置方式。

4.5.3　装配式钢结构建筑平面设计应符合下列规定：

（1）结构柱网布置、抗侧力构件布置、次梁布置应与功能空间布局及门窗洞口协调。

（2）平面几何形状宜规则平整，并宜以连续柱跨为基础布置，柱距尺寸应按模数统一。

（3）设备管井宜与楼电梯结合，集中设置。

4.5.4　装配式钢结构建筑立面设计应符合下列规定：

（1）外墙、阳台板、空调板、外窗、遮阳设施及装饰等部品部件宜进行标准化设计。

（2）宜通过建筑体量、材质机理、色彩等变化，形成丰富多样的立面效果。

条文解读

▲4.5.2～4.5.4

装配式建筑设计应重视其平面、立面和剖面的规则性，宜优先选用规则的形体，同时便于工厂化和集约化生产加工，以提高工程质量，并降低工程造价。

4.5.5　装配式钢结构建筑应根据建筑功能、主体结构、设备管线及装修等要求，确定合理的层高及净高尺寸。

5 集成设计

5.1 一般规定

5.1.1 建筑的结构系统、外围护系统、设备与管线系统和内装系统均应进行集成设计，提高集成度、施工精度和效率。

条文解读

▲5.1.1

集成设计应考虑不同系统、不同专业之间的影响，包括：在结构构件和围护部品上预埋或预先焊接连接件；在结构构件上为设备管线留孔洞；围护部品预留和预埋设备管线；结构构件与内装部品的接口条件；围护部品为内装部品需要吊挂处的加强等方面。

要完成集成设计，应做到下列要求：

（1）采用通用化、模数化和标准化设计方式，宜采用建筑BIM技术。

（2）各项建筑功能及细节构造应在生产制造和施工前确定。

（3）主体结构、围护结构、设备与管线及内装等各模块之间的协同设计，应贯穿设计全过程。

（4）应按照建筑全寿命期的要求，落实从部品和部件生产、施工到后期运营维护全过程的绿色体系。

5.1.2 各系统设计应统筹考虑材料性能、加工工艺、运输限制、吊装能力的要求。

5.1.3 装配式钢结构建筑的结构系统应按传力可靠、构造简单、施工方便和确保耐久性的原则进行设计。

5.1.4 装配式钢结构建筑的外围护系统宜采用轻质材料，并宜采用干式工法。

5.1.5 装配式钢结构建筑的设备与管线系统应方便检查、维修、更换，维修更换时不应影响结构安全性。

5.1.6 装配式钢结构建筑的内装系统应采用装配式装修，并宜选用具有通用性和互换性的内装部品。

条文解读

▲5.1.6

工业化生产方式的装配式装修是推动我国装配式建筑内装产业发展的重要方向，装配式建筑应采用装配式装修建造方法。装配式装修应遵循集成化、通用化和一体化的原则：

（1）集成化原则：部品体系宜实现以集成化为特征的成套供应及规模生产，实现内装部品、厨卫部品和设备部品等的产业化集成。

（2）通用化原则：内装部品体系应符合模数化的工艺设计，执行优化参数、公差配合和接口技术等有关规定，以提高其互换性和通用性。

（3）一体化原则：应遵循建筑、内装、部品一体化的设计原则，推行内装设计标准化。

5.2 结构系统

5.2.1 装配式钢结构建筑的结构设计应符合下列规定：

（1）装配式钢结构建筑的结构设计应符合现行国家标准《工程结构可靠性设计统一标准》GB 50153的规定，结构的设计使用年限不应少于50年，其安全等级不应低于二级。

（2）装配式钢结构建筑荷载和效应的标准值、荷载分项系数、荷载效应组合、组合值系数应符合现行国家标准《建筑结构荷载规范》GB 50009的规定。

（3）装配式钢结构建筑应按现行国家标准《建筑工程抗震设防分类标准》GB 50223的规定

确定其抗震设防类别，并应按现行国家标准《建筑抗震设计规范》GB 50011 进行抗震设计。

（4）装配式钢结构的结构构件设计应符合现行国家标准《钢结构设计规范》GB 50017 和《冷弯薄壁型钢结构技术规范》GB 50018 的规定。

条文解读

▲5.2.1

本条采用直接引用的方法，规定了装配式钢结构建筑的结构设计必须遵守的规范，保证结构安全可靠。

条文链接 **★5.2.1**

根据《工程结构可靠性设计统一标准》GB 50153 的有关规定：

结构应满足下列功能要求：

（1）能承受在施工和使用期间可能出现的各种作用。

（2）保持良好的使用性能。

（3）具有足够的耐久性能。

（4）当发生火灾时，在规定的时间内可保持足够的承载力。

（5）当发生爆炸、撞击、人为错误等偶然事件时，结构能保持必需的整体稳固性，不出现与起因不相称的破坏后果，防止出现结构的连续倒塌。

根据《建筑工程抗震设防分类标准》GB 50223 的有关规定：

建筑工程应分为以下四个抗震设防类别：

（1）特殊设防类：指使用上有特殊设施，涉及国家公共安全的重大建筑工程和地震时可能发生严重次生灾害等特别重大灾害后果，需要进行特殊设防的建筑。简称甲类。

（2）重点设防类：指地震时使用功能不能中断或需尽快恢复的生命线相关建筑，以及地震时可能导致大量人员伤亡等重大灾害后果，需要提高设防标准的建筑。简称乙类。

（3）标准设防类：指大量的除（1）（2）（4）款以外按标准要求进行设防的建筑。简称丙类。

（4）适度设防类：指使用上人员稀少且震损不致产生次生灾害，允许在一定条件下适度降低要求的建筑。简称丁类。

5.2.2 钢材牌号、质量等级及其性能要求应根据构件重要性和荷载特征、结构形式和连接方法、应力状态、工作环境以及钢材品种和板件厚度等因素确定，并应在设计文件中完整注明钢材的技术要求。钢材性能应符合现行国家标准《钢结构设计规范》GB 50017 及其他有关标准的规定。有条件时，可采用耐候钢、耐火钢、高强钢等高性能钢材。

条文解读

▲5.2.2

本条依据相关设计规范和工程经验，结合装配式钢结构建筑的用钢特点，提出了选材时应综合考虑的诸要素。

作为工程重要依据，在设计文件中应完整地注明对钢材和连接材料的技术要求，包括牌号、型号、质量等级、力学性能和化学成分、附加保证性能和复验要求，以及应遵循的技术标准等。

条文链接 **★5.2.2**

根据《钢结构设计规范》GB 50017 的有关规定：

（1）承重结构应按下列承载能力极限状态和正常使用极限状态进行设计：

1）承载能力极限状态包括：构件和连接的强度破坏、疲劳破坏和因过度变形而不适于继续承

条文链接

载，结构和构件丧失稳定，结构转变为机动体系和结构倾覆。

2）正常使用极限状态包括：影响结构、构件和非结构构件正常使用或外观的变形，影响正常使用的振动，影响正常使用或耐久性能的局部损坏（包括混凝土裂缝）。

（2）设计钢结构时，应根据结构破坏可能产生的后果，采用不同的安全等级。

一般工业与民用建筑钢结构的安全等级应取为二级，其他特殊建筑钢结构的安全等级应根据具体情况另行确定。

（3）按承载能力极限状态设计钢结构时，应考虑荷载效应的基本组合，必要时尚应考虑荷载效应的偶然组合。

按正常使用极限状态设计钢结构时，应考虑荷载效应的标准组合，对钢与混凝土组合梁，尚应考虑准永久组合。

（4）计算结构或构件的强度、稳定性以及连接的强度时，应采用荷载设计值（荷载标准值乘以荷载分项系数）；计算疲劳时，应采用荷载标准值。

5.2.3 装配式钢结构建筑的结构体系应符合下列规定：

（1）应具有明确的计算简图和合理的传力路径。

（2）应具有适宜的承载能力、刚度及耗能能力。

（3）应避免因部分结构或构件的破坏而导致整个结构丧失承受重力荷载、风荷载和地震作用的能力。

（4）对薄弱部位应采取有效的加强措施。

5.2.4 装配式钢结构建筑的结构布置应符合下列规定：

（1）结构平面布置宜规则、对称。

（2）结构竖向布置宜保持刚度、质量变化均匀。

（3）结构布置应考虑温度作用、地震作用或不均匀沉降等效应的不利影响，当设置伸缩缝、防震缝或沉降缝时。应满足相应的功能要求。

条文解读

▲5.2.3～5.2.4

无论采用何种结构体系，结构的平面和竖向布置都应使结构具有合理的刚度、质量和承载力分布，避免因局部突变和扭转效应而形成薄弱部位；对可能出现的薄弱部位，在设计中应采取有效措施，增强其抗震能力；结构宜具有多道防线，避免因部分结构或构件的破坏而导致整个结构丧失承受水平风荷载、地震作用和重力荷载的能力。

5.2.5 装配式钢结构建筑可根据建筑功能、建筑高度以及抗震设防烈度等选择下列结构体系：

（1）钢框架结构。

（2）钢框架-支撑结构。

（3）钢框架-延性墙板结构。

（4）筒体结构。

（5）巨型结构。

（6）交错桁架结构。

（7）门式刚架结构。

（8）低层冷弯薄壁型钢结构。

当有可靠依据，通过相关论证，也可采用其他结构体系，包括新型构件和节点。

条文解读

▲5.2.5

装配式钢结构建筑应根据房屋高度和高宽比、抗震设防类别、抗震设防烈度、场地类别和施工技术条件等因素考虑其适宜的钢结构体系。除此之外，建筑类型也对结构体系的选型至关重要。

当有理论研究基础，其他新型构件和节点，及新型结构体系也可通过论证的方法来推广试点采用。

5.2.6　重点设防类和标准设防类多高层装配式钢结构建筑适用的最大高度应符合表2-4的规定。

表2-4　多高层装配式钢结构适用的最大高度　（单位：m）

结构体系	6度	7度		8度		9度
	(0.05*g*)	(0.10*g*)	(0.15*g*)	(0.20*g*)	(0.30*g*)	(0.40*g*)
钢框架结构	110	110	90	90	70	50
钢框架-中心支撑结构	220	220	200	180	150	120
钢框架-偏心支撑结构、钢框架-屈曲约束支撑结构、钢框架-延性墙板结构	240	240	220	200	180	160
筒体（框筒、筒中筒、桁架筒、束筒）结构、巨型结构	300	300	280	260	240	180
交错桁架结构	90	60	60	40	40	—

注：1. 房屋高度指室外地面到主要屋面板板顶的高度（不包括局部突出屋顶部分）。
2. 超过表内高度的房屋，应进行专门研究和论证，采取有效的加强措施。
3. 交错桁架结构不得用于9度区。
4. 柱子可采用钢柱或钢管混凝土柱。
5. 特殊设防类，6、7、8度时宜按本地区抗震设防烈度提高一度后符合本表要求，9度时应做专门研究。

条文解读

▲5.2.6

钢框架结构一般来讲比较经济的高度为30m以下，大于30m的建筑应增设支撑来提高经济性。

另外，如果选取了全螺栓连接的半刚接节点或其他新型节点，则所适用的最大高度也应该相应降低。

5.2.7　多高层装配式钢结构建筑的高宽比不宜大于表2-5的规定。

表2-5　多高层装配式钢结构建筑适用的最大高宽比

6度	7度	8度	9度
6.5	6.5	6.0	5.5

注：1. 计算高宽比的高度从室外地面算起。
2. 当塔形建筑底部有大底盘时，计算高宽比的高度从大底盘顶部算起。

条文解读

▲5.2.7

装配式钢结构建筑的高宽比，是对结构刚度、整体稳定、承载能力和经济合理性的宏观控制；在结构设计满足规定的承载力、稳定、抗倾覆、变形和舒适度等基本要求后，仅从结构安全角度讲高宽比限值不是必须满足的条件，高宽比限值主要影响结构设计的经济性。

5.2.8 在风荷载或多遇地震标准值作用下，弹性层间位移角不宜大于1/250（采用钢管混凝土柱时不宜大于1/300）。装配式钢结构住宅在风荷载标准值作用下的弹性层间位移角尚不应大于1/300，屋顶水平位移与建筑高度之比不宜大于1/450。

条文解读

▲5.2.8

住宅建筑对舒适度的要求比较高，因此对于在风荷载作用下的层间位移角要有所控制，规定了1/300的限值。并且为了避免风荷载下较高楼层的位移过大，规定了水平位移和建筑高度之比的限值。

5.2.9 高度不小于80m的装配式钢结构住宅以及高度不小于150m的其他装配式钢结构建筑应进行风振舒适度验算。在现行国家标准《建筑结构荷载规范》GB 50009规定的10年一遇的风荷载标准值作用下，结构顶点的顺风向和横风向振动最大加速度计算值不应大于表2-6中的限值。结构顶点的顺风向和横风向振动最大加速度，可按现行国家标准《建筑结构荷载规范》GB 50009的有关规定计算，也可通过风洞试验结果确定。计算时钢结构阻尼比宜取0.01~0.015。

表2-6 结构顶点的顺风向和横风向风振加速度限值

使用功能	a_{lim}
住宅、公寓	$0.20m/s^2$
办公、旅馆	$0.28m/s^2$

条文解读

▲5.2.9

计算舒适度时结构阻尼比的取值影响较大，一般情况下，房屋高度为80~100m的钢结构阻尼比取0.015，房屋高度大于100m的钢结构阻尼比取0.01。

条文链接 **★5.2.9**

根据《建筑结构荷载规范》GB 50009的有关规定：

体型和质量沿高度均匀分布的高层建筑，顺风向风振加速度可按下式计算：

$$a_{D,z}=\frac{2gI_{10}\omega_R\mu_s\mu_z B_z\eta_a B}{m}$$

式中 $a_{D,z}$——高层建筑z高度顺风向风振加速度（m/s^2）；

g——峰值因子，可取2.5；

I_{10}——10m高度名义湍流度，对应A、B、C和D类地面粗糙度，可分别取0.12、0.14、0.23和0.39；

ω_R——重现期为R年的风压（kN/m^2）；

B——迎风面宽度（m）；

m——结构单位高度质量（t/m）；

条文链接

μ_z——风压高度变化系数；

μ_s——风荷载体型系数；

B_z——脉动风荷载的背景分量因子；

η_a——顺风向风振加速度的脉动系数。

5.2.10　多高层装配式钢结构建筑的整体稳定性应符合下列规定：

（1）框架结构应符合下式规定：

$$D_i \geqslant 5\sum_{j=i}^{n} G_j/h_i (i = 1,2,\cdots\cdots,n)$$

（2）框架-支撑结构、框架延性墙板结构、筒体结构、巨型结构和交错桁架结构应符合下式规定：

$$EJ_d \geqslant 0.7H^2 \sum_{i=1}^{n} G_i$$

式中　D_i——第 i 楼层的抗侧刚度（kN/mm），可取该层剪力与层间位移的比值；

h_i——第 i 楼层层高（mm）；

G_i，G_j——分别为第 i，j 楼层重力荷载设计值（kN），取1.2倍的永久荷载标准值与1.4倍的楼面可变荷载标准值的组合值；

H——房屋高度（mm）；

EJ_d——结构一个主轴方向的弹性等效侧向刚度（$kN \cdot mm^2$），可按倒三角形分布荷载作用下结构顶点位移相等的原则，将结构的侧向刚度折算为竖向悬臂受弯构件的等效侧向刚度，当延性墙板采用混凝土墙板时，刚度应适当折减。

5.2.11　门式刚架结构的设计、制作、安装和验收应符合现行国家标准《门式刚架轻型房屋钢结构技术规范》GB 51022的规定。

条文链接　★**5.2.11**

根据《门式刚架轻型房屋钢结构技术规范》GB 51022的有关规定：

门式刚架轻型房屋钢结构在安装过程中，应根据设计和施工工况要求，采取措施保证结构整体稳固性。

5.2.12　冷弯薄壁型钢结构的设计、制作、安装和验收应符合现行行业标准《低层冷弯薄壁型钢房屋建筑技术规程》JGJ 227的规定。

条文链接　★**5.2.12**

根据《低层冷弯薄壁型钢房屋建筑技术规程》JGJ 227的有关规定：

（1）冷弯薄壁型钢钢材强度设计值应按表2-7的规定采用。

表2-7　冷弯薄壁型钢钢材的强度设计值　（N/mm^2）

钢材牌号	钢材厚度 t/mm	屈服强度 f_y	抗拉、抗压和抗弯 f	抗剪 f_v	端面承压（磨平顶紧）f_e
Q235	$t \leqslant 2$	235	205	120	310
Q345	$t \leqslant 2$	345	300	175	400
LQ550	$t < 0.6$	530	455	260	—
	$0.6 \leqslant t \leqslant 0.9$	500	430	250	
	$0.9 < t \leqslant 1.2$	465	400	230	
	$1.2 < t \leqslant 1.5$	420	360	210	

条文链接

（2）冷弯薄壁型钢结构承重构件的壁厚不应小于0.6mm，主要承重构件的壁厚不应小于0.75mm。

（3）建筑中的下列部位应采用耐火极限不低于1.00h的不燃烧体墙和楼板与其他部位分隔：

1）配电室、锅炉房、机动车库。

2）资料库（室）、档案库（室）、仓储室。

3）公共厨房。

5.2.13 钢框架结构的设计应符合下列规定：

（1）钢框架结构设计应符合国家现行有关标准的规定，高层装配式钢结构建筑尚应符合现行行业标准《高层民用建筑钢结构技术规程》JGJ 99的规定。

（2）梁柱连接可采用带悬臂梁段、翼缘焊接腹板栓接或全焊接连接形式（图2-1a～图2-1d）；抗震等级为一、二级时，梁与柱的连接宜采用加强型连接（图2-1c～图2-1d）；当有可靠依据时，也可采用端板螺栓连接的形式（图2-1e）。

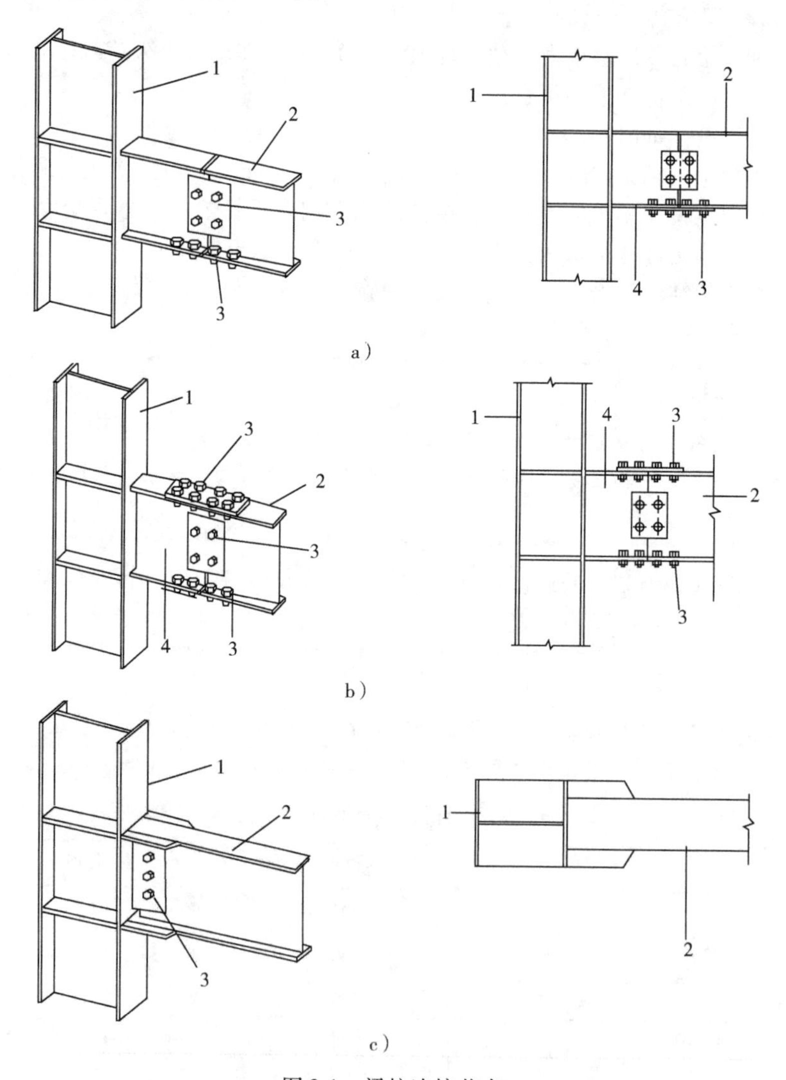

图2-1 梁柱连接节点

a）带悬臂梁端的栓焊连接 b）带悬臂梁段的螺栓连接 c）梁翼缘局部加宽式连接

1—柱 2—梁 3—高强度螺栓 4—悬臂段

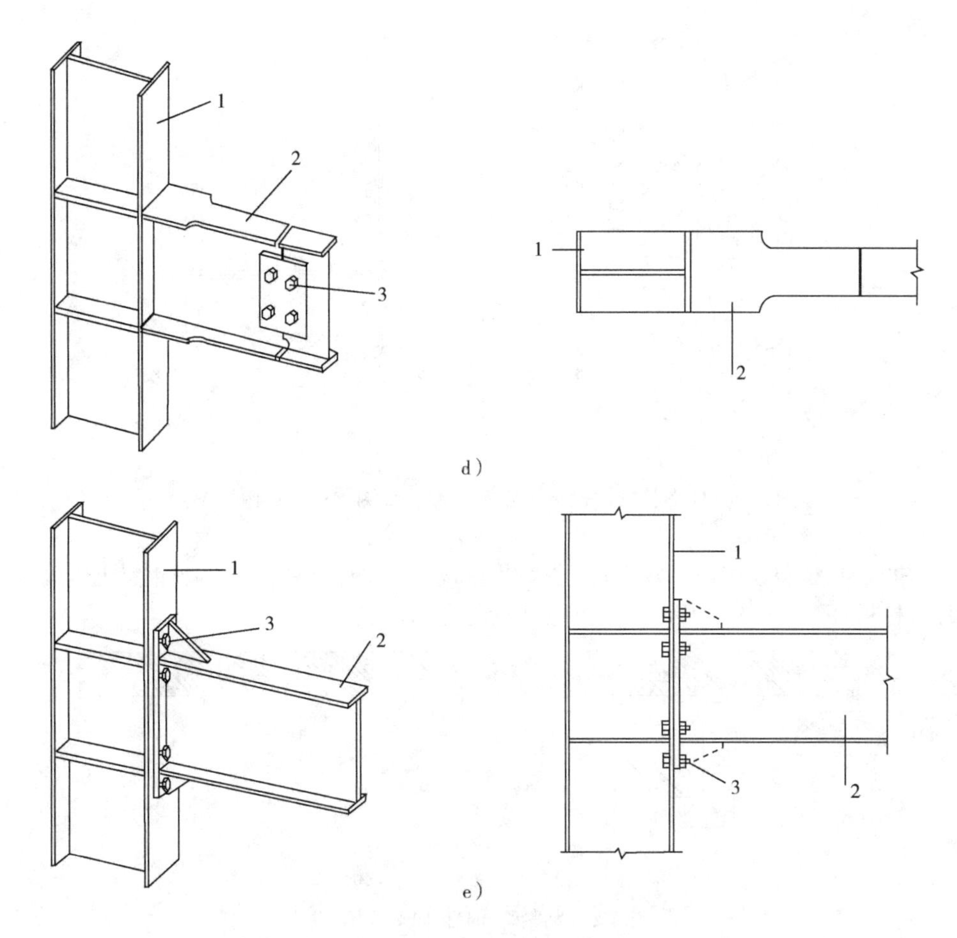

图 2-1　梁柱连接节点（续）

d）梁翼缘扩翼式连接　e）外伸式端板螺栓连接

1—柱　2—梁　3—高强度螺栓　4—悬臂段

（3）钢柱的拼接可采用焊接或螺栓连接的形式（图 2-2、图 2-3）。

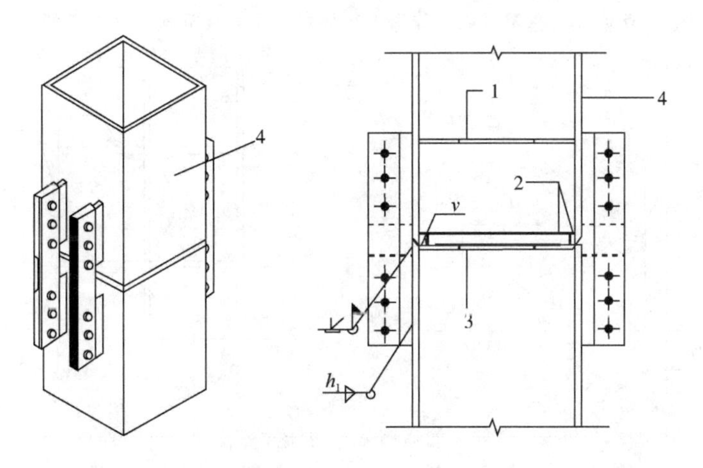

图 2-2　箱形柱的焊接拼接连接（左：轴测图；右：侧视图）

1—上柱隔板　2—焊接衬板　3—柱顶端隔板　4—柱

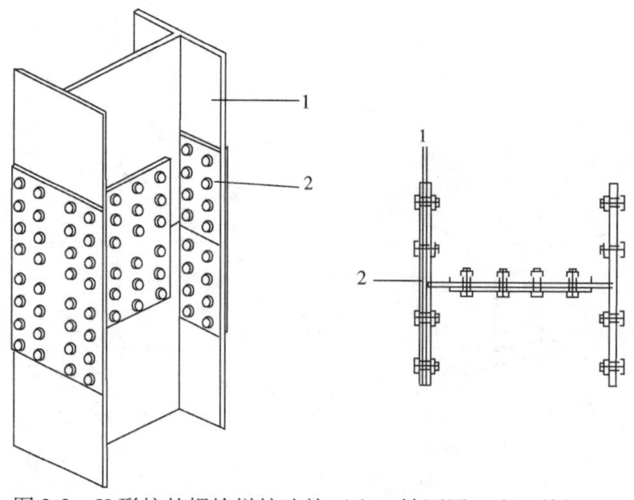

图 2-3　H 形柱的螺栓拼接连接（左：轴测图；右：俯视图）

1—柱　2—高强度螺栓

（4）在可能出现塑性铰处，梁的上下翼缘均应设侧向支撑（图 2-4），当钢梁上铺设装配整体式或整体式楼板且进行可靠连接时，上翼缘可不设侧向支撑。

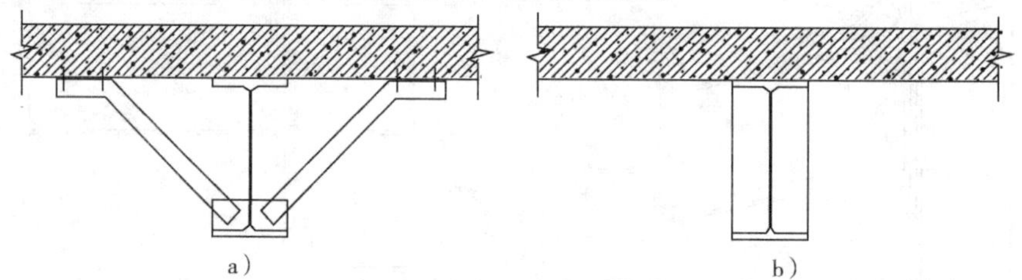

图 2-4　梁下翼缘侧向支撑

a）侧向支撑为隅撑　b）侧向支撑为加劲肋

（5）框架柱截面可采用异形组合截面，其设计要求应符合国家现行标准的规定。

条文解读

▲5.2.13

（1）梁翼缘加强型节点塑性铰外移的设计原理如图 2-5 所示。通过在梁上下翼缘局部焊接钢板或加大截面，可达到提高节点延性、在罕遇地震作用下获得在远离梁柱节点处梁截面塑性发展的设计目标。

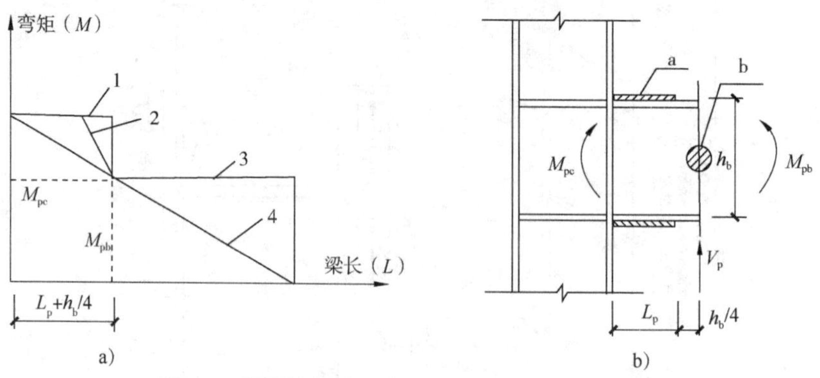

图 2-5　梁翼缘加强型节点塑性铰外移的设计原理

a）梁加强式节点设计原理　b）柱翼缘表面弯矩计算原理

1—翼缘板（盖板）抗弯承载力　2—侧板（扩翼式）抗弯承载力　3—钢梁抗弯承载力　4—外荷载产生弯矩

a—加强板　b—塑性铰

条文解读

（2）框架梁在预估的罕遇地震作用下，在可能出现塑性铰的截面（为梁端和集中力作用处）附近均应设置侧向支撑，可以采用增设次梁、隅撑或加劲肋的方式实现侧向支撑。在住宅建筑中，为避免影响使用功能，优先选用增设加劲肋的方式，此时加劲肋所抵抗的侧向力应按照现行行业标准《高层民用建筑钢结构技术规程》JGJ 99来确定。因为地震作用方向变化，塑性铰弯矩的方向也随之发生变化，故要求梁的上下翼缘均应设侧向支撑。如梁上翼缘整体稳定性有保证，可仅在下翼缘设支撑。

（3）装配式钢结构建筑框架柱可选用异形组合截面，并应满足国家现行标准的规定；当没有规定时，应进行专项审查，通过后，方可采用。常见的异形组合截面如图2-6所示。

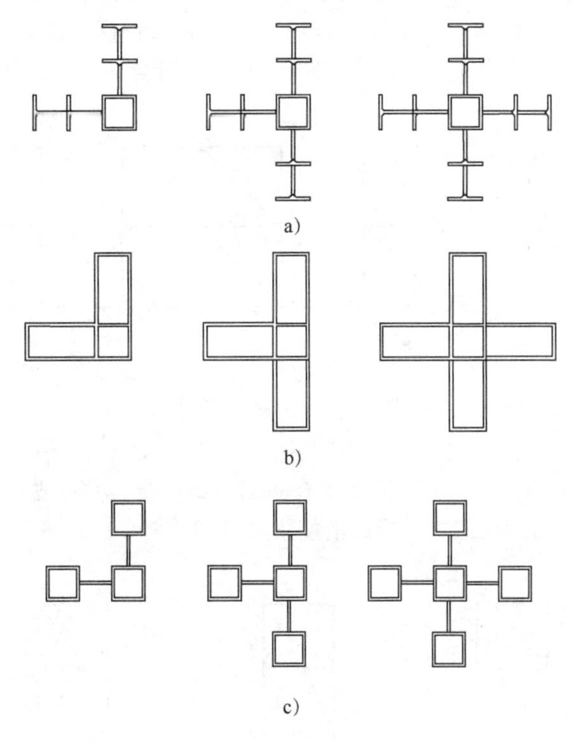

图2-6 异形组合截面

a）H形、矩形组合截面 b）矩形异形柱（墙）组合截面 c）矩形组合截面

条文链接 ★5.2.13

根据《高层民用建筑钢结构技术规程》JGJ 99的有关规定：

（1）钢框架抗侧力构件的梁与柱连接应符合下列规定：

1）梁与H形柱（绕强轴）刚性连接以及梁与箱形柱或圆管柱刚性连接时，弯矩由梁翼缘和腹板受弯区的连接承受，剪力由腹板受剪区的连接承受。

2）梁与柱的连接宜采用翼缘焊接和腹板高强度螺栓连接的形式，也可采用全焊接连接。一、二级时梁与柱宜采用加强型连接或骨式连接。

3）梁腹板用高强度螺栓连接时，应先确定腹板受弯区的高度，并应对设置于连接板上的螺栓进行合理布置，再分别计算腹板连接的受弯承载力和受剪承载力。

（2）梁与柱刚性连接时，梁翼缘与柱的连接、框架柱的拼接、外露式柱脚的柱身与底板的连接以及伸臂桁架等重要受拉构件的拼接，均应采用一级全熔透焊缝，其他全熔透焊缝为二级。非熔透

条文链接

的角焊缝和部分熔透的对接与角接组合焊缝的外观质量标准应为二级。现场一级焊缝宜采用气体保护焊。

焊缝的坡口形式和尺寸，宜根据板厚和施工条件，按现行国家标准《钢结构焊接规范》GB 50661的要求选用。

5.2.14 钢框架结构的设计应符合下列规定：

（1）钢框架支撑结构设计应符合国家现行标准的有关规定，高层装配式钢结构建筑的设计尚应符合现行行业标准《高层民用建筑钢结构技术规程》JGJ 99 的规定。

（2）高层民用建筑钢结构的中心支撑宜采用：十字交叉斜杆（图 2-7a），单斜杆（图 2-7b）人字形斜杆（图 2-7c）或 V 形斜杆体系；不得采用 K 形斜杆体系（图 2-7d）；中心支撑斜杆的轴线应交汇于框架梁柱的轴线上。

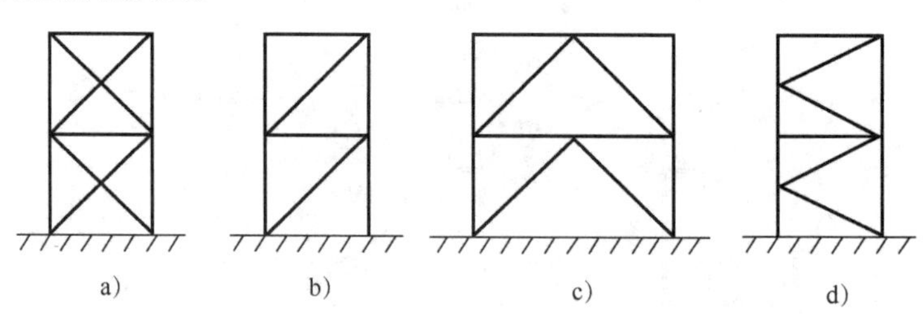

图 2-7　中心支撑类型

a）十字交叉斜杆　b）单斜杆　c）人字形斜杆　d）K 形斜杆

（3）偏心支撑框架中的支撑斜杆，应至少有一端与梁连接，并在支撑与梁交点和柱之间，或支撑同一跨内的另一支撑与梁交点之间形成消能梁段（图 2-8）。

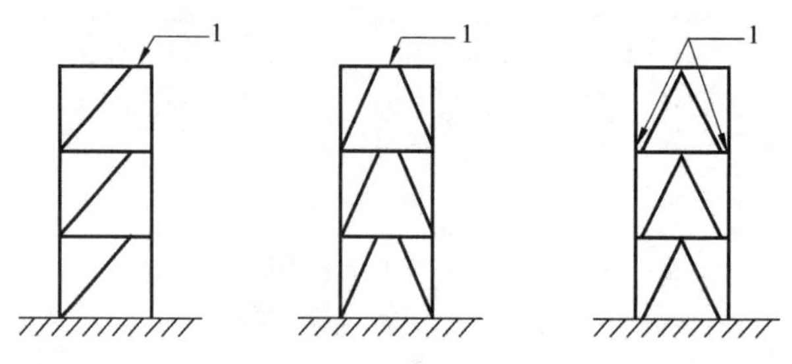

图 2-8　偏心支撑框架立面图

1—消能梁段

（4）抗震等级为四级时，支撑可采用拉杆设计，其长细比不应大于 180；拉杆设计的支撑应同时设不同倾斜方向的两组单斜杆。且每层不同倾斜方向单斜杆的截面面积在水平方向的投影面积之差不得大于 10%。

（5）当支撑翼缘朝向框架平面外，且采用支托式连接时（图 2-9a、b），其平面外计算长度可取轴线长度的 0.7 倍；当支撑腹板位于框架平面内时（图 2-9c、d），其平面外计算长度可取轴线长度的 0.9 倍。

（6）当支撑采用节点板进行连接（图 2-10）时，在支撑端部与节点板约束点连线之间应留有 2 倍节点板厚的间隙，节点板约束点连线应与支撑杆轴线垂直，且应进行下列验算：

1）支撑与节点板间的连接强度验算。

2）节点板自身的强度和稳定验算。

3）连接板与梁柱间焊缝的强度验算。

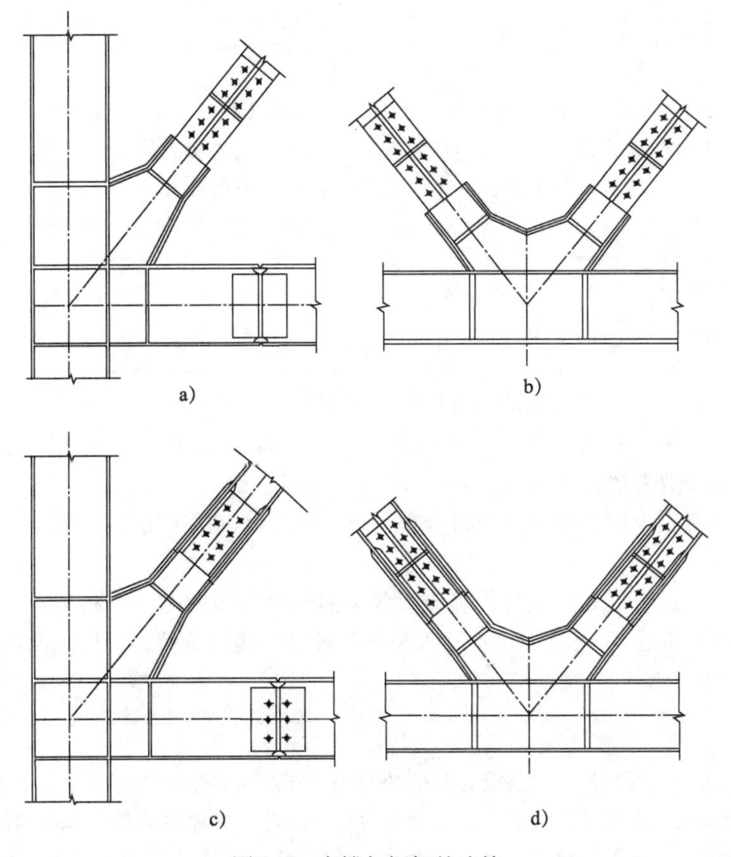

图 2-9　支撑与框架的连接

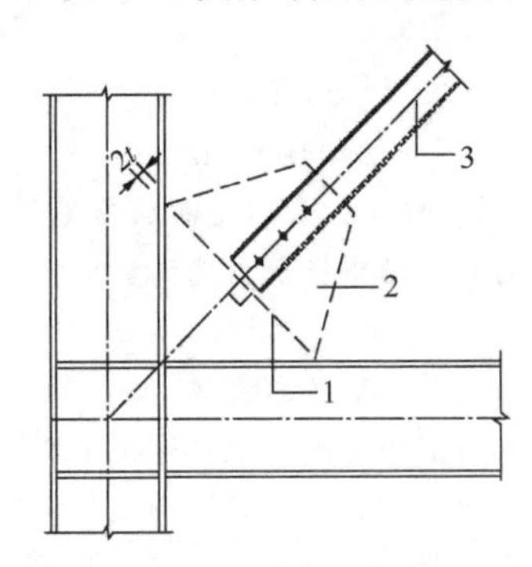

图 2-10　组合支撑杆件端部与单壁节点板的连接

1—约束点连线　2—单壁节点板　3—支撑杆　t—节点板的厚度

（7）对于装配式钢结构建筑，当消能梁段与支撑连接的下翼缘处无法设置侧向支撑时，应采取其他可靠措施保证连接处能够承受不小于梁段下翼缘轴向极限承载力 6% 的侧向集中力。

条文解读

▲5. 2. 14

对钢框架支撑结构的设计作如下说明：

（1）H 形截面支撑腹板位于框架平面内时的计算长度系数，是根据主梁上翼缘有混凝土楼板、下翼缘有隅撑等情况提出来的。

（2）在支撑端部与节点板约束点连线之间应留有 2 倍节点板厚的间隙，这是为了防止支撑屈曲

条文解读

后对节点板的承载力有影响。

（3）现行行业标准《高层民用建筑钢结构技术规程》JGJ 99 规定，消能梁段两端应设置侧向支撑，以便承受平面外扭转作用。但实际住宅建筑中，由于使用功能的要求很多位置不能设置侧向支撑，因此要采用其他加强措施来保证这个位置的梁不发生平面外失稳。

条文链接 ★5.2.14

参考第二部分5.2.13条的条文链接。

5.2.15 钢框架-延性墙板结构的设计应符合下列规定：

（1）钢板剪力墙和钢板组合剪力墙设计应符合现行行业标准《高层民用建筑钢结构技术规程》JGJ 99 和《钢板剪力墙技术规程》JGJ/T 380 的规定。

（2）内嵌竖缝混凝土剪力墙设计应符合现行行业标准《高层民用建筑钢结构技术规程》JGJ 99 的规定。

（3）当采用钢板剪力墙时，应计入竖向荷载对钢板剪力墙性能的不利影响。当采用竖缝钢板剪力墙且房屋层数不超过18层时，可不计入竖向荷载对竖缝钢板剪力墙性能的不利影响。

条文解读

▲5.2.15

为了减小竖向荷载对钢板剪力墙受力性能的影响，可以在整体结构的楼板浇筑完成之后，再进行钢板剪力墙的安装。当钢板剪力墙与主体结构同步安装时，宜考虑后期施工对钢板剪力墙受力性能产生的不利影响，可在结构计算中将墙板厚度 t_w 折减为 φt_w 来考虑二者同步施工的影响。折减系数可按下列公式计算：

$$\varphi = 1 - x$$

$$x = 100\Delta/H$$

式中 x——主体结构在钢板剪力墙所在楼层的层间竖向压缩变形平均值 Δ 与层高 H 比值的100倍。

上述计算公式依据对不同厚度的非加劲钢板剪力墙的数值分析结果拟合得到。对于高层混凝土结构和钢结构，宜符合下式规定：

$$\Delta/H \leqslant 0.2\%$$

开缝钢板剪力墙不与框架柱而仅与框架梁通过螺栓连接，螺栓一般在主体结构施工完成后再予拧紧，从而使钢板剪力墙在实际使用中仅承受少量装修荷载和活荷载；根据宝钢与同济大学的实验研究，开缝钢板剪力墙具有较大的竖向荷载承受能力，完全可以承受18层建筑所累积的装修荷载和活荷载。

条文链接 ★5.2.15

根据《钢板剪力墙技术规程》JGJ/T 380 的有关规定：

钢板剪力墙的设计应符合下列规定：

（1）钢板剪力墙的节点，不应先于钢板剪力墙和框架梁柱破坏。

（2）与钢板剪力墙相连周边框架梁柱腹板厚度不应小于钢板剪力墙厚度。

（3）钢板剪力墙上开设洞口时应按等效原则予以补强。

5.2.16 交错桁架结构的设计应符合下列规定：

（1）交错桁架钢结构的设计应符合现行行业标准《交错桁架钢结构设计规程》JGJ/T 329 的

规定。

（2）当横向框架为奇数榀时，应控制层间刚度比；当横向框架设置为偶数榀时，应控制水平荷载作用下的偏心影响。

（3）桁架可采用混合桁架（图2-11a）和空腹桁架（图2-11b）两种形式，设置走廊处可不设斜杆。

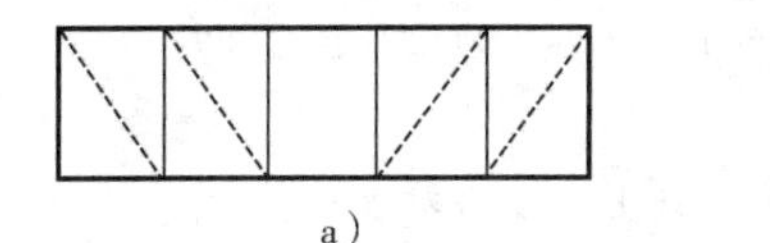
a）

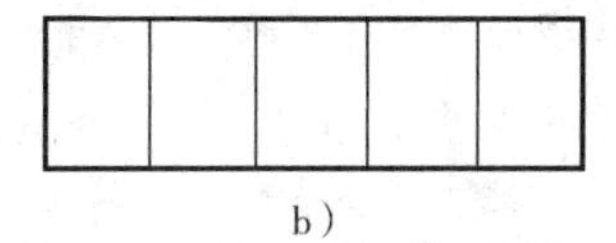
b）

图2-11　桁架形式

a）混合桁架　b）空腹桁架

（4）当底层局部无落地桁架时，应在底层对应轴线及相邻两侧设横向支撑（图2-12），横向支撑不宜承受竖向荷载。

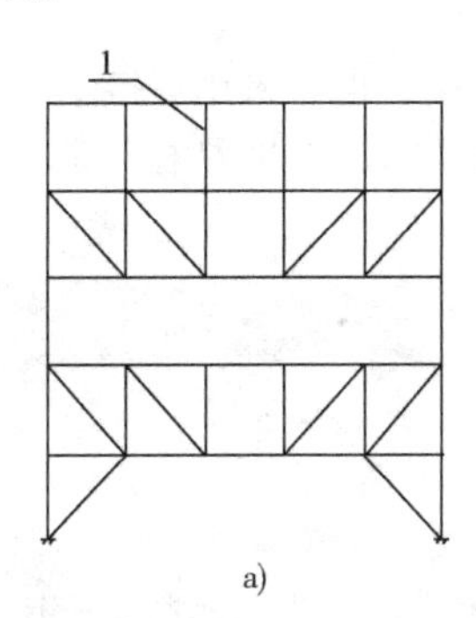

a)

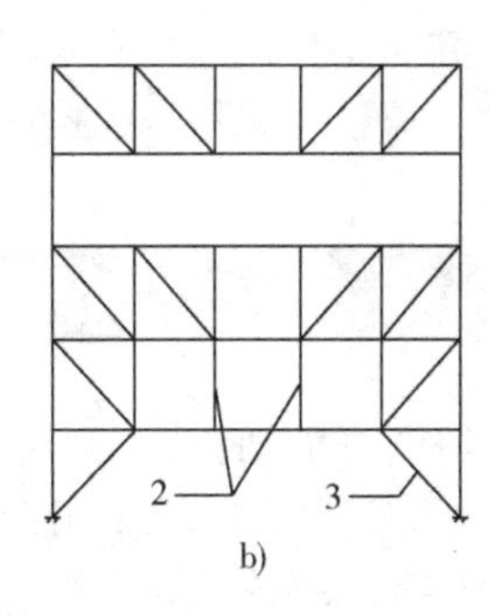

b)

图2-12　支撑、吊杆、立柱

a）第二层设桁架时支撑做法　b）第三层设桁架时支撑做法

1—顶层立柱　2—二层吊杆　3—横向支撑

（5）交错桁架的纵向可采用钢框架结构、钢框架支撑结构、钢框架-延性墙板结构或其他可靠的结构形式。

条文解读

▲5.2.16

交错桁架钢结构体系宜用于横向跨度大、纵向狭长带中间走廊的建筑类型，平面布置宜采用矩形，也可布置成L形、T形、环形平面。由于桁架交错布置，标准层可提供两跨面宽、一跨进深的大空间，但上下层大空间为交错布置，建筑设计应结合此特点进行设计。在顶层无桁架的轴线上需设立柱支承屋面结构，顶层不宜布置大空间功能。

底层需布置超大空间时，可不设置落地桁架，但因为柱子的抗侧移能力不足，底层对应部位应设横向斜撑抵抗层间剪力，且二层无桁架轴线需设吊杆支承楼面。横向支撑承受竖向荷载后会导致截面比较大，影响建筑美观；横向支撑的主要作用是抵抗水平荷载，可以在二层桁架上下弦杆处楼板施工完成后再安装横向支撑。

条文链接 **★5.2.16**

根据《交错桁架钢结构设计规程》JGJ/T 329的有关规定：

结构构件承载能力计算应满足下列公式要求：

不考虑地震作用时，$\gamma_0 S_d \leqslant R_d$

考虑多遇地震作用时，$S_E \leqslant R_d / \gamma_{RE}$

条文链接

式中 γ_0——结构重要性系数；

S_d——不考虑地震作用时，荷载效应组合的设计值（kN）；

S_E——考虑多遇地震作用时，荷载和地震作用效应组合的设计值（kN）；

R_d——结构抗力（kN）；

γ_{RE}——承载力抗震调整系数，对钢柱、钢管混凝土柱及桁架取0.8，节点板件、连接焊缝及螺栓取0.8。

5.2.17 装配式钢结构建筑构件之间的连接设计应符合下列规定：

（1）抗震设计时，连接设计应符合构造要求，并应按弹塑性设计，连接的极限承载力应大于构件的全塑性承载力。

（2）装配式钢结构建筑构件的连接宜采用螺栓连接，也可采用焊接。

（3）有可靠依据时，梁柱可采用全螺栓的半刚性连接，此时结构计算应计入节点转动对刚度的影响。

条文解读

▲5.2.17

对构件之间的连接作如下说明：

（1）此条主要针对采用梁柱刚性连接时的完全强度连接（即连接的设计强度不小于梁的设计强度）提出。对于全螺栓连接节点，如外伸式端板连接节点，当按照刚性连接设计时，可以设计为完全强度连接或部分强度连接（即连接的设计强度仅满足设计承载需求而小于梁的设计强度）。当外伸式端板连接节点设计为完全强度连接时，应满足此条文要求，即螺栓连接的极限承载力应大于梁的全截面塑性承载力。当外伸式端板连接节点设计为部分强度连接时，一般情况下不能满足此条要求；但根据已有研究的结果，部分强度连接的外伸式端板连接节点在达到节点承载力之后，虽然一般不能实现梁截面屈服形成塑性铰耗能，但通过充分发展端板弯曲变形仍可以得到较大的节点转角并实现较为充分的能量耗散，同样可以得到较好的抗震性能；因此，对于采用部分强度连接的外伸式端板连接节点可不满足此条要求，而按照“强连接弱板件”的原则进行设计，即控制螺栓连接的设计承载力大于端板屈服的设计承载力，并保证螺栓连接的极限承载力大于端板全截面屈服对应的承载力。

（2）连接构造应体现装配化的特点，尽可能做到人工少、安装快。现场施工中，应优先选用螺栓连接，少采用现场焊接及湿作业量大的连接。比如在满足承载力和构造要求的前提下，应优先选用外露式的钢柱脚，钢柱脚可采用预埋锚栓与柱脚板连接的外露式做法。

（3）在有可靠依据时，梁柱的连接可采用半刚性连接，但必须满足承载力和延性的要求，一般要求连接的极限转角达到0.02rad时，节点抗弯承载力的下降值不超过15%。

条文链接 **★5.2.17**

根据《高层民用建筑钢结构技术规程》JGJ 99的有关规定：

（1）高层民用建筑钢结构承重构件的螺栓连接，应采用高强度螺栓摩擦型连接。考虑罕遇地震时连接滑移，螺栓杆与孔壁接触，极限承载力按承压型连接计算。

（2）高强度螺栓连接受拉或受剪时的极限承载力，应按本规程附录F的规定计算。

5.2.18 装配式钢结构建筑的楼板应符合下列规定：

（1）楼板可选用工业化程度高的压型钢板组合楼板、钢筋桁架楼承板组合楼板、预制混凝土叠合楼板及预制预应力空心楼板等。

（2）楼板应与土体结构可靠连接，保证楼盖的整体牢固性。

（3）抗震设防烈度为6、7度且房屋高度不超过50m时，可采用装配式楼板（全预制楼板）或其他轻型楼盖，但应采取下列措施之一保证楼板的整体性：

1）设置水平支撑。

2）采取有效措施保证预制板之间的可靠连接。

（4）装配式钢结构建筑可采用装配整体式楼板，但应适当降低表2-1中的最大高度。

（5）楼盖舒适度应符合现行行业标准《高层民用建筑钢结构技术规程》JGJ 99的规定。

条文解读

▲5.2.18

整体式楼板包括普通现浇楼板、压型钢板组合楼板、钢筋桁架楼承板组合楼板等；装配整体式楼板包括钢筋桁架混凝土叠合楼板、预制混凝土叠合楼板；装配式楼板包括预制预应力空心板叠合楼板（SP板）、预制蒸压加气混凝土楼板等。

无论采用何种楼板，均应该保证楼板的整体牢固性，保证楼板与钢结构的可靠连接，具体可以采取在楼板与钢梁之间设置抗剪连接件，将楼板预埋件与钢梁焊接等措施来实现。全预制的装配式楼板的整体性能较差，因此需要采取更强的措施来保证楼盖的整体性。对于装配整体式的叠合板，一般当现浇的叠合层厚度大于80mm时，其整体性与整体式楼板的差别不大，因此可以适用于更高的高度。

条文链接 **★5.2.18**

根据《高层民用建筑钢结构技术规程》JGJ 99的有关规定：

楼盖结构应具有适宜的舒适度。楼盖结构的竖向振动频率不宜小于3Hz，竖向振动加速度峰值不应大于表2-8的限值。楼盖结构竖向振动加速度可按现行行业标准《高层建筑混凝土结构技术规程》JGJ 3的有关规定计算。

表2-8 楼盖竖向振动加速度限值

人员活动环境	峰值加速度限值/(m/s^2)	
	竖向自振频率不大于2Hz	竖向自振频率不小于4Hz
住宅、办公	0.07	0.05
商场及室内连廊	0.22	0.15

注：楼盖结构竖向频率为2～4Hz时，峰值加速度限值可按线性插值选取。

5.2.19 装配式钢结构建筑的楼梯应符合下列规定：

（1）宜采用装配式混凝土楼梯或钢楼梯。

（2）楼梯与主体结构宜采用不传递水平作用的连接形式。

条文解读

▲5.2.19

钢结构抗侧刚度较小，而楼梯的刚度比较大，楼梯参与抗侧力会对结构带来附加偏心等方面的问题，因此楼梯与主体结构宜采用不传递水平力的连接形式，具体措施可以通过连接螺栓开长圆孔、设置聚四氟乙烯板等方式实现。

5.2.20 地下室和基础应符合下列规定：

（1）当建筑高度超过50m时，宜设置地下室；当采用天然地基时，其基础埋置深度不宜小于房屋总高度的1/15；当采用桩基时，桩承台埋深不宜小于房屋总高度的1/20。

（2）设置地下室时，竖向连续布置的支撑、延性墙板等抗侧力构件应延伸至基础。

（3）当地下室不少于两层，且嵌固端在地下室顶板时，延伸至地下室底板的钢柱脚可采用铰接或刚接。

条文解读

▲5.2.20

对多高层装配式钢结构建筑的地下室和基础作如下说明：

（1）规定基础最小埋置深度，目的是使基础有足够大的抗倾覆能力。抗震设防烈度高时埋置深度应取较大值。

（2）一般情况下，支撑、延性墙板等抗侧力构件应连续布置，宜避免抗侧力结构的侧向刚度和承载力突变，原则上支撑、延性墙板等抗侧力构件需延伸至基础。当地下室对于局部抗侧力构件的设置有影响时，可移动至邻近位置，并应采取加强措施，保证水平力的可靠传递，地下室顶板宜为嵌固端。

（3）柱上的最大弯矩出现在地下室顶板的嵌固端位置，当地下室层数不小于两层时，柱脚的弯矩将明显减小，因此柱脚可设置为铰接，但应注意节点构造应满足铰接节点的相关要求。

5.2.21 当抗震设防烈度为8度及以上时，装配式钢结构建筑可采用隔震或消能减震结构，并应按国家现行标准《建筑抗震设计规范》GB 50011和《建筑消能减震技术规程》JGJ 297的规定执行。

条文链接 **★5.2.21**

根据《建筑抗震设计规范》GB 50011的有关规定：

隔震和消能减震设计时，隔震装置和消能部件应符合下列要求：

（1）隔震装置和消能部件的性能参数应经试验确定。

（2）隔震装置和消能部件的设置部位，应采取便于检查和替换的措施。

（3）设计文件上应注明对隔震装置和消能部件的性能要求，安装前应按规定进行检测，确保性能符合要求。

5.2.22 钢结构应进行防火和防腐设计，并应按国家现行标准《建筑设计防火规范》GB 50016及《建筑钢结构防腐蚀技术规程》JGJ/T 251的规定执行。

条文链接 **★5.2.22**

根据《建筑钢结构防腐蚀技术规程》JGJ/T 251的有关规定：

在大气腐蚀环境下，建筑钢结构设计应符合下列规定：

（1）结构类型、布置和构造的选择应满足下列要求：

1）应有利于提高结构自身的抗腐蚀能力。

2）应能有效避免腐蚀介质在构件表面的积聚。

3）应便于防护层施工和使用过程中的维护和检查。

（2）腐蚀性等级为Ⅳ、Ⅴ或Ⅵ级时，桁架、柱、主梁等重要受力构件不应采用格构式构件和冷弯薄壁型钢。

（3）钢结构杆件应采用实腹式或闭口截面，闭口截面端部应进行封闭；封闭截面进行热镀浸锌时，应采取开孔防爆措施。腐蚀性等级为Ⅳ、Ⅴ或Ⅵ级时，钢结构杆件截面不应采用由双角钢组成的T形截面和由双槽钢组成的工形截面。

条文链接

（4）钢结构杆件采用钢板组合时，截面的最小厚度不应小于6mm；采用闭口截面杆件时，截面的最小厚度不应小于4mm；采用角钢时，截面的最小厚度不应小于5mm。

（5）门式刚架构件宜采用热轧H型钢；当采用T型钢或钢板组合时，应采用双面连续焊缝。

（6）网架结构宜采用管形截面、球形节点。腐蚀性等级为Ⅳ、Ⅴ或Ⅵ级时，应采用焊接连接的空心球节点。当采用螺栓球节点时，杆件与螺栓球的接缝应采用密封材料填嵌严密，多余螺栓孔应封堵。

（7）不同金属材料接触的部位，应采取隔离措施。

（8）桁架、柱、主梁等重要钢构件和闭口截面杆件的焊缝，应采用连续焊缝。角焊缝的焊脚尺寸不应小于8mm；当杆件厚度小于8mm时，焊脚尺寸不应小于杆件厚度。加劲肋应切角，切角的尺寸应满足排水、施工维修要求。

（9）焊条、螺栓、垫圈、节点板等连接构件的耐腐蚀性能，不应低于主体材料。螺栓直径不应小于12mm。垫圈不应采用弹簧垫圈。螺栓、螺母和垫圈应采用热镀浸锌防护，安装后再采用与主体结构相同的防腐蚀措施。

（10）高强度螺栓构件连接处接触面的除锈等级，不应低于Sa2 $\frac{1}{2}$，并宜涂无机富锌涂料；连接处的缝隙，应嵌刮耐腐蚀密封膏。

（11）钢柱柱脚应置于混凝土基础上，基础顶面宜高出地面不小于300mm。

（12）当腐蚀性等级为Ⅵ级时，重要构件宜选用耐候钢。

5.3　外围护系统

5.3.1　装配式钢结构建筑应合理确定外围护系统的设计使用年限，住宅建筑的外围护系统的设计使用年限应与主体结构相协调。

条文解读

▲5.3.1

外围护系统的设计使用年限是确定外围护系统性能要求、构造、连接的关键，设计时应明确。住宅建筑中外围护系统的设计使用年限应与主体结构相协调，主要是指住宅建筑中外围护系统的基层板、骨架系统、连接配件的设计使用年限应与建筑物主体结构一致；为满足使用要求，外围护系统应定期维护，接缝胶、涂装层、保温材料应根据材料特性，明确使用年限，并应注明维护要求。

5.3.2　外围护系统的立面设计应综合装配式钢结构建筑的构成条件、装饰颜色与材料质感等设计要求。

条文解读

▲5.3.2

装配式钢结构建筑的构成条件，主要是指建筑物的主体结构类型、建筑使用功能等。

5.3.3　外围护系统的设计应符合模数协调和标准化要求，并应满足建筑立面效果、制作工艺、运输及施工安装的条件。

5.3.4　外围护系统设计应包括下列内容：

（1）外围护系统的性能要求。

（2）外墙板及屋面板的模数协调要求。

（3）屋面结构支承构造节点。

（4）外墙板连接、接缝及外门窗洞口等构造节点。

（5）阳台、空调板、装饰件等连接构造节点。

条文解读

▲5.3.4

针对目前我国装配式钢结构建筑中外围护系统的设计指标要求不明确，对外围护系统中部品设计、生产、安装的指导性不强，本条规定了在设计中应包含的主要内容：

（1）外围护系统性能要求，主要为安全性、功能性和耐久性等。

（2）外墙板及屋面板的模数协调包括：尺寸规格、轴线分布、门窗位置和洞口尺寸等，设计应标准化，兼顾其经济性，同时还应考虑外墙板及屋面板的制作工艺、运输及施工安装的可行性。

（3）屋面围护系统与主体结构、屋架与屋面板的支承要求，以及屋面上放置重物的加强措施。

（4）外墙围护系统的连接、接缝及系统中外门窗洞口等部位的构造节点是影响外墙围护系统整体性能的关键点。

（5）空调室外及室内机、遮阳装置、空调板太阳能设施、雨水收集装置及绿化设施等重要附属设施的连接节点。

5.3.5 外围护系统应根据建筑所在地区的气候条件、使用功能等综合确定抗风性能、抗震性能、耐撞击性能、防火性能、水密性能、气密性能、隔声性能、热工性能和耐久性能等要求，屋面系统还应满足结构性能要求。

条文解读

▲5.3.5

外围护系统的材料种类多种多样，施工工艺和节点构造也不尽相同，在集成设计时，外围护系统应根据不同材料特性、施工工艺和节点构造特点明确具体的性能要求。性能要求主要包括安全性、功能性和耐久性等，同时屋面系统还应增加结构性能要求。

条文链接 **★5.3.5**

参考第一部分6.1.5条的条文链接。

参考第二部分4.2.2、5.2.9的条文链接。

根据《装配式混凝土结构技术规程》JGJ 1的有关规定：

非承重墙体的材料、选型和布置，应根据烈度、房屋高度、建筑体型、结构层间变形、墙体自身抗侧力性能的利用等因素确定，并应符合下列规定：

（1）非承重墙体宜优先采用轻质材料；采用砌体墙时，应采取措施减少对主体结构的不利影响，并应设置拉结筋、水平系梁、圈梁、构造柱等与主体结构可靠连接。

（2）刚性连接的非承重墙体布置，应避免使结构形成刚度和强度分布上的突变；非对称均匀布置时，应考虑地震扭转效应对结构的不利影响。

（3）非承重墙体与主体结构应有可靠的拉结，应能满足主体结构不同方向的层间变形的能力，与悬挑构件相连接时，尚应具有满足节点转动引起的竖向变形的能力。

（4）外墙板的连接件应具有满足设防烈度地震作用下主体结构层间变形的延性和转动能力。

（5）圆弧形外墙应加密构造柱，墙高中部宜设置钢筋混凝土现浇带或腰梁。

（6）应避免设备管线的集中设置对填充墙的削弱。

根据《建筑构件耐火试验方法 第1部分：通用要求》GB/T 9978.1的有关规定：

（1）根据设计要求，将试件安装在刚性框架内从而得到相应的约束。这种方法在适当的条件下可应用于隔墙和楼板。在这种情况下，试件边缘和框架之间的缝隙应用刚性材料填充。

条文链接

约束也可用液压或其他加载系统提供。提供的约束力或力矩会限制膨胀、收缩或转动。这种情况下，这些约束力或力矩数值是重要的数据信息，应在整个试验过程中间隔一定时间进行测量。

（2）对承载构件，试验荷载应在试验开始前至少15min时加载，并且加载的速率不发生波动。对此产生的相应变形应进行测量记录。如果在一定的试验荷载等级条件下，试件的组成材料发生明显的变形，则在试验前应保持所加的荷载值恒定，直到变形稳定。根据要求，试验期间荷载值应保持恒定，并且当试件发生变形时，加载系统应能够快速做出响应保持荷载的恒定。

如果在加热终止后试件未坍塌，荷载应迅速卸载，除非需要监测试件的持续承载能力。对后一种情况，在报告中应清楚描述该试件的冷却过程，是否是人为冷却、移出试验炉冷却或打开试验炉冷却。

5.3.6　外围护系统选型应根据不同的建筑类型及结构形式而定；外墙系统与结构系统的连接形式可采用内嵌式、外挂式、嵌挂结合式等，并宜分层悬挂或承托；并可选用预制外墙、现场组装骨架外墙、建筑幕墙等类型。

条文解读

▲5.3.6

不同类型的外墙围护系统具有不同的特点，按照外墙围护系统在施工现场有无骨架组装的情况，分为预制外墙类、现场组装骨架外墙类、建筑幕墙类。

5.3.7　在50年重现期的风荷载或多遇地震作用下，外墙板不得因主体结构的弹性层间位移而发生塑性变形、板面开裂、零件脱落等损坏；当主体结构的层间位移角达到1/100时，外墙板不得掉落。

5.3.8　外墙板与主体结构的连接应符合下列规定：

（1）连接节点在保证主体结构整体受力的前提下，应牢固可靠、受力明确、传力简捷、构造合理。

（2）连接节点应具有足够的承载力。承载能力极限状态下，连接节点不应发生破坏；当单个连接节点失效时，外墙板不应掉落。

（3）连接部位应采用柔性连接方式，连接节点应具有适应主体结构变形的能力。

（4）节点设计应便于工厂加工、现场安装就位和调整。

（5）连接件的耐久性应满足设计使用年限的要求。

条文解读

▲5.3.8

本条规定了外墙板与主体结构连接中应注意的主要问题。

（1）连接节点的设置不应使主体结构产生集中偏心受力，应使外墙板实现静定受力。

（2）承载力极限状态下，连接节点最基本的要求是不发生破坏，这就要求连接节点处的承载力安全度储备应满足外墙板的使用要求。

（3）外墙板可采用平动或转动的方式与主体结构产生相对变形。外墙板应与周边主体结构可靠连接并能适应主体结构不同方向的层间位移，必要时应做验证性试验。采用柔性连接的方式，以保证外墙板应能适应主体结构的层间位移，连接节点尚需具有一定的延性，避免承载能力极限状态和正常施工极限状态下应力集中或产生过大的约束应力。

（4）宜减少采用现场焊接形式和湿作业连接形式。

（5）连接件除不锈钢及耐候钢外，其他钢材应进行表面热浸镀锌处理、富锌涂料处理或采取其他有效的防腐防锈措施。

5.3.9 外墙板接缝应符合下列规定：

（1）接缝处应根据当地气候条件合理选用构造防水、材料防水相结合的防排水措施。

（2）接缝宽度及接缝材料应根据外墙板材料、立面分格、结构层间位移、温度变形等综合因素确定；所选用的接缝材料及构造应满足防水、防渗、抗裂、耐久等要求；接缝材料应与外墙板具有相容性；外墙板在正常使用状况下，接缝处的弹性密封材料不应破坏。

（3）与主体结构的连接处应设置防止形成热桥的构造措施。

条文解读

▲5.3.9

外墙板接缝设计是外围护系统设计的重点环节，设计的合理性和适用性，直接关系到外围护系统的性能。

5.3.10 外围护系统中的外门窗应符合下列规定：

（1）应采用在工厂生产的标准化系列部品，并应采用带有批水板的外门窗配套系列部品。

（2）外门窗应与墙体可靠连接，门窗洞口与外门窗框接缝处的气密性能、水密性能和保温性能不应低于外门窗的相关性能。

（3）预制外墙中的外门窗宜采用企口或预埋件等方法固定，外门窗可采用预装法或后装法施工；采用预装法时，外门窗框应在工厂与预制外墙整体成型；采用后装法时，预制外墙的门窗洞口应设置预埋件。

（4）铝合金门窗的设计应符合现行行业标准《铝合金门窗工程技术规范》JGJ 214 的规定。

（5）塑料门窗的设计应符合现行行业标准《塑料门窗工程技术规程》JGJ 103 的规定。

条文解读

▲5.3.10

本条规定了外围护系统中外门窗的设计要求。

（1）采用在工厂生产的外门窗配套系列部品可以有效避免施工误差，提高安装的精度，保证外围护系统具有良好的气密性能和水密性能。

（2）门窗洞口与外门窗框接缝是节能及防渗漏的薄弱环节，接缝处的气密性能、水密性能和保温性能直接影响到外围护系统的性能，明确此部位的性能是为了提高外围护系统的功能性指标。

（3）门窗与洞口之间的不匹配导致门窗施工质量控制困难，容易造成门窗处漏水。门窗与墙体在工厂同步完成的预制混凝土外墙，在加工过程中能够更好地保证门窗洞口与框之间的密闭性，避免形成热桥，质量控制有保障，较好地解决了外门窗的渗漏水问题，改善了建筑的性能，提升了建筑的品质。

条文链接 **★5.3.10**

根据《铝合金门窗工程技术规范》JGJ 214 的有关规定：

（1）人员流动性大的公共场所，易于受到人员和物体碰撞的铝合金门窗应采用安全玻璃。

（2）建筑物中下列部位的铝合金门窗应使用安全玻璃：

1）七层及七层以上建筑物外开窗。

2）面积大于 $1.5m^2$ 的窗玻璃或玻璃底边离最终装修面小于 500mm 的落地窗。

3）倾斜安装的铝合金窗。

（3）铝合金推拉门、推拉窗的扇应有防止从室外侧拆卸的装置。推拉窗用于外墙时，应设置防止窗扇向室外脱落的装置。

条文链接

根据《塑料门窗工程技术规程》JGJ 103 的有关规定：

门窗工程有下列情况之一时，必须使用安全玻璃：

（1）面积大于 1.5m^2的窗玻璃。

（2）距离可踏面高度 900mm 以下的窗玻璃。

（3）与水平面夹角不大于 75°的倾斜窗，包括天窗、采光顶等在内的顶棚。

（4）7 层及 7 层以上建筑外开窗。

5.3.11 预制外墙应符合下列规定：

（1）预制外墙用材料应符合下列规定：

1）预制混凝土外墙板用材料应符合现行行业标准《装配式混凝土结构技术规程》JGJ 1 的规定。

2）拼装大板用材料包括龙骨、基板、面板、保温材料、密封材料、连接固定材料等，各类材料应符合国家现行有关标准的规定。

3）整体预制条板和复合夹芯条板应符合国家现行相关标准的规定。

（2）露明的金属支撑件及外墙板内侧与主体结构的调整间隙，应采用燃烧性能等级为 A 级的材料进行封堵，封堵构造的耐火极限不得低于墙体的耐火极限，封堵材料在耐火极限内不得开裂、脱落。

（3）防火性能应按非承重外墙的要求执行，当夹芯保温材料的燃烧性能等级为 B1 或 B2 级时，内、外叶墙板应采用不燃材料且厚度均不应小于 50mm。

（4）块材饰面应采用耐久性好、不易污染的材料；当采用面砖时，应采用反打工艺在工厂内完成，面砖应选择背面设有粘结后防止脱落措施的材料。

（5）预制外墙板接缝应符合下列规定：

1）接缝位置宜与建筑立面分格相对应。

2）竖缝宜采用平口或槽口构造，水平缝宜采用企口构造。

3）当板缝空腔需设置导水管排水时，板缝内侧应增设密封构造。

4）宜避免接缝跨越防火分区；当接缝跨越防火分区时，接缝室内侧应采用耐火材料封堵。

（6）蒸压加气混凝土外墙板的性能、连接构造、板缝构造、内外面层做法等应符合现行行业标准《蒸压加气混凝土建筑应用技术规程》JGJ/T 17 的有关规定，并符合下列规定：

1）可采用拼装大板、横条板、竖条板的构造形式。

2）当外围护系统需同时满足保温、隔热要求时，板厚应满足保温或隔热要求的较大值。

3）可根据技术条件选择钩头螺栓法、滑动螺栓法、内置锚法、摇摆型工法等安装方式。

4）外墙室外侧板面及有防潮要求的外墙室内侧板面应用专用防水界面剂进行封闭处理。

条文解读

▲5.3.11

本条规定了预制外墙的设计要求：

（1）露明的金属支撑件及外墙板内侧与梁、柱及楼板间的调整间隙，是防火安全的薄弱环节。露明的金属支撑件应设置构造措施，避免在遇火或高温下导致支撑件失效，进而导致外墙板掉落；外墙板内侧与梁、柱及楼板间的调整间隙，也是蹿火的主要部位，应设置构造措施，防止火灾蔓延。

（2）跨越防火分区的接缝是防火安全的薄弱环节，应在跨越防火分区的接缝室内侧填塞耐火材料，以提高外围护系统的防火性能。

条文解读

（3）蒸压加气混凝土外墙板是预制外墙中常用的部品。

蒸压加气混凝土外墙板的安装方式存在多种情况，应根据具体情况选用。现阶段，国内工程钩头螺栓法应用普遍，其特点是施工方便、造价低，缺点是损伤板材，连接节点不属于真正意义上的柔性节点，属于半刚性连接节点，应用于多层建筑外墙是可行的；对高层建筑外墙宜选用内置锚法、摇摆型工法。

蒸压加气混凝土外墙板是一种带孔隙的碱性材料，吸水后强度降低，外表面防水涂膜是其保证结构正常特性的保障，防水封闭是保证加气混凝土板耐久性（防渗漏、防冻融）的关键技术措施。通常情况下，室外侧板面宜采用性能匹配的柔性涂料饰面。

条文链接 ★5.3.11

根据《装配式混凝土结构技术规程》JGJ 1 的有关规定：

预制外墙板的接缝满足保温、防火、隔声的要求。

5.3.12 现场组装骨架外墙应符合下列规定：

（1）骨架应具有足够的承载力、刚度和稳定性，并应与主体结构可靠连接；骨架应进行整体及连接节点验算。

（2）墙内敷设电气线路时，应对其进行穿管保护。

（3）宜根据基层墙板特点及形式进行墙面整体防水。

（4）金属骨架组合外墙应符合下列规定：

1）金属骨架应设置有效的防腐蚀措施。

2）骨架外部、中部和内部可分别设置防护层、隔离层、保温隔气层和内饰层，并根据使用条件设置防水透气材料、空气间层、反射材料、结构蒙皮材料和隔汽材料等。

（5）木骨架组合墙体应符合下列规定：

1）材料种类、连接构造、板缝构造、内外面层做法等应符合现行国家标准《木骨架组合墙体技术规范》GB/T 50361 的规定。

2）木骨架组合外墙与主体结构之间应采用金属连接件进行连接。

3）内侧墙面材料宜采用普通型、耐火型或防潮型纸面石膏板，外侧墙面材料宜采用防潮型纸面石膏板或水泥纤维板等材料。

4）保温隔热材料宜采用岩棉或玻璃棉等。

5）隔声吸声材料宜采用岩棉、玻璃棉或石膏板材等。

6）填充材料的燃烧性能等级应为 A 级。

条文解读

▲5.3.12

本条规定了现场组装骨架外墙的设计要求。

（1）骨架是现场组装骨架外墙中承载并传递荷载的主要材料，它与主体结构有可靠、正确的连接，才能保证墙体正常、安全地工作。骨架整体验算及连接节点是保证现场组装骨架外墙安全性的重点环节。

（2）当设置外墙防水时，应符合现行行业标准《建筑外墙防水工程技术规程》JGJ/T 235 的规定。

（3）以厚度为 0.8～1.5mm 的镀锌轻钢龙骨为骨架，由外面层、填充层和内面层所组成的复合墙体，是北美、澳洲等地多高层建筑的主流外墙之一。一般是在现场安装密肋布置的龙骨后安装各

条文解读

层次，也有在工厂预制成条板或大板后在现场整体装配的案例。

(4) 本款规定了木骨架组合外墙的设计要求。

当采用规格材制作木骨架时，由于是通过设计确定木骨架的尺寸，故不限制使用规格材的等级。规格材的含水率不应大于20%，与现行国家标准《木结构设计规范》GB 50005规定的规格材含水率一致。

木骨架组合外墙与主体结构之间的连接应有足够的耐久性和可靠性，所采用的连接件和紧固件应符合国家现行标准并符合设计要求。木骨架组合外墙经常受自然环境不利因素的影响，因此要求连接材料具备防腐功能以保证连接材料的耐久性。

岩棉、玻璃棉具有导热系数小、自重轻、防火性能好等优点，而且石膏板、岩棉和玻璃棉吸声系数高，适用于木骨架外墙的填充材料和覆面材料，使外墙达到国家标准规定的保温、隔热、隔声和防火要求。

5.3.13 建筑幕墙应符合下列规定：

(1) 应根据建筑物的使用要求、建筑造型，合理选择幕墙形式，宜采用单元式幕墙系统。

(2) 应根据不同的面板材料，选择相应的幕墙结构、配套材料和构造方式等。

(3) 应具有适应主体结构层间变形的能力；主体结构中连接幕墙的预埋件、锚固件应能承受幕墙传递的荷载和作用，连接件与主体结构的锚固极限承载力应大于连接件本身的全塑性承载力。

(4) 玻璃幕墙的设计应符合现行行业标准《玻璃幕墙工程技术规范》JGJ 102的规定。

(5) 金属与石材幕墙的设计应符合现行行业标准《金属与石材幕墙工程技术规范》JGJ 133的规定。

(6) 人造板材幕墙的设计应符合现行行业标准《人造板材幕墙工程技术规范》JGJ 336的规定。

条文链接 ★5.3.13

根据《玻璃幕墙工程技术规范》JGJ 102的有关规定：

全玻幕墙的板面不得与其他刚性材料直接接触。板面与装修面或结构面之间的空隙不应小于8mm，且应采用密封胶密封。

根据《金属与石材幕墙工程技术规范》JGJ 133的有关规定：

钢销式石材幕墙可在非抗震设计或6度、7度抗震设计幕墙中应用，幕墙高度不宜大于20m，石板面积不宜大于1.0m^2。钢销和连接板应采用不锈钢。连接板截面尺寸不宜小于40mm×4mm。钢销与孔的要求应符合本规范第6.3.2条的规定。

根据《人造板材幕墙工程技术规范》JGJ 336的有关规定：

幕墙应与主体结构可靠连接。连接件与主体结构的锚固承载力设计值应大于连接件本身的承载力设计值。

5.3.14 建筑屋面应符合下列规定：

(1) 应根据现行国家标准《屋面工程技术规范》GB 50345中规定的屋面防水等级进行防水设防，并应具有良好的排水功能，宜设置有组织排水系统。

(2) 太阳能系统应与屋面进行一体化设计，电气性能应满足国家现行标准《民用建筑太阳能热水系统应用技术规范》GB 50364和《民用建筑太阳能光伏系统应用技术规范》JGJ 203的规定。

(3) 采光顶与金属屋面的设计应符合现行行业标准《采光顶与金属屋面技术规程》JGJ 255的规定。

条文解读

▲5.3.14

根据各地区气候特点及日照分析结果，有条件的地区可以在装配式建筑设计中充分利用太阳能，设置在屋面上的太阳能系统管路和管线应遵循安全、美观、规则有序、便于安装和维护的原则，与建筑其他管线统筹设计，做到太阳能系统与建筑一体化。

条文链接 **★5.3.14**

根据《屋面工程技术规范》GB 50345 的有关规定：

屋面防水工程应根据建筑物的类别、重要程度、使用功能要求确定防水等级，并应按相应等级进行防水设防；对防水有特殊要求的建筑屋面，应进行专项防水设计。屋面防水等级和设防要求应符合表 2-9 的规定。

表 2-9　屋面防水等级和设防要求

防水等级	建筑类别	设防要求
Ⅰ级	重要建筑和高层建筑	两道防水设防
Ⅱ级	一般建筑	一道防水设防

根据《采光顶与金属屋面技术规程》JGJ 255 的有关规定：

（1）采光顶的设计应考虑维护和清洗的要求，可按需要设置清洗装置或清洗用安全通道，并应便于维护和清洗操作。

（2）金属屋面应设置上人爬梯或设置屋面上人孔，对于屋面四周没有女儿墙或女儿墙（或屋面上翻檐口）低于 500mm 的屋面，宜设置防坠落装置。

5.4　设备与管线系统

5.4.1　装配式钢结构建筑的设备与管线设计应符合下列规定：

（1）装配式钢结构建筑的设备与管线宜采用集成化技术，标准化设计，当采用集成化新技术、新产品时应有可靠依据。

（2）各类设备与管线应综合设计、减少平面交叉，合理利用空间。

（3）设备与管线应合理选型、准确定位。

（4）设备与管线宜在架空层或吊顶内设置。

（5）设备与管线安装应满足结构专业相关要求，不应在预制构件安装后凿剔沟槽、开孔、开洞等。

（6）公共管线、阀门、检修配件、计量仪表、电表箱、配电箱、智能化配线箱等应设置在公共区域。

（7）设备与管线穿越楼板和墙体时，应采取防水、防火、隔声、密封等措施，防火封堵应符合现行国家标准《建筑设计防火规范》GB 50016 的规定。

（8）设备与管线的抗震设计应符合现行国家标准《建筑机电工程抗震设计规范》GB 50981 的有关规定。

条文解读

▲5.4.1

对设备与管线设计的要求，作如下说明：

（1）可以采用包含 BIM 技术在内的多种技术手段开展三维管线综合设计，对各专业管线在钢

条文解读

构件上预留的套管、开孔、开槽位置尺寸进行综合及优化，形成标准化方案，并做好精细设计以及定位，避免错漏碰缺，降低生产及施工成本，减少现场返工。

（2）设备与管线应方便检查、维修、更换，且在维修更换时不影响主体结构。竖向管线宜集中布置于管井中。钢构件上为管线、设备及其吊挂配件预留的孔洞、沟槽宜选择对构件受力影响最小的部位，当因条件限制而无法满足上述要求时，建筑和结构专业应采取相应的处理措施。设计过程中设备专业应与建筑和结构专业密切沟通，防止遗漏。

（3）设备管道与钢结构构件上的预留孔洞空隙处采用不燃柔性材料填充。

条文链接 ★5.4.1

参考第一部分7.1.9、7.1.10条的条文链接。

5.4.2 给水排水设计应符合下列规定：

（1）冲厕宜采用非传统水源，水质应符合现行国家标准《城市污水再生利用城市杂用水水质》GB/T 18920的规定。

（2）集成式厨房、卫生间应预留相应的给水、热水、排水管道接口，给水系统配水管道接口的形式和位置应便于检修。

（3）给水分水器与用水器具的管道应一对一连接，管道中间不得有连接配件；宜采用装配式的管线及其配件连接；给水分水器位置应便于检修。

（4）敷设在吊顶或楼地面架空层内的给水排水设备管线应采取防腐蚀、隔声减噪和防结露等措施。

（5）当建筑配置太阳能热水系统时，集热器、储水罐等的布置应与主体结构、外围护系统、内装系统相协调，做好预留预埋。

（6）排水管道宜采用同层排水技术。

（7）应选用耐腐蚀、使用寿命长、降噪性能好、便于安装及更换、连接可靠、密封性能好的管材、管件以及阀门设备。

条文解读

▲5.4.2

对给水排水设计的要求，作如下说明：

（1）居住建筑冲厕用水可采用模块化户内中水集成系统，并应做好防水处理。

（2）为便于日后管道维修更换，给水系统的给水立管与部品配水管道的接口宜设置内螺纹活接连接。实际工程中由于未采用活接头，在遇到有拆卸管路要求的检修时只能采取断管措施，增加了不必要的施工量。

（3）采用装配式的管线及其配件连接，可减少现场焊接、热熔工作。

（4）卫生间架空层积水排除可设置独立的排水系统或采用间接排水方式。

条文链接 ★5.4.2

参考第一部分7.2.1条的条文链接。

5.4.3 建筑供暖、通风、空调及燃气设计应符合下列规定：

（1）室内供暖系统采用低温地板辐射供暖时，宜采用干法施工。

（2）室内供暖系统采用散热器供暖时，安装散热器的墙板构件应采取加强措施。

(3) 采用集成式卫生间或采用同层排水架空地板时，不宜采用地板辐射供暖系统。

(4) 冷热水管道固定于梁柱等钢构件上时，应采用绝热支架。

(5) 供暖、通风、空气调节及防排烟系统的设备及管道系统宜结合建筑方案整体设计，并预留接口位置；设备基础和构件应连接牢固，并按设备技术文件的要求预留地脚螺栓孔洞。

(6) 供暖、通风和空气调节设备均应选用节能型产品。

(7) 燃气系统管线设计应符合现行国家标准《城镇燃气设计规范》GB 50028 的规定。

条文解读

▲5.4.3

对建筑供暖、通风、空调及燃气设计的要求，作如下说明：

(1) 当采用散热器供暖系统时，散热器安装应牢固可靠，安装在轻钢龙骨隔墙上时，应采用隐蔽支架固定在结构受力件上；安装在预制复合墙体上时，其挂件应预埋在实体结构上，挂件应满足刚度要求；当采用预留孔洞安装散热器挂件时，预留孔洞的深度应不小于120mm。

(2) 集成式卫生间和同层排水的架空地板下面有很多给水和排水管道，为了方便检修，不建议采用地板辐射供暖方式。而有外窗的卫生间冬季的外围护结构消耗一定热量，而只采用临时加热的浴霸等设备不利于节能，应采用散热器供暖。

(3) 管道和支架之间，应采用防止“冷桥”和“热桥”的措施。经过冷热处理的管道应遵循相关规范的要求做好防结露及绝热措施，应遵照现行国家标准《设备及管道绝热设计导则》GB/T 8175、《公共建筑节能设计标准》GB 50189 中的有关规定。

条文链接 **★5.4.3**

根据《城镇燃气设计规范》GB 50028 的有关规定：

城镇燃气管的设计压力（P）分为7级，并应符合表2-10的要求。

表2-10　城镇燃气设计压力（表压）分级

名　称		压力/MPa
高压燃气管道	A	$2.5<P\leq4.0$
	B	$1.6<P\leq2.5$
次高压燃气管道	A	$0.8<P\leq1.6$
	B	$0.4<P\leq0.8$
中压燃气管道	A	$0.2<P\leq0.4$
	B	$0.01<P\leq0.2$
低压燃气管道		$P<0.01$

5.4.4 电气和智能化设计应符合下列规定：

(1) 电气和智能化的设备与管线宜采用管线分离的方式。

(2) 电气和智能化系统的竖向主干线应在公共区域的电气竖井内设置。

(3) 当大型灯具、桥架、母线、配电设备等安装在预制构件上时，应采用预留预埋件固定。

(4) 设置在预制部（构）件上的出线口、接线盒等的孔洞均应准确定位。隔墙两侧的电气和智能化设备不应直接连通设置。

(5) 防雷引下线和共用接地装置应充分利用钢结构自身作为防雷接地装置。构件连接部位应有永久性明显标记，其预留防雷装置的端头应可靠连接。

(6) 钢结构基础应作为自然接地体，当接地电阻不满足要求时，应设人工接地体。

(7) 接地端子应与建筑物本身的钢结构金属物连接。

条文解读

▲5.4.4

所有需与钢结构做电气连接的部位，宜在工厂内预制连接件，施工现场不宜在钢结构主体上直接焊接。

条文链接 ★5.4.4

参考第一部分7.4.3条的条文链接。

5.5 内装系统

5.5.1 内装部品设计与选型应符合国家现行有关抗震、防火、防水、防潮和隔声等标准的规定，并满足生产、运输和安装等要求。

5.5.2 内装部品的设计与选型应满足绿色环保的要求，室内污染物限值应符合现行国家标准《民用建筑工程室内环境污染控制规范》GB 50325 的有关规定。

条文链接 ★5.5.2

参考第一部分11.4.14条的条文链接。

5.5.3 内装系统设计应满足内装部品的连接、检修更换、物权归属和设备及管线使用年限的要求，内装系统设计宜采用管线分离的方式。

条文解读

▲5.5.3

装配式钢结构建筑应考虑内装部品的后期运维及其物权归属问题，根据不同材料、设备、设施具有不同的使用年限，内装部品设计应符合使用维护和维修改造要求。

装配式建筑的部品连接与设计应遵循以下原则：

(1) 应以专用部品的维修与更换不影响共用部品为原则。

(2) 应以使用年限较短部品的维修和更换不破坏使用年限较长部品为原则。

(3) 应以专用部品的维修和更换不影响其他住户为原则。

条文链接 ★5.5.3

参考第一部分11.4.14条的条文链接。

5.5.4 梁柱包覆应与防火防腐构造结合，实现防火防腐包覆与内装系统的一体化，并应符合下列规定：

(1) 内装部品安装不应破坏防火构造。

(2) 宜采用防腐防火复合涂料。

(3) 使用膨胀型防火涂料应预留膨胀空间。

(4) 设备与管线穿越防火保护层时，应按钢构件原耐火极限进行有效封堵。

5.5.5 隔墙设计应采用装配式部品，并应符合下列规定：

(1) 可选龙骨类、轻质水泥基板类或轻质复合板类隔墙。

(2) 龙骨类隔墙宜在空腔内敷设管线及接线盒等。

(3) 当隔墙上需要固定电器、橱柜、洁具等较重设备或其他物品时，应采取加强措施，其承载力应满足相关要求。

条文解读

▲5.5.5

装配式建筑采用装配式轻质隔墙，既可利用轻质隔墙的空腔敷设管线以有利于工业化建造施工与管理，也有利于后期空间的灵活改造和使用维护。装配式隔墙应预先确定固定点的位置、形式和荷载，并应通过调整龙骨间距、增设龙骨横撑和预埋木方等措施为外挂安装提供条件。采用轻质内隔墙是建筑内装工业化的基本措施之一，隔墙集成程度（隔墙骨架与饰面层的集成）、施工是否便捷、高效是内装工业化水平的主要标志。

5.5.6 外墙内表面及分户墙表面宜采用满足干式工法施工要求的部品，墙面宜设置空腔层，并应与室内设备管线进行集成设计。

条文解读

▲5.5.6

外墙内表面及分户墙表面可以采用适宜干式工法要求的集成化部品，设置墙面架空层，在架空层内可敷设管道管线，因此内装设计时与室内设备和管线要进行一体化的集成设计。

5.5.7 吊顶设计宜采用装配式部品，并应符合下列规定：

（1）当采用压型钢板组合楼板或钢筋桁架楼承板组合楼板时，应设置吊顶。

（2）当采用开口型压型钢板组合楼板或带肋混凝土楼盖时，宜利用楼板底部肋侧空间进行管线布置，并设置吊顶。

（3）厨房、卫生间的吊顶在管线集中部位应设有检修口。

5.5.8 装配式楼地面设计宜采用装配式部品，并应符合下列规定：

（1）架空地板系统的架空层内宜敷设给水排水和供暖等管道。

（2）架空地板高度应根据管线的管径、长度、坡度以及管线交叉情况进行计算，并宜采取减振措施。

（3）当楼地面系统架空层内敷设管线时，应设置检修口。

条文解读

▲5.5.8

地面部品从建筑工业化角度出发，其做法宜采用可敷设管线的架空地板系统等集成化部品。架空地板系统，在地板下面采用树脂或金属地脚螺栓支撑，架空空间内敷设给水排水管道，在安装分水器的地板处设置地面检修口，以方便管道检查和修理。

5.5.9 集成式厨房应符合下列规定：

（1）应满足厨房设备设施点位预留的要求。

（2）给水排水、燃气管道等应集中设置、合理定位，并应设置管道检修口。

（3）宜采用排油烟管道同层直排的方式。

5.5.10 集成式卫生间应符合下列规定：

（1）宜采用干湿区分离的布置方式，并应满足设备设施点位预留的要求。

（2）应满足同层排水的要求，给水排水、通风和电气等管线的连接均应在设计预留的空间内安装完成，并应设置检修口。

（3）当采用防水底盘时，防水底盘与墙板之间应有可靠连接设计。

5.5.11 住宅建筑宜选用标准化系列化的整体收纳。

条文解读

▲5.5.11

收纳系统对不同物品的归类收放既要合理存放，又不要浪费空间。在收纳系统的设计中，应充分考虑人的尺寸、人的收取物品习惯、人的视线、人群特征等各方面的因素，使收纳具有更好的舒适性、便捷性和高效性。

5.5.12 装配式钢结构建筑内装系统设计宜采用建筑信息模型（BIM）技术，与结构系统、外围护系统、设备与管线系统进行一体化设计，预留洞口、预埋件、连接件、接口设计应准确到位。

5.5.13 部品接口设计应符合部品与管线之间、部品之间连接的通用性要求，并应符合下列规定：

（1）接口应做到位置固定、连接合理、拆装方便及使用可靠。

（2）各类接口尺寸应符合公差协调要求。

条文解读

▲5.5.13

装配式建筑内装部品采用体系集成化成套供应、标准化接口，主要是为减少不同部品系列接口的非兼容性。

5.5.14 装配式钢结构建筑的部品与钢构件的连接和接缝宜采用柔性设计，其缝隙变形能力应与结构弹性阶段的层间位移角相适应。

6 生产运输

6.1 一般规定

6.1.1 建筑部品部件生产企业应有固定的生产车间和自动化生产线设备，应有专门的生产、技术管理团队和产业工人，并应建立技术标准体系及安全、质量、环境管理体系。

条文解读

▲6.1.1

本条规定了对建筑部品和部件生产企业的基本要求，从企业有固定的车间、技术生产管理人员及专业的产业操作工人等方面进行了规定，同时要求企业建立产品标准或产品标准图集等技术标准体系，也规定了安全、质量和环境管理体系的要求。

6.1.2 建筑部品和部件应在工厂生产，生产过程及管理宜应用信息管理技术，生产工序宜形成流水作业。

条文解读

▲6.1.2

本条从标准化设计和机械化生产的角度，提出对建筑部品和部件实行生产线作业和信息化管理的要求，以保证产品加工质量稳定。

6.1.3 建筑部品部件生产前，应根据设计要求和生产条件编制生产工艺方案，对构造复杂的部品或构件宜进行工艺性试验。

条文链接 ★6.1.3

参考第一部分9.1.1条的条文链接。

6.1.4 建筑部品部件生产前，应有经批准的构件深化设计图或产品设计图，设计深度应满足生产、运输和安装等技术要求。

6.1.5 生产过程质量检验控制应符合下列规定：

（1）首批（件）产品加工应进行自检、互检、专检，产品经检验合格形成检验记录，方可进行批量生产。

（2）首批（件）产品检验合格后，应对产品生产加工工序，特别是重要工序控制进行巡回检验。

（3）产品生产加工完成后，应由专业检验人员根据图样资料、施工单等对生产产品按批次进行检查，做好产品检验记录。并应对检验中发现的不合格产品做好记录，同时应增加抽样检测样本数量或频次。

（4）检验人员应严格按照图样及工艺技术要求的外观质量、规格尺寸等进行出厂检验，做好各项检查记录，签署产品合格证后方可入库，无合格证产品不得入库。

6.1.6 建筑部品部件生产应按下列规定进行质量过程控制：

（1）凡涉及安全、功能的原材料，应按现行国家标准规定进行复验，见证取样、送样。

（2）各工序应按生产工艺要求进行质量控制，实行工序检验。

（3）相关专业工种之间应进行交接检验。

（4）隐蔽工程在封闭前应进行质量验收。

6.1.7 建筑部品部件生产检验合格后，生产企业应提供出厂产品质量检验合格证。建筑部品应符合设计和国家现行有关标准的规定，并应提供执行产品标准的说明、出厂检验合格证明文件、质量保证书和使用说明书。

6.1.8 建筑部品部件的运输方式应根据部品部件特点、工程要求等确定。建筑部品或构件出厂时，应有部品或构件重量、重心位置、吊点位置、能否倒置等标志。

6.1.9 生产单位宜建立质量可追溯的信息化管理系统和编码标识系统。

6.2 结构构件生产

6.2.1 钢构件加工制作工艺和质量应符合现行国家标准《钢结构工程施工规范》GB 50755和《钢结构工程施工质量验收规范》GB 50205的规定。

条文链接 ★6.2.1

根据《钢结构工程施工规范》GB 50755的有关规定：

零件及部件加工前，应熟悉设计文件和施工详图，做好各道工序的工艺准备；并应结合加工的实际情况，编制加工工艺文件。

6.2.2 钢构件和装配式楼板深化设计图应根据设计图和其他有关技术文件进行编制，其内容包括设计说明、构件清单、布置图、加工详图、安装节点详图等。

6.2.3 钢构件宜采用自动化生产线进行加工制作，减少手工作业。

6.2.4 钢构件与墙板、内装部品的连接件宜在工厂与钢构件一起加工制作。

6.2.5 钢构件焊接宜采用自动焊接或半自动焊接，并应按评定合格的工艺进行焊接。焊缝质量应符合现行国家标准《钢结构工程施工质量验收规范》GB 50205和《钢结构焊接规范》GB 50661的规定。

条文链接 ★6.2.5

根据《钢结构工程施工质量验收规范》GB 50205 的有关规定：

焊缝表面不得有裂纹、焊瘤等缺陷。一级、二级焊缝不得有表面气孔、夹渣、弧坑裂纹、电弧擦伤等缺陷。且一级焊缝不得有咬边、未焊满、根部收缩等缺陷。

检查数量：每批同类构件抽查10%，且不应少于3件；被抽查构件中，每一类型焊缝按条数抽查5%，且不应少于1条；每条检查1处，总抽查数不应小于10处。

检查方法：观察检查或使用放大镜、焊缝量规和钢尺检查，当存在疑义时，采用渗透或磁粉探伤检查。

6.2.6　高强度螺栓孔宜采用数控钻床制孔和套模制孔，制孔质量应符合现行国家标准《钢结构工程施工质量验收规范》GB 50205 的规定。

条文链接 ★6.2.6

根据《炼铁机械设备安装规范》GB 50679 的有关规定：

数量较多的高强螺栓孔，宜采用数控钻床进行加工。因构件尺寸较大而采用摇臂钻时，应采用钻模板钻孔。

6.2.7　钢构件除锈宜在室内进行，除锈方法及等级应符合设计要求，当设计无要求时，宜选用喷砂或抛丸除锈方法，除锈等级应不低于 Sa2.5 级。

条文链接 ★6.2.7

根据《涂覆涂料前钢材表面处理表面清洁度的目视评定第1部分：未涂覆过的钢材表面和全面清除原有涂层后的钢材表面的锈蚀等级和处理等级》GB/T 8923.1 的有关规定：

（1）对喷射清理的表面处理，用字母“Sa”表示。喷射清理等级描述见表2-11。

表2-11　喷射清理等级

Sa1 轻度的喷射清理	在不放大的情况下观察时，表面应无可见的油、脂和污物，并且没有附着不牢的氧化皮、铁锈、涂层和外来杂质
Sa2 彻底的喷射清理	在不放大的情况下观察时，表面应无可见的油、脂和污物，并且几乎没有氧化皮、铁锈、涂层和外来杂质。任何残留污染物应附着牢固
Sa2 $\frac{1}{2}$ 非常彻底的喷射清理	在不放大的情况下观察时，表面应无可见的油、脂和污物，并且没有氧化皮、铁锈、涂层和外来杂质。任何污染物的残留痕迹应仅呈现为点状或条纹状的轻微色斑
Sa3 使钢材表观洁净的喷射清理	在不放大的情况下观察时，表面应无可见的油、脂和污物，并且应无氧化皮、铁锈、涂层和外来杂质。该表面应具有均匀的金属色泽

喷射清理前，应铲除全部厚锈层。可见的油、脂和污物也应清除掉。

喷射清理后，应清除表面的浮灰和碎屑。

注：对表面喷射清理处理方法的说明，包括喷射清理前后的处理程序，见 ISO 8504-2。

（2）对手工和动力工具清理，例如刮、手工刷、机械刷和打磨等表面处理，用字母“St”表示。手工和动力工具清理等级描述见表2-12。

条文链接

表 2-12　手工和动力工具清理等级

St2 彻底的手工和动力工具清理	在不放大的情况下观察时，表面应无可见的油、脂和污物，并且没有附着不牢的氧化皮、铁锈、涂层和外来杂质
St3 非常彻底的手工和动力工具清理	同 St2，但表面处理应彻底得多，表面应具有金属底材的光泽

手工和动力工具清理前，应铲除全部厚锈层。可见的油、脂和污物也应清除掉。

手工和动力工具清理后，应清除表面的浮灰和碎屑。

注 1. 对手工和动力工具清理表面处理的说明，包括手工和动力工具清理前后的处理程序，见 ISO 8504-3。

注 2. 本部分不包括处理等级 St1，因为这个等级的表面不适合于涂覆涂料。

（3）对火焰清理表面处理，用字母“FI”表示。火焰清理等级描述见表 2-13。

表 2-13　火焰清理

FI 火焰清理	在不放大的情况下观察时，表面应无氧化皮、铁锈、涂层和外来杂质。任何残留的痕迹应仅为表面变色（不同颜色的阴影）

火焰清理前，应铲除全部厚锈层。

火焰清理后，表面应以动力钢丝刷清理。

注：火焰清理包括最后的动力钢丝刷清理程序；手工钢丝刷处理的表面达不到涂覆涂料的满意要求。

6.2.8　钢构件防腐涂装应符合下列规定：

（1）宜在室内进行防腐涂装。

（2）防腐涂装应按设计文件的规定执行，当设计文件未规定时，应依据建筑不同部位对应环境要求进行防腐涂装系统设计。

（3）涂装作业应按现行国家标准《钢结构工程施工规范》GB 50755 的规定执行。

条文链接 ★**6.2.8**

根据《钢结构工程施工规范》GB 50755 的有关规定：

（1）钢结构防腐涂装施工宜在构件组装和预拼装工程检验批的施工质量验收合格后进行。涂装完毕后，宜在构件上标注构件编号；大型构件应标明重量、重心位置和定位标记。

（2）防腐涂装施工前，钢材应按本规范和设计文件要求进行表面处理。当设计文件未提出要求时，可根据涂料产品对钢材表面的要求，采用适当的处理方法。

6.2.9　必要时，钢构件宜在出厂前进行预拼装，构件预拼装可采用实体预拼装或数字模拟预拼装。

6.2.10　预制楼板生产应符合下列规定：

（1）压型钢板应采用成型机加工，成型后基板不应有裂纹。

（2）钢筋桁架楼承板应采用专用设备加工。

（3）钢筋混凝土预制楼板加工应符合现行行业标准《装配式混凝土结构技术规程》JGJ 1 的规定。

条文链接 ★6.2.10

根据《装配式混凝土结构技术规程》JGJ 1 的有关规定：

预制板式楼梯的梯段板底应配置通长的纵向钢筋；板面宜配置通长的纵向钢筋；当楼梯两端均不能滑动时，板面应配置通长的纵向钢筋。

6.3　外围护部品生产

6.3.1　外围护部品应采用节能环保的材料。材料应符合现行国家标准《民用建筑工程室内环境污染控制规范》GB 50325 和《建筑材料放射性核素限量》GB 6566 的规定，外围护部品室内侧材料尚应满足室内建筑装饰材料有害物质限量的要求。

条文链接 ★6.3.1

根据《民用建筑工程室内环境污染控制规范》GB 50325 的有关规定：

(1) 民用建筑工程所使用的砂、石、砖、砌块、水泥、混凝土、混凝土预制构件等无机非金属建筑主体材料的放射性限量，应符合表 2-14 的规定。

表 2-14　无机非金属建筑主体材料的放射性限量

测定项目	限量
内照射指数 I_{Ra}	≤1.0
外照射指数 I_{γ}	≤1.0

(2) 民用建筑工程所使用的无机非金属装修材料，包括石材、建筑卫生陶瓷、石膏板、吊顶材料、无机瓷质砖粘结材料等，进行分类时，其放射性限量应符合表 2-15 的规定。

表 2-15　无机非金属装修材料放射性限量

测定项目	限量	
	A	B
内照射指数 I_{Ra}	≤1.0	≤1.3
外照射指数 I_{γ}	≤1.3	≤1.9

(3) 民用建筑工程室内用人造木板及饰面人造木板，必须测定游离甲醛含量或游离甲醛释放量。

6.3.2　外围护部品生产，应对尺寸偏差和外观质量进行控制。

6.3.3　预制外墙部品生产时，应符合下列规定：

(1) 外门窗的预埋件设置应在工厂完成。

(2) 不同金属的接触面应避免电化学腐蚀。

(3) 蒸压加气混凝土板的生产应符合现行行业标准《蒸压加气混凝土建筑应用技术规程》JGJ/T 17 的规定。

条文链接 ★6.3.3

根据《蒸压加气混凝土建筑应用技术规程》JGJ/T 17 的有关规定：

(1) 在下列情况下不得采用加气混凝土制品：

1) 建筑物防潮层以下的外墙。

2) 长期处于浸水和化学侵蚀环境。

3) 承重制品表面温度经常处于 80℃ 以上的部位。

(2) 加气混凝土制品用作民用建筑外墙时，应做饰面防护层。

6.3.4 现场组装骨架外墙的骨架、基层墙板、填充材料应在工厂完成生产。

6.3.5 建筑幕墙的加工制作应按现行行业标准《玻璃幕墙工程技术规范》JGJ 102、《金属与石材幕墙工程技术规范》JGJ 133 和《人造板材幕墙工程技术规范》JGJ 336 的规定执行。

条文链接 ★6.3.5

根据《玻璃幕墙工程技术规范》JGJ 102 的有关规定：

除全玻幕墙外，不应在现场打注硅酮结构密封胶。

根据《金属与石材幕墙工程技术规范》JGJ 133 的有关规定：

用硅酮结构密封胶黏结固定构件时，注胶应在温度15℃以上30℃以下、相对湿度50%以上、且洁净、通风的室内进行，胶的宽度、厚度应符合设计要求。

6.4 内装部品生产

6.4.1 内装部品的生产加工应包括深化设计、制造或组装、检测及验收，并应符合下列规定：

（1）内装部品生产前应复核相应结构系统及外围护系统上预留洞口的位置、规格等。

（2）生产厂家应对出厂部品中每个部品进行编码，并宜采用信息化技术对部品进行质量追溯。

（3）在生产时宜适度预留公差，并应进行标识，标识系统应包含部品编码、使用位置、生产规格、材质、颜色等信息。

条文解读

▲6.4.1

（1）内装部品生产前应对已经预留的预埋件和预留孔洞进行采集、核验，对于已经形成的偏差，在部品生产时尽可能予以调整，实现建筑、装修、设备管线协同，测量和生产数据均以“mm”为单位。

（2）对内装部品进行编码，是对装修作业质量控制的产业升级，便于运营和维护。编码可通过信息技术附着于部品，包含部品的各环节信息，实现部品的质量追溯，推进部品质量的提升和安装技术的进步。

（3）部品生产时宜适度预留公差，有利于调剂装配现场的偏差范围与规模化生产效率。部品应进行标识并包含详细信息，有利于装配工人快速识别并准确应用，既提高装配效率又避免部品污染与损耗。

6.4.2 部品生产应使用节能环保的材料，并应符合现行国家标准《民用建筑工程室内环境污染控制规范》GB 50325 的有关规定。

条文链接 ★6.4.2

根据《民用建筑工程室内环境污染控制规范》GB 50325 的有关规定：

（1）民用建筑工程所使用的砂、石、砖、砌块、水泥、混凝土、混凝土预制构件等无机非金属建筑主体材料的放射性限量，应符合表 2-16 的规定。

表 2-16 无机非金属建筑主体材料的放射性限量

测定项目	限　量
内照射指数	≤1.0
外照射指数	≤1.0

（2）民用建筑工程所使用的无机非金属装修材料，包括石材、建筑卫生陶瓷、石膏板、吊顶材料、无机瓷质砖粘结材料等，进行分类时，其放射性限量应符合表 2-17 的规定。

条文链接

表 2-17　无机非金属装修材料放射性限量

测定项目	限　量	
	A	B
内照射指数	≤1.0	≤1.3
外照射指数	≤1.3	≤1.9

6.4.3　内装部品生产加工要求应根据设计图样进行深化，满足性能指标要求。

6.5　包装、运输与堆放

6.5.1　部品部件出厂前应进行包装，保障部品部件在运输及堆放过程中不破损、不变形。

6.5.2　对超高、超宽、形状特殊的大型构件的运输和堆放应制定专门的方案。

6.5.3　选用的运输车辆应满足部品部件的尺寸、重量等要求，装卸与运输时应符合下列规定：

（1）装卸时应采取保证车体平衡的措施。

（2）应采取防止构件移动、倾倒、变形等的固定措施。

（3）运输时应采取防止部品部件损坏的措施，对构件边角部或链索接触处宜设置保护衬垫。

条文解读

▲6.5.3

本条规定的建筑部品部件的运输尺寸包括外形尺寸和外包装尺寸，运输时长度、宽度、高度和重量不得超过公路、铁路或海运的有关规定。

6.5.4　部品部件堆放应符合下列规定：

（1）堆放场地应平整、坚实，并按部品部件的保管技术要求采用相应的防雨、防潮、防暴晒、防污染和排水等措施。

（2）构件支垫应坚实，垫块在构件下的位置宜与脱模、吊装时的起吊位置一致。

（3）重叠堆放构件时，每层构件间的垫块应上下对齐，堆垛层数应根据构件、垫块的承载力确定，并应根据需要采取防止堆垛倾覆的措施。

6.5.5　墙板运输与堆放尚应符合下列规定：

（1）当采用靠放架堆放或运输时，靠放架应具有足够的承载力和刚度，与地面倾斜角度宜大于80°；墙板宜对称放置且外饰面朝外，墙板上部宜采用木垫块隔开；运输时应固定牢固。

（2）当采用插放架直立堆放或运输时，宜采取直立方式运输；插放架应有足够的承载力和刚度，并应支垫稳固。

（3）采用叠层平放的方式堆放或运输时，应采取防止产生损坏的措施。

7　施工安装

7.1　一般规定

7.1.1　装配式钢结构建筑施工单位应建立完善的安全、质量、环境和职业健康管理体系。

条文解读

▲7.1.1

本条规定了从事装配式钢结构建筑工程各专业施工单位的管理体系要求，以规范市场准入制度。

7.1.2 施工前，施工单位应编制下列技术文件，并按规定进行审批和论证：

（1）施工组织设计及配套的专项施工方案。

（2）安全专项方案。

（3）环境保护专项方案。

条文解读

▲7.1.2

本条规定了装配式钢结构建筑工程施工前应完成施工组织设计、专项施工方案、安全专项方案、环境保护专项方案等技术文件的编制，并按规定审批论证，以规范项目管理，确保安全施工、文明施工。

施工组织设计一般包括编制依据、工程概况、资源配置、进度计划、施工总平面布置、主要施工方案、施工质量保证措施、安全保证措施及应急预案、文明施工及环境保护措施、季节性施工措施、夜间施工措施等内容，也可以根据工程项目的具体情况对施工组织设计的编制内容进行取舍。

条文链接 ★7.1.2

参考第一部分10.4.10条的条文链接。

根据《建筑施工安全检查标准》JGJ 59的有关规定：

施工组织设计及专项施工方案：

（1）工程项目部在施工前应编制施工组织设计，施工组织设计应针对工程特点、施工工艺制定安全技术措施。

（2）危险性较大的分部分项工程应按规定编制安全专项施工方案，专项施工方案应有针对性，并按有关规定进行设计计算。

（3）超过一定规模危险性较大的分部分项工程，施工单位应组织专家对专项施工方案进行论证。

（4）施工组织设计、专项施工方案，应由有关部门审核，施工单位技术负责人、监理单位项目总监批准。

（5）工程项目部应按施工组织设计、专项施工方案组织实施。

根据《建筑施工安全检查标准》JGJ 59的有关规定：

建筑施工安全检查评定中，保证项目应全数检查。

根据《建设工程施工现场环境与卫生标准》JGJ 146的有关规定：

（1）施工现场临时设施、临时道路的设置应科学合理，并应符合安全、消防、节能、环保等有关规定。施工区、材料加工及存放区应与办公区、生活区划分清晰，并应采取相应的隔离措施。

（2）施工现场出入口应标有企业名称或企业标识。主要出入口明显处应设置工程概况牌，施工现场大门内应有施工现场总平面图和安全管理、环境保护与绿色施工、消防保卫等制度牌和宣传栏。

（3）施工单位应采取有效的安全防护措施。参建单位必须为施工人员提供必备的劳动防护用品，施工人员应正确使用劳动防护用品。劳动防护用品应符合现行行业标准《建筑施工作业劳动防护用品配备及使用标准》JGJ 184的规定。

（4）有毒有害作业场所应在醒目位置设置安全警示标识，并应符合现行国家标准《工作场所职业病危害警示标识》GBZ 158的规定。施工单位应依据有关规定对从事有职业病危害作业的人员定期进行体检和培训。

7.1.3 施工单位应根据装配式钢结构建筑的特点，选择合适的施工方法，制定合理的施工顺序，并应尽量减少现场支模和脚手架用量，提高施工效率。

条文解读

▲**7.1.3**

本条规定装配式钢结构建筑的施工应根据部品部件工厂化生产、现场装配化施工的特点，采用合适的安装工法，并合理安排协调好各专业工种的交叉作业，提高施工效率。

7.1.4 施工用的设备、机具、工具和计量器具，应满足施工要求，并应在合格检定有效期内。

条文解读

▲**7.1.4**

装配式钢结构建筑工程施工期间，使用的机具和工具必须进行定期检验，保证达到使用要求的性能及各项指标。

7.1.5 装配式钢结构建筑宜采用信息化技术，对安全、质量、技术、施工进度等进行全过程的信息化协同管理。宜采用建筑信息模型（BIM）技术对结构构件、建筑部品和设备管线等进行虚拟建造。

条文解读

▲**7.1.5**

本条规定鼓励在项目管理的各个环节充分利用信息化技术，结合施工方案，进行虚拟建造、施工进度模拟，不仅可以提高施工效率，确保施工质量，而且可为施工单位精确制定人物料计划提供有效支撑，减少资源、物流、仓储等环节的浪费。

7.1.6 装配式钢结构建筑应遵守国家环境保护的法规和标准，采取有效措施减少各种粉尘、废弃物、噪声等对周围环境造成的污染和危害；并应采取可靠有效的防火等安全措施。

条文解读

▲**7.1.6**

本条规定了安全、文明、绿色施工的要求。

条文链接 ★**7.1.6**

参考第一部分 10.8.8 条的条文链接。

7.1.7 施工单位应对装配式钢结构建筑的现场施工人员进行相应专业的培训。

条文解读

▲**7.1.7**

装配式钢结构建筑施工应配备相关专业技术人员，施工前应对相关人员进行专业培训和技术交底。

7.1.8 施工单位应对进场的部品部件进行检查，合格后方可使用。

7.2 结构系统施工安装

7.2.1 钢结构施工应符合现行国家标准《钢结构工程施工规范》GB 50755 和《钢结构工程

施工质量验收规范》GB 50205 的规定。

7.2.2 钢结构施工前应进行施工阶段设计，选用的设计指标应符合设计文件和现行国家标准《钢结构设计规范》GB 50017 等的规定。施工阶段结构分析的荷载效应组合和荷载分项系数取值，应符合现行国家标准《建筑结构荷载规范》GB 50009 和《钢结构工程施工规范》GB 50755 的规定。

条文链接 ★7.2.2

根据《钢结构设计规范》GB 50017 的有关规定：

按塑性设计时，钢材的力学性能应满足强屈比 $f_u/f_y \geq 1.2$，伸长率 $\delta_s \geq 15\%$，相应于抗拉强度 f_u 的应变 ε_u 不小于 20 倍屈服点应变 ε_y。

根据《钢结构设计规范》GB 50017 的有关规定：

(1) 荷载基本组合的效应设计值 S_d，应从下列荷载组合值中取用最不利的效应设计值确定：

1) 由可变荷载控制的效应设计值，应按下式进行计算：

$$S_d = \sum_{j=1}^{m} \gamma_{G_j} S_{G_j k} + \gamma_{Q_1} \gamma_{L_1} S_{Q_1 k} + \sum_{i=2}^{n} \gamma_{Q_i} \gamma_{L_i} \psi_{c_i} S_{Q_i k}$$

式中 γ_{G_j}——第 j 个永久荷载的分项系数，应按 2) 条采用；

γ_{Q_i}——第 i 个可变荷载的分项系数，其中 γ_{Q_1} 为主导可变荷载 Q_1 的分项系数，应按 2) 条采用；

γ_{L_i}——第 i 个可变荷载考虑设计使用年限的调整系数，其中 γ_{L_1} 为主导可变荷载 Q_1 考虑设计使用年限的调整系数；

$S_{G_j k}$——按第 j 个永久荷载标准值 G_jk 计算的荷载效应值；

$S_{Q_i k}$——按第 i 个可变荷载标准值 Q_ik 计算的荷载效应值，其中 $S_{Q_1 k}$ 为诸可变荷载效应中起控制作用者；

ψ_{c_i}——第 i 个可变荷载 Q_i 的组合值系数；

m——参与组合的永久荷载数；

n——参与组合的可变荷载数。

2) 由永久荷载控制的效应设计值，应按下式进行计算：

$$S_d = \sum_{j=1}^{m} \gamma_{G_j} S_{G_j k} + \sum_{i=1}^{n} \gamma_{Q_i} \gamma_{L_i} \psi_{c_i} S_{Q_i k}$$

注：1. 基本组合中的效应设计值仅适用于荷载与荷载效应为线性的情况。

2. 当对 $S_{Q_1 k}$ 无法明显判断时，应轮次以各可变荷载效应作为 $S_{Q_1 k}$，并选取其中最不利的荷载组合的效应设计值。

(2) 基本组合的荷载分项系数，应按下列规定采用：

1) 永久荷载的分项系数应符合下列规定：

①当永久荷载效应对结构不利时，对由可变荷载效应控制的组合应取 1.2，对由永久荷载效应控制的组合应取 1.35。

②当永久荷载效应对结构有利时，不应大于 1.0。

2) 可变荷载的分项系数应符合下列规定：

①对标准值大于 $4kN/m^2$ 的工业房屋楼面结构的活荷载，应取 1.3。

②其他情况，应取 1.4。

3) 对结构的倾覆、滑移或漂浮验算，荷载的分项系数应满足有关的建筑结构设计规范的规定。

7.2.3 钢结构应根据结构特点选择合理顺序进行安装，并应形成稳固的空间单元，必要时应增加临时支撑或临时措施。

条文解读

▲7.2.3

本条规定的合理顺序需考虑到平面运输、结构体系转换、测量校正、精度调整及系统构成等因素。安装阶段的结构稳定性对保证施工安全和安装精度非常重要，构件在安装就位后，应利用其他相邻构件或采用临时措施进行固定。临时支撑或临时措施应能承受结构自重、施工荷载、风荷载、雪荷载、吊装产生的冲击荷载等荷载的作用，并且不使结构产生永久变形。

7.2.4　高层钢结构安装时应计入竖向压缩变形对结构的影响，并应根据结构特点和影响程度采取预调安装标高、设置后连接构件等措施。

条文解读

▲7.2.4

高层钢结构安装时，随着楼层升高结构承受的荷载将不断增加，这对已安装完成的竖向结构将产生竖向压缩变形，同时也对局部构件（如伸臂桁架杆件）产生附加应力和弯矩。在编制安装方案时，应根据设计文件的要求，并结合结构特点以及竖向变形对结构的影响程度，考虑是否需要采取预调安装标高、设置后连接构件固定等措施。

7.2.5　钢结构施工期间，应对结构变形、环境变化等进行过程监测，监测方法、内容及部位应根据设计或结构特点确定。

条文解读

▲7.2.5

钢结构工程施工监测内容主要包括结构变形监测、环境变化监测（如温差、日照、风荷载等外界环境因素对结构的影响）等。不同的钢结构工程，监测内容和方法不尽相同。一般情况下，监测点宜布置在监测对象的关键部位，以便布设少量的监测点仍可获得客观准确的监测结果。

7.2.6　钢结构现场焊接工艺和质量应符合现行国家标准《钢结构焊接规范》GB 50661 和《钢结构工程施工质量验收规范》GB 50205 的规定。

条文链接　★7.2.6

根据《钢结构焊接规范》GB 50661 的有关规定：

除符合本规范第 6.6 节规定的免予评定条件外，施工单位首次采用的钢材、焊接材料、焊接方法、接头形式、焊接位置、焊后热处理制度以及焊接工艺参数、预热和后热措施等各种参数的组合条件，应在钢结构构件制作及安装施工之前进行焊接工艺评定。

7.2.7　钢结构紧固件连接工艺和质量应符合国家现行标准《钢结构工程施工规范》GB 50755、《钢结构工程施工质量验收规范》GB 50205 和《钢结构高强度螺栓连接技术规程》JGJ 82 的规定。

条文链接　★7.2.7

根据《钢结构工程施工规范》GB 50755 的有关规定：

（1）构件的紧固件连接节点和拼接接头，应在检验合格后进行紧固施工。

（2）经验收合格的紧固件连接节点与拼接接头，应按设计文件的规定及时进行防腐和防火涂装。接触腐蚀性介质的接头应用防腐腻子等材料封闭。

根据《钢结构工程施工质量验收规范》GB 50205 的有关规定：

条文链接

紧固件连接工程可按相应的钢结构制作或安装工程检验批的划分原则划分为一个或若干个检验批。

7.2.8 钢结构现场涂装应符合下列规定：

（1）构件在运输、存放和安装过程中损坏的涂层以及安装连接部位的涂层应进行现场补漆，并应符合原涂装工艺要求。

（2）构件表面的涂装系统应相互兼容。

（3）防火涂料应符合国家现行有关标准的规定。

（4）现场防腐和防火涂装应符合现行国家标准《钢结构工程施工规范》GB 50755 和《钢结构工程施工质量验收规范》GB 50205 的规定。

条文解读

▲7.2.8

本条主要规定现场涂装要求。

（1）构件在运输、安装过程中涂层碰损、焊接烧伤等，应根据原涂装规定进行补漆；表面涂有工程底漆的构件，因焊接、火焰矫正、暴晒和擦伤等造成重新锈蚀或附有白锌盐时，应经表面处理后再按原涂装规定进行补漆。

（2）条款中的兼容性是指构件表面防腐油漆的底层漆、中间漆和面层漆之间的搭配相互兼容，以及防腐油漆与防火涂料相互兼容，以保证涂装系统的质量。整个涂装体系的产品应尽量来自于同一厂家，以保证涂装质量的可追溯性。

条文链接 **★7.2.8**

根据《钢结构工程施工规范》GB 50755 的有关规定：

（1）油漆防腐涂装可采用涂刷法、手工滚涂法、空气喷涂法和高压无气喷涂法。

（2）钢结构涂装时的环境温度和相对湿度，除应符合涂料产品说明书的要求外，还应符合下列规定：

1）当产品说明书对涂装环境温度和相对湿度未作规定时，环境温度宜为 5～38℃，相对湿度不应大于 85%，钢材表面温度应高于露点温度 3℃，且钢材表面温度不应超过 40℃。

2）被施工物体表面不得有凝露。

3）遇雨、雾、雪、强风天气时应停止露天涂装，应避免在强烈阳光照射下施工。

4）涂装后 4h 内应采取保护措施，避免淋雨和沙尘侵袭。

5）风力超过 5 级时，室外不宜喷涂作业。

（3）涂料调制应搅拌均匀，应随拌随用，不得随意添加稀释剂。

（4）防火涂料施工可采用喷涂、抹涂或滚涂等方法。

（5）防火涂料涂装施工应分层施工，应在上层涂层干燥或固化后，再进行下道涂层施工。

7.2.9 钢管内的混凝土浇筑应符合现行国家标准《钢管混凝土结构技术规范》GB 50936 和《钢-混凝土组合结构施工规范》GB 50901 的规定。

条文链接 **★7.2.9**

根据《钢管混凝土结构技术规范》GB 50936 的有关规定：

（1）抗震设计时，钢管混凝土结构的钢材应符合下列规定：

1）钢材的屈服强度实测值与抗拉强度实测值的比值不应大于 0.85。

条文链接

2）钢材应有明显的屈服台阶，且伸长率不应小于20%。

3）钢材应有良好的可焊性和合格的冲击韧性。

（2）钢管混凝土结构中，混凝土严禁使用含氯化物类的外加剂。

根据《钢-混凝土组合结构施工规范》GB 50901 的有关规定：

当钢-混凝土组合结构用钢材、焊接材料及连接件等材料替换使用时，应办理设计变更文件。

7.2.10 压型钢板组合楼板和钢筋桁架楼承板组合楼板的施工应按现行国家标准《钢-混凝土组合结构施工规范》GB 50901 执行。

条文链接 ★7.2.10

根据《钢-混凝土组合结构施工规范》GB 50901 的有关规定：

（1）压型钢板、钢筋桁架板制作、安装时，不得用火焰切割。

（2）钢-混凝土组合楼板宜按楼层或变形缝划分为一个或若干个施工段进行施工和验收。

（3）压型钢板或钢筋桁架组合楼板的施工工艺流程应为：压型钢板或钢筋桁架板加工制作→压型钢板或钢筋桁架板安装→栓钉焊接→钢筋绑扎→混凝土浇筑→混凝土养护。

7.2.11 混凝土叠合板施工应符合下列规定：

（1）应根据设计要求或施工方案设置临时支撑。

（2）施工荷载应均匀布置，且不超过设计规定。

（3）端部的搁置长度应符合设计或国家现行有关标准的规定。

（4）叠合层混凝土浇筑前，应按设计要求检查结合面的粗糙度及外露钢筋。

条文解读

▲7.2.11

混凝土叠合板施工应考虑两阶段受力特点，施工时应采取质量保证措施避免产生裂缝。

7.2.12 预制混凝土楼梯的安装应符合国家现行标准《混凝土结构工程施工规范》GB 50666 和《装配式混凝土结构技术规程》JGJ 1 的规定。

条文链接 ★7.2.12

参考第一部分 10.3.2 条的条文链接。

7.2.13 钢结构工程测量应符合下列规定：

（1）钢结构安装前应设置施工控制网；施工测量前，应根据设计图和安装方案，编制测量专项方案。

（2）施工阶段的测量应包括平面控制、高程控制和细部测量。

7.3 外围护系统安装

7.3.1 外围护部品安装宜与主体结构同步进行，可在安装部位的主体结构验收合格后进行。

条文解读

▲7.3.1

外围护系统可在一个流水段主体结构分项工程验收合格后，与主体结构同步施工，但应采取可靠防护措施，避免施工过程中损坏已安装墙体及保证作业人员安全。

7.3.2 安装前的准备工作应符合下列规定：

（1）对所有进场部品、零配件及辅助材料应按设计规定的品种、规格、尺寸和外观要求进行检查，并应有合格证和性能检测报告。

（2）应进行技术交底。

（3）应将部品连接面清理干净，并对预埋件和连接件进行清理和防护。

（4）应按部品排板图进行测量放线。

条文链接 ★7.3.2

参考第一部分4.4.4条的条文链接。

7.3.3 部品吊装应采用专用吊具，起吊和就位应平稳，防止磕碰。

条文链接 ★7.3.3

参考第一部分4.4.4条的条文链接。

7.3.4 预制外墙安装应符合下列规定：

（1）墙板应设置临时固定和调整装置。

（2）墙板应在轴线、标高和垂直度调校合格后方可永久固定。

（3）当条板采用双层墙板安装时，内、外层墙板的拼缝宜错开。

（4）蒸压加气混凝土板施工应符合现行行业标准《蒸压加气混凝土建筑应用技术规程》JGJ/T 17的规定。

条文链接 ★7.3.4

根据《蒸压加气混凝土建筑应用技术规程》JGJ/T 17 的有关规定：

加气混凝土制品的施工堆放场地应选择靠近安装地点，场地应坚实、平坦、干燥。不得直接接触地面堆放。

墙板堆放时，宜侧立放置，堆放高度不宜超过3m。

屋面板可平放，应按表2-18要求堆放保管（图2-13），并应采用覆盖措施。

表2-18 屋面板堆放要求

堆放方式	堆放限制高度	垫木			
		位置	长度	断面尺寸	根数
平放	3.0m以下	距端头≤600mm	约900mm	100mm×100mm	板长4m以上时，每点2根；板长4m以下时，每点1根

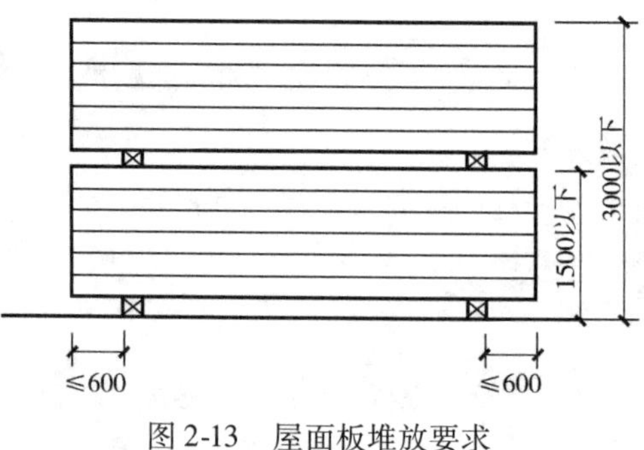

图2-13 屋面板堆放要求

7.3.5 现场组合骨架外墙安装应符合下列规定：

（1）竖向龙骨安装应平直，不得扭曲，间距应符合设计要求。

（2）空腔内的保温材料应连续、密实，并应在隐蔽验收合格后方可进行面板安装。

（3）面板安装方向及拼缝位置应符合设计要求，内外侧接缝不宜在同一根竖向龙骨上。

（4）木骨架组合墙体施工应符合现行国家标准《木骨架组合墙体技术规范》GB/T 50361 的规定。

条文链接 ★**7.3.5**

根据《木骨架组合墙体技术规范》GB/T 50361 的有关规定：

（1）墙面板的安装固定应符合下列要求：

1）经切割过的纸面石膏板的直角边，安装前应将切割边倒角45°，倒角深度应为板厚的1/3。

2）安装完成后，墙体表面的平整度偏差应小于3mm。纸面石膏板的表面纸层不应破损，螺钉头不应穿入纸层。

3）外墙面板在存放和施工中严禁与水接触或受潮。

（2）墙面板连接缝的密封、钉头覆盖的施工应符合下列要求：

1）墙面板连接缝的密封、钉头的覆盖应用石膏粉密封膏或弹性密封膏填严、填满，并抹平打光。

2）墙体与建筑物四周构件连接缝的密封应用密封剂连续、均匀地填满连接缝并抹平打光。

（3）外墙体局部防渗、防潮保护应符合下列要求：

1）外墙体顶端与建筑物构件之间覆盖一层塑料薄膜，当外墙体施工完毕后，剪去多余的塑料薄膜（图2-14a）。

2）外墙开窗时，窗台表面应覆盖一层塑料薄膜（图2-14b）。

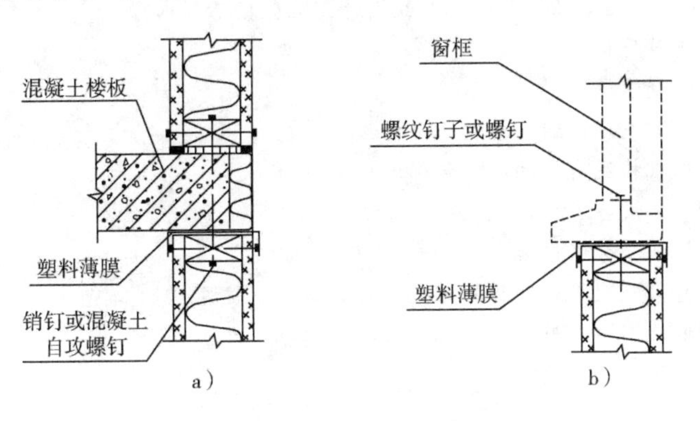

图2-14 外墙体防渗、防潮构造示意图

（4）木骨架组合墙体工厂预制与现场安装应符合下列要求：

1）当用销钉固定时，应按设计要求在混凝土楼板或梁上预留孔洞。预留孔位置偏差不应大于10mm。

2）当用自钻自攻螺钉或膨胀螺钉固定时，墙体按设计要求定位后，应将木骨架边框与主体结构构件一起钻孔，再进行固定。

3）预制墙体在吊运过程中，应避免碰坏墙体的边角、墙面或震裂墙面板，应保证每面墙体完好无损。

7.3.6 幕墙施工应符合下列规定：

（1）玻璃幕墙施工应符合现行行业标准《玻璃幕墙工程技术规范》JGJ 102 的规定。

（2）金属与石材幕墙施工应符合现行行业标准《金属与石材幕墙工程技术规范》JGJ 133 的规定。

（3）人造板材幕墙施工应符合现行行业标准《人造板材幕墙工程技术规范》JGJ 336 的规定。

条文链接 ★7.3.6

根据《玻璃幕墙工程技术规范》JGJ 102 的有关规定：

（1）进场安装的玻璃幕墙构件及附件的材料品种、规格、色泽和性能，应符合设计要求。

（2）幕墙安装过程中，构件存放、搬运、吊装时不应碰撞和损坏；半成品应及时保护；对型材保护膜应采取保护措施。

根据《金属与石材幕墙工程技术规范》JGJ 133 的有关规定：

（1）金属与石材幕墙的构件和附件的材料品种、规格、色泽和性能应符合设计要求。

（2）金属与石材幕墙的安装施工应编制施工组织设计，其中应包括以下内容：

1）工程进度计划。

2）搬运、起重方法。

3）测量方法。

4）安装方法。

5）安装顺序。

6）检查验收。

7）安全措施。

根据《人造板材幕墙工程技术规范》JGJ 336 的有关规定：

（1）进场的幕墙构件及附件的材料品种、规格、色泽和性能，应符合设计要求。幕墙构件安装前应进行检验。不合格的构件不得安装使用。

（2）幕墙的安装施工应单独编制施工组织设计，应包括下列内容：

1）工程概况、质量目标。

2）编制目的、编制依据。

3）施工部署、施工进度计划及控制保证措施。

4）项目管理组织机构及有关的职责和制度。

5）材料供应计划、设备进场计划。

6）劳动力调配计划及劳保措施。

7）与业主、总包、监理单位以及其他工种的协调配合方案。

8）材料供应计划及搬运、吊装方法及材料现场贮存方案。

9）测量放线方法及注意事项。

10）构件、组件加工计划及其加工工艺。

11）施工工艺、安装方法及允许偏差要求；重点、难点部位的安装方法和质量控制措施。

12）项目中采用新材料、新工艺时，应进行论证和制作样板的计划。

13）安装顺序及嵌缝收口要求。

14）成品、半成品保护措施。

15）质量要求、幕墙物理性能检测及工程验收计划。

16）季节施工措施。

17）幕墙施工脚手架的验收、改造和拆除方案或施工吊篮的验收、搭设和拆除方案。

18）文明施工和安全技术措施。

19）施工平面布置图。

7.3.7 门窗安装应符合下列规定：

（1）铝合金门窗安装应符合现行行业标准《铝合金门窗工程技术规范》JGJ 214 的规定。

（2）塑料门窗安装应符合现行行业标准《塑料门窗工程技术规程》JGJ 103 的规定。

条文链接 ★7.3.7

参考第一部分 10.5.8 条的条文链接。

7.3.8 安装完成后应及时清理并做好成品保护。

7.4 设备与管线系统安装

7.4.1 设备与管线施工前应按设计文件核对设备及管线参数，并应对结构构件预埋套管及预留孔洞的尺寸、位置进行复核，合格后方可施工。

条文解读

▲7.4.1

在结构构件加工制作阶段，应将各专业、各工种所需的预留孔洞、预埋件等设置完成，避免在施工现场进行剔凿、切割，伤及构件，影响质量及观感。

7.4.2 设备与管线需要与钢结构构件连接时，宜采用预留埋件的连接方式。当采用其他连接方法时，不得影响钢结构构件的完整性与结构的安全性。

7.4.3 应按管道的定位、标高等绘制预留套管图，在工厂完成套管预留及质量验收。

7.4.4 在有防腐防火保护层的钢结构上安装管道或设备支（吊）架时，宜采用非焊接方式固定；采用焊接时应对被损坏的防腐防火保护层进行修补。

条文解读

▲7.4.4

施工时应考虑工序穿插协调，在钢结构防腐防火涂料施工前应进行连接支（吊）架焊接固定。如不具备此条件，因安装支（吊）架而损坏的防护涂层应及时修补。

7.4.5 管道波纹补偿器、法兰及焊接接口不应设置在钢梁或钢柱的预留孔中。

7.4.6 设备与管线施工质量应符合设计文件和现行国家标准《建筑给水排水及采暖工程施工质量验收规范》GB 50242、《通风与空调工程施工质量验收规范》GB 50243、《智能建筑工程施工规范》GB 50606、《智能建筑工程质量验收规范》GB 50339、《建筑电气工程施工质量验收规范》GB 50303 和《火灾自动报警系统施工及验收规范》GB 50166 的规定。

7.4.7 在架空地板内敷设给水排水管道时应设置管道支（托）架，并与结构可靠连接。

7.4.8 室内供暖管道敷设在墙板或地面架空层内时，阀门部位应设检修口。

7.4.9 空调风管及冷热水管道与支（吊）架之间，应有绝热衬垫，其厚度不应小于绝热层厚度，宽度应不小于支（吊）架支承面的宽度。

7.4.10 防雷引下线、防侧击雷等电位联结施工应与钢构件安装做好施工配合。

7.4.11 设备与管线施工应做好成品保护。

7.5 内装系统安装

7.5.1 装配式钢结构建筑的内装系统安装应在主体结构工程质量验收合格后进行。

7.5.2 装配式钢结构建筑内装系统安装应符合现行国家标准《建筑装饰装修工程质量验收规范》GB 50210 和《住宅装饰装修工程施工规范》GB 50327 等的规定，并应满足绿色施工要求。

条文链接 ★7.5.2

根据《建筑装饰装修工程质量验收规范》GB 50210 的有关规定：

（1）建筑装饰装修工程施工中，严禁违反设计文件擅自改动建筑主体、承重结构或主要使用功能；严禁未经设计确认和有关部门批准擅自拆改水、暖、电、燃气、通信等配套设施。

（2）施工单位应遵守有关环境保护的法律法规，并应采取有效措施控制施工现场的各种粉尘、废气、废弃物、噪声、振动等对周围环境造成的污染和危害。

根据《住宅装饰装修工程施工规范》GB 50327 的有关规定：

（1）施工中，严禁损坏房屋原有绝热设施；严禁损坏受力钢筋；严禁超荷载集中堆放物品；严禁在预制混凝土空心楼板上打孔安装埋件。

（2）施工现场用电应符合下列规定：

1）施工现场用电应从户表以后设立临时施工用电系统。

2）安装、维修或拆除临时施工用电系统，应由电工完成。

3）临时施工供电开关箱中应装设漏电保护器。进入开关箱的电源线不得用插销连接。

4）临时用电线路应避开易燃、易爆物品堆放地。

5）暂停施工时应切断电源。

7.5.3 内装部品施工前，应做好下列准备工作：

（1）安装前应进行设计交底。

（2）应对进场部品进行检查，其品种、规格、性能应满足设计要求和符合国家现行标准的有关规定，主要部品应提供产品合格证书或性能检测报告。

（3）在全面施工前应先施工样板间，样板间应经设计、建设及监理单位确认。

条文解读

▲7.5.3

本条规定了内装部品安装前的施工准备工作。在全面施工前，先进行样板间的施工，样板间施工中采用的材料、施工工艺以及达到的装饰效果应经过设计、建设及监理单位确认。

7.5.4 安装过程中应进行隐蔽工程检查和分段（分户）验收，并形成检验记录。

7.5.5 对钢梁、钢柱的防火板包覆施工应符合下列规定：

（1）支撑件应固定牢固，防火板安装应牢固稳定，封闭良好。

（2）防火板表面应洁净平整。

（3）分层包覆时，应分层固定，相互压缝。

（4）防火板接缝应严密、顺直，边缘整齐。

（5）采用复合防火保护时，填充的防火材料应为不燃材料，且不得有空鼓、外露。

7.5.6 装配式隔墙部品安装应符合下列规定：

（1）条板隔墙安装应符合现行行业标准《建筑轻质条板隔墙技术规程》JGJ/T 157 的有关规定。

（2）龙骨隔墙系统安装应符合下列规定：

1）龙骨骨架与主体结构连接应采用柔性连接，并应竖直、平整、位置准确，龙骨的间距应符合设计要求。

2）面板安装前，隔墙内管线、填充材料应进行隐蔽工程验收。

3）面板拼缝应错缝设置，当采用双层面板安装时，上下层板的接缝应错开。

条文链接 ★7.5.6

参考第一部分 10.5.9 条的条文链接。

7.5.7　装配式吊顶部品安装应符合下列规定：

（1）吊顶龙骨与主体结构应固定牢靠。

（2）超过3kg的灯具、电扇及其他设备应设置独立吊挂结构。

（3）饰面板安装前应完成吊顶内管道管线施工，并应经隐蔽验收合格。

条文解读

▲7.5.7

超过3kg的灯具及电扇等有动荷载的物件，均应采用独立吊杆固定，严禁安装在吊顶龙骨上。吊顶板内的管线、设备在饰面板安装之前应作为隐蔽项目，调试验收完应做记录。

7.5.8　架空地板部品安装应符合下列规定：

（1）安装前应完成架空层内管线敷设，并应经隐蔽验收合格。

（2）当采用地板辐射供暖系统时，应对地暖加热管进行水压试验并隐蔽验收合格后铺设面层。

条文解读

▲7.5.8

（1）架空层内的给水、中水、供暖管道及电路配管，应严格按照设计路由及放线位置敷设，以避免架空地板的支撑脚与已敷设完毕的管道打架。同时便于后期检修及维护。

（2）宜在地暖加热管保持水压的情况下铺设面层，以及时发现铺设面层时对已隐蔽验收合格的管道产生破坏。

7.5.9　集成式卫生间部品安装前应先进行地面基层和墙面防水处理，并做闭水试验。

条文链接　**★7.5.9**

根据《住宅装饰装修工程施工规范》GB 50327的有关规定：

（1）防水施工宜采用涂膜防水。

（2）防水施工人员应具备相应的岗位证书。

（3）防水工程应在地面、墙面隐蔽工程完毕并经检查验收后进行。其施工方法应符合国家现行标准、规范的有关规定。

（4）施工时应设置安全照明，并保持通风。

（5）施工环境温度应符合防水材料的技术要求，并宜在5℃以上。

（6）防水工程应做两次蓄水试验。

7.5.10　集成式厨房部品安装应符合下列规定：

（1）橱柜安装应牢固，地脚调整应从地面水平最高点向最低点或从转角向两侧调整。

（2）采用油烟同层直排设备时，风帽应安装牢固，与外墙之间的缝隙应密封。

条文解读

▲7.5.10

当采用油烟同层直排设备时，风帽管道应与排烟管道有效连接。风帽不应直接固定于外墙面，以避免破坏外墙保温系统。

8　质量验收

8.1　一般规定

8.1.1　装配式钢结构建筑的验收应符合现行国家标准《建筑工程施工质量验收统一标准》

GB 50300 及相关标准的规定。当国家现行标准对工程中的验收项目未作具体规定时，应由建设单位组织设计、施工、监理等相关单位制定验收要求。

条文链接 ★8.1.1

根据《建筑工程施工质量验收统一标准》GB 50300 的有关规定：

（1）经返修或加固处理仍不能满足安全或重要使用要求的分部工程及单位工程，严禁验收。

（2）建设单位收到工程竣工报告后，应由建设单位项目负责人组织监理、施工、设计、勘察等单位项目负责人进行单位工程验收。

8.1.2 同一厂家生产的同批材料、部品，用于同期施工且属于同一工程项目的多个单位工程，可合并进行进场验收。

8.1.3 部品部件应符合国家现行有关标准的规定，并应具有产品标准、出厂检验合格证、质量保证书和使用说明文件。

条文解读

▲8.1.3

许多部品部件的生产来自多种行业，应分别符合机械、建筑、建材、电工、林产、化工、家具、家电等行业标准，有的还应取得技术质量监督局的认证，或第三方认证。

组成建筑系统后某些性能和安装状态还要同时满足有关建筑标准，所以在验收时对这样的部品部件还要查验有关产品文件。

8.2 结构系统验收

8.2.1 钢结构、组合结构的施工质量要求和验收标准应按现行国家标准《钢结构工程施工质量验收规范》GB 50205、《钢管混凝土工程施工质量验收规范》GB 50628 和《混凝土结构工程施工质量验收规范》GB 50204 的有关规定执行。

条文解读

▲8.2.1

除纯钢结构外，装配式钢结构建筑中还可能会用到钢管混凝土柱或者钢-混凝土组合梁、压型钢板组合楼板等，因此也要做好这些构件的验收。

条文链接 ★8.2.1

根据《钢结构工程施工质量验收规范》GB 50205 的有关规定：

钢结构分部工程竣工验收时，应提供下列文件和记录：

（1）钢结构工程竣工图样及相关设计文件。

（2）施工现场质量管理检查记录。

（3）有关安全及功能的检验和见证检测项目检查记录。

（4）有关观感质量检验项目检查记录。

（5）分部工程所含各分项工程质量验收记录。

（6）分项工程所含各检验批质量验收记录。

（7）强制性条文检验项目检查记录及证明文件。

（8）隐蔽工程检验项目检查验收记录。

（9）原材料、成品质量合格证明文件、中文标志及性能检测报告。

条文链接

(10) 不合格项的处理记录及验收记录。

(11) 重大质量、技术问题实施方案及验收记录。

(12) 其他有关文件和记录。

8.2.2 钢结构主体工程焊接工程验收应按现行国家标准《钢结构工程施工质量验收规范》GB 50205的有关规定，在焊前检验、焊中检验和焊后检验基础上按设计文件和现行国家标准《钢结构焊接规范》GB 50661的规定执行。

8.2.3 钢结构主体工程紧固件连接工程应按现行国家标准《钢结构工程施工质量验收规范》GB 50205规定的质量验收方法和质量验收项目执行，同时尚应符合现行行业标准《钢结构高强度螺栓连接技术规程》JGJ 82的规定。

条文链接 ★**8.2.3**

参考第一部分7.2.7条的条文链接。

8.2.4 钢结构防腐蚀涂装工程应按国家现行标准《钢结构工程施工质量验收规范》GB 50205、《建筑防腐蚀工程施工规范》GB 50212、《建筑防腐蚀工程施工质量验收规范》GB 50224和《建筑钢结构防腐蚀技术规程》JGJ/T 251的规定进行验收；金属热喷涂防腐和热镀锌防腐工程，应按现行国家标准《热喷涂金属和其他无机覆盖层锌、铝及其合金》GB/T 9793和《热喷涂金属件表面预处理通则》GB 11373等有关规定进行质量验收。

条文链接 ★**8.2.4**

根据《钢结构工程施工质量验收规范》GB 50205的有关规定：

(1) 钢结构涂装工程可按钢结构制作或钢结构安装工程检验批的划分原则划分为一个或若干个检验批。

(2) 钢结构普通涂料涂装工程应在钢结构构件组装、预拼装或钢结构安装工程检验批的施工质量验收合格后进行。钢结构防火涂料涂装工程应在钢结构安装工程检验批和钢结构普通涂料涂装检验批的施工质量验收合格后进行。

根据《建筑防腐蚀工程施工质量验收规范》GB 50224的有关规定：

涂料类品种、规格和性能的检查数量应符合下列规定：

(1) 应从每次批量到货的材料中，根据设计要求按不同品种进行随机抽样检查。样品大小可由施工单位与供货厂家双方协商确定。

(2) 当抽样检测结果有一项指标为不合格时，应再进行一次抽样复检。如仍有一项指标不合格时，应判定该产品质量为不合格。

根据《建筑钢结构防腐蚀技术规程》JGJ/T 251的有关规定：

建筑钢结构防腐蚀工程验收时，应提交下列资料：

(1) 设计文件及设计变更通知书。

(2) 磨料、涂料、热喷涂材料的产地与材质证明书。

(3) 基层检查交接记录。

(4) 隐蔽工程记录。

(5) 施工检查、检测记录。

(6) 竣工图样。

(7) 修补或返工记录。

(8) 交工验收记录。

8.2.5 钢结构防火涂料的粘结强度、抗压强度应符合现行国家标准《钢结构工程施工质量验收规范》GB 50205 的规定，试验方法应符合现行国家标准《建筑构件耐火试验方法》GB/T 9978 的规定；防火板及其他防火包覆材料的厚度应符合现行国家标准《建筑设计防火规范》GB 50016 关于耐火极限的设计要求。

8.2.6 装配式钢结构建筑的楼板及屋面板应按下列标准进行验收：

（1）压型钢板组合楼板和钢筋桁架楼承板组合楼板应按现行国家标准《钢结构工程施工质量验收规范》GB 50205 和《混凝土结构工程施工质量验收规范》GB 50204 的有关规定进行验收。

（2）预制带肋底板混凝土叠合楼板应按现行行业标准《预制带肋底板混凝土叠合楼板技术规程》JGJ/T 258 的规定进行验收。

（3）预制预应力空心板叠合楼板应按现行国家标准《预应力混凝土空心板》GB/T 14040 和《混凝土结构工程施工质量验收规范》GB 50204 的规定进行验收。

（4）混凝土叠合楼板应按国家现行标准《混凝土结构工程施工质量验收规范》GB 50204 和《装配式混凝土结构技术规程》JGJ 1 的规定进行验收。

8.2.7 钢楼梯应按现行国家标准《钢结构工程施工质量验收规范》GB 50205 的规定进行验收，预制混凝土楼梯应按国家现行标准《混凝土结构工程施工质量验收规范》GB 50204 和《装配式混凝土结构技术规程》JGJ 1 的规定进行验收。

8.2.8 安装工程可按楼层或施工段等划分为一个或若干个检验批。地下钢结构可按不同地下层划分检验批。钢结构安装检验批应在进场验收和焊接连接、紧固件连接、制作等分项工程验收合格的基础上进行验收。

8.3 外围护系统验收

8.3.1 外围护系统质量验收应根据工程实际情况检查下列文件和记录：

（1）施工图或竣工图、性能、试验报告、设计说明及其他设计文件。

（2）外围护部品和配套材料的出厂合格证、进场验收记录。

（3）施工安装记录。

（4）隐蔽工程验收记录。

（5）施工过程中重大技术问题的处理文件、工作记录和工程变更记录。

8.3.2 外围护系统应在验收前完成下列性能的试验和测试：

（1）抗压性能、层间变形性能、耐撞击性能、耐火极限等实验室检测。

（2）连接件材性、锚栓拉拔强度等检测。

条文解读

▲8.3.2

进行连接件材性试验时，应现场取样后送实验室检测；锚栓拉拔强度应进行现场检测。

8.3.3 外围护系统应根据工程实际情况进行下列现场试验和测试：

（1）饰面砖（板）的粘结强度测试。

（2）墙板接缝及外门窗安装部位的现场淋水试验。

（3）现场隔声测试。

（4）现场传热系数测试。

8.3.4 外围护部品应完成下列隐蔽项目的现场验收：

（1）预埋件。

（2）与主体结构的连接节点。

（3）与主体结构之间的封堵构造节点。

（4）变形缝及墙面转角处的构造节点。

（5）防雷装置。

（6）防火构造。

8.3.5　外围护系统的分部分项划分应满足国家现行标准的相关要求，检验批划分应符合下列规定：

（1）相同材料、工艺和施工条件的外围护部品每1000m^2应划分为一个检验批，不足1000m^2也应划分为一个检验批。

（2）每个检验批每100m^2应至少抽查一处，每处不得小于10m^2。

（3）对于异形、多专业综合或有特殊要求的外围护部品，国家现行相关标准未做出规定时，检验批的划分可根据外围护部品的结构、工艺特点及外围护部品的工程规模，由建设单位组织监理单位和施工单位协商确定。

8.3.6　当外围护部品与主体结构采用焊接或螺栓连接时，连接部位验收可按现行国家标准《钢结构工程施工质量验收规范》GB 50205和《钢结构焊接规范》GB 50661的规定执行。

8.3.7　外围护系统的保温和隔热工程质量验收应按现行国家标准《建筑节能工程施工质量验收规范》GB 50411的规定执行。

条文链接　**★8.3.7**

参考第一部分11.4.8条的条文链接。

8.3.8　外围护系统的门窗工程、涂饰工程质量验收应按现行国家标准《建筑装饰装修工程质量验收规范》GB 50210的规定执行。

条文链接　**★8.3.8**

根据《建筑装饰装修工程质量验收规范》GB 50210的有关规定：

（1）门窗工程验收时应检查下列文件和记录：

1）门窗工程的施工图、设计说明及其他设计文件。

2）材料的产品合格证书、性能检测报告、进场验收记录和复验报告。

3）特种门及其附件的生产许可文件。

4）隐蔽工程验收记录。

5）施工记录。

（2）门窗工程应对下列材料及其性能指标进行复验：

1）人造木板的甲醛含量。

2）建筑外墙金属窗、塑料窗的抗风压性能、空气渗透性能和雨水渗漏性能。

（3）门窗工程应对下列隐蔽工程项目进行验收：

1）预埋件和锚固件。

2）隐蔽部位的防腐、填嵌处理。

（4）涂饰工程验收时应检查下列文件和记录：

1）涂饰工程的施工图、设计说明及其他设计文件。

2）材料的产品合格证书、性能检测报告和进场验收记录。

3）施工记录。

8.3.9　蒸压加气混凝土外墙板质量验收应按现行行业标准《蒸压加气混凝土建筑应用技术规程》JGJ/T 17的规定执行。

条文链接 ★8.3.9

根据《蒸压加气混凝土建筑应用技术规程》JGJ/T 17 的有关规定：

外墙板结构尺寸和位置的偏差不应超过表 2-19 的规定。

表 2-19 墙板结构尺寸和位置允许偏差

项目			允许偏差/mm	检查方法
拼装大板的高度或宽度两对角线长度差			±55	拉线
外墙板安装	垂直度	每层	5	用 2m 靠尺检查
		全高	20	
	平整度	表面平整	5	
内墙板安装	垂直度	墙面垂直	4	用 2m 靠尺检查
	平整度	表面平整	4	
内外墙门、窗框余量 10mm			±5	—

8.3.10 木骨架组合外墙系统质量验收应按现行国家标准《木骨架组合墙体技术规范》GB/T 50361 的规定执行。

条文链接 ★8.3.10

根据《木骨架组合墙体技术规范》GB/T 50361 的有关规定：

(1) 木骨架组合墙体墙面应平整，不应有裂纹、裂缝。墙面不平整度不应大于 3mm。

(2) 木骨架组合墙体墙面板缝密封应完整、严实，不应开裂。

(3) 木骨架组合墙体应垂直，竖向垂直偏差不应大于 3mm；水平方向偏差不应大于 5mm。

8.3.11 幕墙工程质量验收应按现行行业标准《玻璃幕墙工程技术规范》JGJ 102、《金属与石材幕墙工程技术规范》JGJ 133 和《人造板材幕墙工程技术规范》JGJ 336 的规定执行。

条文链接 ★8.3.11

参考第一部分 11.4.9 条的条文链接。

8.3.12 屋面工程质量验收应按现行国家标准《屋面工程质量验收规范》GB 50207 的规定执行。

条文链接 ★8.3.12

根据《屋面工程质量验收规范》GB 50207 的有关规定：

屋面工程验收资料和记录应符合表 2-20 的规定。

表 2-20 屋面工程验收资料和记录

资料项目	验收资料
防水设计	设计图样及会审记录、设计变更通知单和材料代用核定单
施工方案	施工方法、技术措施、质量保证措施
技术交底记录	施工操作要求及注意事项
材料质量证明文件	出厂合格证、型式检验报告、出厂检验报告、进场验收记录和进场检验报告

条文链接

（续）

资料项目	验收资料
施工日志	逐日施工情况
工程检验记录	工序交接检验记录、检验批质量验收记录、隐蔽工程验收记录、淋水或蓄水试验记录、观感质量检查记录、安全与功能抽样检验（检测）记录
其他技术资料	事故处理报告、技术总结

8.4　设备与管线系统验收

8.4.1　建筑给水排水及采暖工程的施工质量要求和验收标准应按现行国家标准《建筑给水排水及采暖工程施工质量验收规范》GB 50242 的规定执行。

8.4.2　自动喷水灭火系统的施工质量要求和验收标准应按现行国家标准《自动喷水灭火系统施工及验收规范》GB 50261 的规定执行。

条文链接 ★**8.4.2**

根据《自动喷水灭火系统施工及验收规范》GB 50261 的有关规定：

系统竣工后，必须进行工程验收，验收不合格不得投入使用。

8.4.3　消防给水系统及室内消火栓系统的施工质量要求和验收标准应按现行国家标准《消防给水及消火栓系统技术规范》GB 50974 的规定执行。

条文链接 ★**8.4.3**

根据《消防给水及消火栓系统技术规范》GB 50974 的有关规定：

（1）系统竣工后，必须进行工程验收，验收应由建设单位组织质检、设计、施工、监理参加，验收不合格不应投入使用。

（2）系统验收时，施工单位应提供下列资料：

1）竣工验收申请报告、设计文件、竣工资料。

2）消防给水及消火栓系统的调试报告。

3）工程质量事故处理报告。

4）施工现场质量管理检查记录。

5）消防给水及消火栓系统施工过程质量管理检查记录。

6）消防给水及消火栓系统质量控制检查资料。

8.4.4　通风与空调工程的施工质量要求和验收标准应按现行国家标准《通风与空调工程施工质量验收规范》GB 50243 的规定执行。

条文链接 ★**8.4.4**

参考第一部分 11.5.4 条的条文链接。

8.4.5　建筑电气工程的施工质量要求和验收标准应按现行国家标准《建筑电气工程施工质量验收规范》GB 50303 的规定执行。

8.4.6　火灾自动报警系统的施工质量要求和验收标准应按现行国家标准《火灾自动报警系统施工及验收规范》GB 50166 的规定执行。

条文链接 ★8.4.6

根据《火灾自动报警系统施工及验收规范》GB 50166 的有关规定：

对系统中下列装置的安装位置、施工质量和功能等应进行验收。

（1）火灾报警系统装置（包括各种火灾探测器、手动火灾报警按钮、火灾报警控制器和区域显示器等）。

（2）消防联动控制系统（含消防联动控制器、气体灭火控制器、消防电气控制装置、消防设备应急电源、消防应急广播设备、消防电话、传输设备、消防控制中心图形显示装置、模块、消防电动装置、消火栓按钮等设备）。

（3）自动灭火系统控制装置（包括自动喷水、气体、干粉、泡沫等固定灭火系统的控制装置）。

（4）消火栓系统的控制装置。

（5）通风空调、防烟排烟及电动防火阀等控制装置。

（6）电动防火门控制装置、防火卷帘控制器。

（7）消防电梯和非消防电梯的回降控制装置。

（8）火灾警报装置。

（9）火灾应急照明和疏散指示控制装置。

（10）切断非消防电源的控制装置。

（11）电动阀控制装置。

（12）消防联网通信。

（13）系统内的其他消防控制装置。

8.4.7 智能化系统的施工质量要求和验收标准应按现行国家标准《智能建筑工程质量验收规范》GB 50339 的规定执行。

条文解读

▲8.4.1～8.4.7

各机电系统分部工程和分项工程的划分、验收方法均应按照相关的专业验收规范执行。

8.4.8 暗敷在轻质墙体、楼板和吊顶中的管线、设备应在验收合格并形成记录后方可隐蔽。

8.4.9 管道穿过钢梁时的开孔位置、尺寸和补强措施，应满足设计图样要求并应符合现行行业标准《高层民用建筑钢结构技术规程》JGJ 99 的规定。

8.5 内装系统验收

8.5.1 装配式钢结构建筑内装系统工程宜与结构系统工程同步施工，分层分阶段验收。

8.5.2 内装工程验收应符合下列规定：

（1）对住宅建筑内装工程应进行分户质量验收、分段竣工验收。

（2）对公共建筑内装工程应按照功能区间进行分段质量验收。

条文解读

▲8.5.2

（1）分户质量验收，即“一户一验”，是指住宅工程在按照国家有关规范、标准要求进行工程竣工验收时，对每一户住宅及单位工程公共部位进行专门验收；住宅建筑分段竣工验收是指按照施工部位，某几层划分为一个阶段，对这一个阶段进行单独验收。

（2）公共建筑分段质量验收是指按照施工部位，某几层或某几个功能区间划分为一个阶段，对这一个阶段进行单独验收。

8.5.3 装配式内装系统质量验收应符合国家现行标准《建筑装饰装修工程质量验收规范》

GB 50210、《建筑轻质条板隔墙技术规程》JGJ/T 157 和《公共建筑吊顶工程技术规程》JGJ 345 等的有关规定。

8.5.4 室内环境的验收应在内装工程完成后进行，并应符合现行国家标准《民用建筑工程室内环境污染控制规范》GB 50325 的有关规定。

条文链接 ★8.5.4

参考第一部分 11.4.14 条的条文链接。

8.6 竣工验收

8.6.1 单位工程质量验收应按现行国家标准《建筑工程施工质量验收统一标准》GB 50300 的规定执行，单位（子单位）工程质量验收合格应符合下列规定：

（1）所含分部（子分部）工程的质量均应验收合格。

（2）质量控制资料应完整。

（3）所含分部工程中有关安全、节能、环境保护和主要使用功能的检验资料应完整。

（4）主要使用功能的抽查结果应符合相关专业验收规范的规定。

（5）观感质量应符合要求。

条文链接 ★8.6.1

根据《建筑工程施工质量验收统一标准》GB 50300 的有关规定：

（1）单位工程质量验收合格应符合下列规定：

1）所含分部工程的质量均应验收合格。

2）质量控制资料应完整。

3）所含分部工程中有关安全、节能、环境保护和主要使用功能的检验资料应完整。

4）主要使用功能的抽查结果应符合相关专业验收规范的规定。

5）观感质量应符合要求。

（2）经返修或加固处理仍不能满足安全或重要使用要求的分部工程及单位工程，严禁验收。

8.6.2 竣工验收的步骤可按验前准备、竣工预验收和正式验收三个环节进行。单位工程完工后，施工单位应组织有关人员进行自检。总监理工程师应组织各专业监理工程师对工程质量进行竣工预验收。建设单位收到工程竣工验收报告后，应由建设单位项目负责人组织监理、施工、设计、勘察等单位项目负责人进行单位工程验收。

8.6.3 施工单位应在交付使用前与建设单位签署质量保修书，并提供使用、保养、维护说明书。

8.6.4 建设单位应当在竣工验收合格后，按《建设工程质量管理条例》的规定向备案机关备案，并提供相应的文件。

9 使用维护

9.1 一般规定

9.1.1 装配式钢结构建筑的设计文件应注明其设计条件、使用性质及使用环境。

条文解读

▲9.1.1

建筑的设计条件、使用性质及使用环境，是建筑设计、施工、验收、使用与维护的基本前提，尤其是建筑装饰装修荷载和使用荷载的改变，对建筑结构的安全性有直接影响。

9.1.2 装配式钢结构建筑的建设单位在交付物业时，应按国家有关规定的要求，提供《建筑质量保证书》和《建筑使用说明书》。

条文解读

▲9.1.2

当建筑使用性质为住宅时，即为《住宅质量保证书》和《住宅使用说明书》，此时建设单位即为房地产开发企业。

《住宅质量保证书》是房地产开发企业对所售商品房承担质量责任的法律文件，其中应当列明工程质量监督单位核验的质量等级、保修范围、保修期和保修单位等内容，房地产开发企业应按《住宅质量保证书》的约定，承担保修责任。

《住宅使用说明书》是指住宅出售单位在交付住宅时提供给业主的，告知住宅安全、合理、方便使用及相关事项的文本，应当载明房屋建筑的基本情况、设计使用寿命、性能指标、承重结构位置、管线布置、附属设备、配套设施及使用维护保养要求、禁止事项等。住宅中配置的设备、设施，生产厂家另有使用说明书的，应附于《住宅使用说明书》中。

9.1.3 《建筑质量保证书》除应按现行有关规定执行外，尚应注明相关部品部件的保修期限与保修承诺。

条文解读

▲9.1.3

《建设工程质量管理条例》等对建筑工程最低保修期限做出了规定。另外，针对装配式钢结构建筑的特点，提出了相应部品部件的质量要求。

9.1.4 《建筑使用说明书》除应按现行有关规定执行外，尚应包含以下内容：

（1）二次装修、改造的注意事项，应包含允许业主或使用者自行变更的部分与禁止部分。

（2）建筑部品部件生产厂、供应商提供的产品使用维护说明书，主要部品部件宜注明合理的检查与使用维护年限。

条文解读

▲9.1.4

本条内容主要是为保证装配式钢结构建筑功能性、安全性和耐久性，为业主或使用者提供方便的要求。

装配式钢结构建筑在使用过程中的二次装修、改造，应严格执行相应规定。

9.1.5 建设单位应当在交付销售物业之前制定临时管理规约，除应满足相关法律法规要求外，尚应满足设计文件和《建筑使用说明书》的有关要求。

条文解读

▲9.1.5

根据《物业管理条例》的规定，建设单位应当在销售物业之前，制定临时管理规约，对有关物业的使用、维护、管理，业主的共同利益，业主应当履行的义务，违反管理规约应当承担的责任等事项依法做出约定。

9.1.6 建设单位移交相关资料后，业主与物业服务企业应按法律法规要求共同制定物业管理规约，并宜制定《检查与维护更新计划》。

9.1.7 使用与维护宜采用信息化手段，建立建筑、设备与管线等的管理档案。当遇地震、火灾等灾害时，灾后应对建筑进行检查，并视破损程度进行维修。

条文解读

▲9.1.7

本条是在条件允许时将建筑信息化手段用于建筑全寿命期使用与维护的要求。地震或火灾后，应对建筑进行全面检查，必要时应提交房屋质量检测机构进行评估，并采取相应的措施。强台风灾害后，也宜进行外围护系统的检查。

9.2　结构系统使用维护

9.2.1　《建筑使用说明书》应包含主体结构设计使用年限、结构体系、承重结构位置、使用荷载、装修荷载、使用要求、检查与维护等。

9.2.2　物业服务企业应根据《建筑使用说明书》，在《检查与维护更新计划》中建立对主体结构的检查与维护制度，明确检查时间与部位。检查与维护的重点应包括主体结构损伤、建筑渗水、钢结构锈蚀、钢结构防火保护损坏等可能影响主体结构安全性和耐久性的内容。

9.2.3　业主或使用者不应改变原设计文件规定的建筑使用条件、使用性质及使用环境。

条文解读

▲9.2.3

建筑使用条件、使用性质及使用环境与主体结构设计使用年限内的安全性、适用性和耐久性密切相关，不得擅自改变。如确因实际需要做出改变时，应按有关规定对建筑进行评估。

9.2.4　装配式钢结构建筑的室内二次装修、改造和使用中，不应损伤主体结构。

条文解读

▲9.2.4

为确保主体结构的可靠性，在建筑二次装修、改造和整个建筑的使用过程中，不应对钢结构采取焊接、切割、开孔等损伤主体结构的行为。

9.2.5　建筑的二次装修、改造和使用中发生下述行为之一者，应经原设计单位或具有相应资质的设计单位提出设计方案，并按设计规定的技术要求进行施工及验收。

（1）超过设计文件规定的楼面装修或使用荷载。

（2）改变或损坏钢结构防火、防腐蚀的相关保护及构造措施。

（3）改变或损坏建筑节能保温、外墙及屋面防水相关的构造措施。

条文解读

▲9.2.5

国内外钢结构建筑的使用经验表明，在正常维护和室内环境下，主体结构在设计使用年限内一般不存在耐久性问题。但是，破坏建筑保温、外围护防水等导致的钢结构结露、渗水受潮，以及改变和损坏防火、防腐保护等，将加剧钢结构的腐蚀。

9.2.6　二次装修、改造中改动卫生间、厨房、阳台防水层的，应按现行相关防水标准制定设计、施工技术方案，并进行闭水试验。

9.3　外围护系统使用与维护

9.3.1　《建筑使用说明书》中有关外围护系统的部分，宜包含下列内容：

（1）外围护系统基层墙体和连接件的使用年限及维护周期。

（2）外围护系统外饰面、防水层、保温以及密封材料的使用年限及维护周期。

（3）外墙可进行吊挂的部位、方法及吊挂力。

（4）日常与定期的检查与维护要求。

9.3.2 物业服务企业应依据《建筑使用说明书》，在《检查与维护更新计划》中规定对外围护系统的检查与维护制度，检查与维护的重点应包括外围护部品外观、连接件锈蚀、墙屋面裂缝及渗水、保温层破坏、密封材料的完好性等，并形成检查记录。

条文解读

▲9.3.2

外围护系统的检查与维护，既是保证围护系统本身和建筑功能的需要，也是防止围护系统破坏引起钢结构腐蚀问题的要求。物业服务企业发现围护系统有渗水现象时，应及时修理，并确保修理后原位置的水密性能符合相关要求。密封材料如密封胶等的耐久性问题，应尤其关注。

在建筑室内装饰装修和使用中，严禁对围护系统进行切割、开槽、开洞等损伤行为，不得破坏其保温和防水，在外围护系统的检查与维护中应重点关注。

9.3.3 当遇地震、火灾后，应对外围护系统进行检查，并视破损程度进行维修。

条文解读

▲9.3.3

地震或火灾后，对外围护系统应进行全面检查，必要时应提交房屋质量检测机构进行评估，并采取相应的措施。有台风灾害的地区，当强台风灾害后，也应进行外围护系统检查。

9.3.4 业主与物业服务企业应根据《建筑质量保证书》和《建筑使用说明书》中建筑外围护部品及配件的设计使用年限资料，对接近或超出使用年限的进行安全性评估。

9.4 设备与管线系统使用维护

9.4.1 《建筑使用说明书》应包含设备与管线的系统组成、特性规格、部品寿命、维护要求、使用说明等。物业服务企业应在《检查与维护更新计划》中规定对设备与管线的检查与维护制度，保证设备与管线系统的安全使用。

条文解读

▲9.4.1

设备与管线分为公共部位和业主（或使用者）自用部位两部分，物业服务企业应在《检查与维护更新计划》中覆盖公共部位以及自用部分对建筑功能性、安全性和耐久性带来影响的设备及管线。

9.4.2 公共部位及其公共设施设备与管线的维护重点包括水泵房、消防泵房、电机房、电梯、电梯机房、中控室、锅炉房、管道设备间、配电间（室）等，应按《检查与维护更新计划》进行定期巡检和维护。

9.4.3 装修改造时，不应破坏主体结构、外围护系统。

条文解读

▲9.4.3

自行装修的管线敷设宜采用与主体结构和围护系统分离的模式，尽量避免对墙体开槽、切割。

9.4.4 智能化系统的维护应符合国家现行标准的规定，物业服务企业应建立智能化系统的管理和维护方案。

9.5 内装系统使用维护

9.5.1 《建筑使用说明书》应包含内装系统做法、部品寿命、维护要求、使用说明等。

条文解读

▲9.5.1

装配式钢结构建筑全装修交付时，《建筑使用说明书》应包括内装的使用和维护内容。装配式钢结构建筑的内装分为公共部位和业主（或使用者）自用部位，物业服务企业应在《检查与维护更新计划》中覆盖公共部位以及自用部位中影响整体建筑的内装。

9.5.2 内装维护和更新时所采用的部品和材料，应满足《建筑使用说明书》中相应的要求。

条文解读

▲9.5.2

本条是保证建筑内装在维护和更新后，其防火、防水、保温、隔声和健康舒适性等性能不至下降太多。

9.5.3 正常使用条件下，装配式钢结构住宅建筑的内装工程项目质量保修期限不应低于2年，有防水要求的厨房、卫生间等的防渗漏不应低于5年。

条文解读

▲9.5.3

中华人民共和国建设部令第110号《住宅室内装饰装修管理办法》中对住宅室内装饰装修工程质量的保修期有规定，“在正常使用条件下，住宅室内装饰装修工程的最低保修期限为2年，有防水要求的厨房、卫生间和外墙面的防渗漏为5年。保修期自工程竣工验收合格之日起计算”。建设单位可视情况在此基础上提高保修期限的要求，提升装配式钢结构建筑的品质。

9.5.4 内装工程项目应建立易损部品部件备用库，保证使用维护的有效性及时效性。

第三部分

装配式木结构建筑技术标准

1 总 则

1.0.1 为规范装配式木结构建筑的设计、制作、施工及验收，做到技术先进、安全适用、经济合理、确保质量、保护环境，制定本标准。

1.0.2 本标准适用于抗震设防烈度为6～9度的装配式木结构建筑的设计、制作、施工、验收、使用和维护。

1.0.3 装配式木结构建筑应符合建筑全寿命周期的可持续性的原则，并应满足标准化设计、工厂化制作、装配化施工、一体化装修、信息化管理和智能化应用的要求。

1.0.4 装配式木结构建筑的设计、制作、安装、验收、使用和维护，除应符合本标准的规定外，尚应符合国家现行有关标准的规定。

2 术 语

2.0.1 装配式建筑

结构系统、外围护系统、设备与管线系统、内装系统的主要部分采用预制部品部件集成的建筑。

2.0.2 装配式木结构建筑

建筑的结构系统由木结构承重构件组成的装配式建筑。

2.0.3 装配式木结构

采用工厂预制的木结构组件和部品，以现场装配为主要手段建造而成的结构。包括装配式纯木结构、装配式木混合结构等。

2.0.4 预制木结构组件

由工厂制作、现场安装，并具有单一或复合功能的，用于组合成装配式木结构的基本单元，简称木组件。木组件包括柱、梁、预制墙体、预制楼盖、预制屋盖、木桁架、空间组件等。

2.0.5 部品

由工厂生产，构成外围护系统、设备与管线系统、内装系统的建筑单一产品或复合产品组装而成的功能单元的统称。

2.0.6 装配式木混合结构

由木结构构件与钢结构构件、混凝土结构构件组合而成的混合承重的结构形式。包括上下混合装配式木结构、水平混合装配式木结构、平改坡的屋面系统装配式以及混凝土结构中采用的木骨架组合墙体系统。

2.0.7 预制木骨架组合墙体

由规格材制作的木骨架外部覆盖墙板，并在木骨架构件之间的空隙内填充保温隔热及隔声材料而构成的非承重墙体。

2.0.8 预制木墙板

安装在主体结构上，起承重、围护、装饰或分隔作用的木质墙板。按功能不同可分为承重墙板和非承重墙板。

2.0.9 预制板式组件

在工厂加工制作完成的墙体、楼盖和屋盖等预制板式单元，包括开放式组件和封闭式组件。

2.0.10 预制空间组件

在工厂加工制作完成的由墙体、楼盖或屋盖等共同构成具有一定建筑功能的预制空间单元。

2.0.11 开放式组件

在工厂加工制作完成的，墙骨柱、搁栅和覆面板外露的板式单元。该组件可包含保温隔热材料、门和窗户。

2.0.12 封闭式组件

在工厂加工制作完成的，采用木基结构板或石膏板将开放式组件完全封闭的板式单元。该组件可包含所有安装在组件内的设备元件、保温隔热材料、空气隔层、各种线管和管道。

2.0.13 金属连接件

用于固定、连接、支承的装配式木结构专用金属构件。如托梁、螺栓、柱帽、直角连接件、金属板等。

3 材料

3.1 木

3.1.1 装配式木结构采用的木材应经工厂加工制作，并应分等分级。木材的力学性能指标、材质要求、材质等级和含水率要求应符合现行国家标准《木结构设计规范》GB 50005 和《胶合木结构技术规范》GB/T 50708 的规定。

条文链接 ★3.1.1

根据《木结构设计规范》GB 50005 的有关规定：

制作构件时，木材含水率应符合下列要求：

（1）现场制作的原木或方木结构不应大于25%。

（2）板材和规格材不应大于20%。

（3）受拉构件的连接板不应大于18%。

（4）作为连接件不应大于15%。

（5）层板胶合木结构不应大于15%，且同一构件各层木板间的含水率差别不应大于5%。

3.1.2 装配式木结构采用的层板胶合木构件的制作应符合现行国家标准《胶合木结构技术规范》GB/T 50708 和《结构用集成材》GB/T 26899 的规定。

条文链接 ★3.1.2

根据《胶合木结构技术规范》GB/T 50708 的有关规定：

（1）用于制作胶合木构件的层板厚度在沿板宽方向上的厚度偏差不超过±0.2mm，在沿板长方向上的厚度偏差不超过±0.3mm。

（2）制作胶合木构件的生产区的室温应大于15℃，空气相对湿度宜在40%～80%之间。在构件固化过程中，生产区的室温和空气相对湿度应符合胶粘剂的要求。

（3）胶合木构件加工及堆放现场应有防止构件损坏，以及防雨、防日晒和防止胶合木含水率发生变化的措施。

（4）经防腐处理的胶合木构件应保证在运输和存放过程中防护层不被损坏。经防腐处理的胶合木或构件需重新开口或钻孔时，需用喷涂法修补防护层。

3.1.3 装配式木结构用木材及预制木结构构件燃烧性能及耐火极限应符合现行国家标准《建筑设计防火规范》GB 50016、《木结构设计规范》GB 50005 和《多高层木结构建筑技术标准》GB/T 51226 的规定。选用的木材阻燃剂应符合现行国家标准《阻燃木材及阻燃人造板生产技术规范》GB/T 29407 的规定。

条文链接 ★3.1.3

根据《阻燃木材及阻燃人造板生产技术规范》GB/T 29407 的有关规定：

（1）应根据阻燃木材及阻燃人造板的性能要求选用木材阻燃剂，由供应商提供产品质量检测报告，注明有效活性成分的含量。

（2）木材阻燃剂应具有低吸湿性的特点，不危害环境。宜选择一剂多效的木材阻燃剂。

3.1.4 用于装配式木结构的防腐木材应采用天然抗白蚁木材、经防腐处理的木材或天然耐久木材。防腐木材和防腐剂应符合现行国家标准《木材防腐剂》GB/T 27654、《防腐木材的使用分类和要求》GB/T 27651、《防腐木材工程应用技术规范》GB 50828 和《木结构工程施工质量验收规范》GB 50206 的规定。

3.1.5 预制木结构组件应经过质量检验，并应标识。组件的使用条件、安装要求应明确，并应有相应的说明文件。

3.2 钢材与金属连接件

3.2.1 装配式木结构中使用的钢材宜采用 Q235 钢、Q345 钢和 Q390 钢，并应符合现行国家标准《碳素结构钢》GB/T 700 和《低合金高强度结构钢》GB/T 1591 的规定。当采用其他牌号的钢材时，应符合国家现行有关标准的规定。

3.2.2 连接用钢材应具有抗拉强度、伸长率、屈服强度和硫、磷含量的合格保证，对焊接构件或连接件尚应有含碳量的合格保证，并应符合现行国家标准《钢结构设计规范》GB 50017 的规定。

3.2.3 下列情况的承重构件或连接材料宜采用 D 级碳素结构钢或 D 级、E 级低合金高强度结构钢：

（1）直接承受动力荷载或振动荷载的焊接构件或连接件。

（2）工作温度等于或低于 -30℃ 的构件或连接件。

3.2.4 连接件应符合下列规定：

（1）普通螺栓应符合现行国家标准《六角头螺栓 C 级》GB/T 5780 和《六角头螺栓》GB/T 5782的规定。

（2）高强度螺栓应符合现行国家标准《钢结构用高强度大六角头螺栓》GB/T 1228、《钢结构用高强度大六角螺母》GB/T 1229、《钢结构用高强度垫圈》GB/T 1230、《钢结构用高强度大六角头螺栓、大六角螺母、垫圈技术条件》GB/T 1231 和《钢结构用扭剪型高强度螺栓连接副技术条件》GB/T 3632 的规定。

（3）锚栓宜采用 Q235 钢或 Q345 钢。

（4）木螺钉应符合现行国家标准《十字槽沉头木螺钉》GB 951 和《开槽沉头木螺钉》GB/T 100 的规定。

（5）钢钉应符合现行国家标准《钢钉》GB 27704 的规定。

（6）自钻自攻螺钉应符合现行国家标准《十字槽盘头自钻自攻螺钉》GB/T 15856.1 和《十字槽沉头自钻自攻螺钉》GB/T 15856.2 的规定。

（7）螺钉、螺栓应符合现行国家标准《紧固件螺栓和螺钉通孔》GB/T 5277、《紧固件机械性能螺栓、螺钉和螺柱》GB/T 3098.1、《紧固件机械性能螺母》GB/T 3098.2、《紧固件机械性能自攻螺钉》GB/T 3098.5、《紧固件机械性能不锈钢螺栓、螺钉和螺柱》GB/T 3098.6、《紧固件机械性能自钻自攻螺钉》GB/T 3098.11 和《紧固件机械性能不锈钢螺母》GB/T 3098.15 等的规定。

（8）预埋件、挂件、金属附件及其他金属连接件所用钢材及性能应满足设计要求。

3.2.5 处于潮湿环境的金属连接件应经防腐蚀处理或采用不锈钢产品。与经过防腐处理的木材直接接触的金属连接件应采取防止被药剂腐蚀的措施。

3.2.6 处于外露环境并对耐腐蚀有特殊要求或受腐蚀性气态和固态介质作用的钢构件，宜采用耐候钢，并应符合现行国家标准《耐候结构钢》GB/T 4171 的规定。

3.2.7 钢木桁架的圆钢下弦直径大于 20mm 的拉杆、焊接承重结构和重要的非焊接承重结构采用的钢材，应具有冷弯试验的合格保证。

3.2.8 金属齿板应由镀锌薄钢板制作。镀锌应在齿板制造前进行，镀锌层重量不低于 $275g/m^2$。钢板可采用 Q235 碳素结构钢和 Q345 低合金高强度结构钢。

3.2.9 铸钢连接件的材质与性能应符合现行国家标准《一般工程用铸造碳钢件》GB/T 11352 和《一般工程与结构用低合金钢铸件》GB/T 14408 的规定。

条文链接 ★**3.2.9**

根据《一般工程用铸造碳钢件》GB/T 11352 的有关规定：

各牌号的力学性能应符合表 3-1 的规定，起重断面收缩率和冲击吸收功，如需方无要求时，由供方选择其一。

表 3-1　力学性能

牌　号	屈服强度 R_{eH}（$R_{P0,2}$）/MPa，≥	抗拉强度 R_m/MPa，≥	伸长率 A_s（%），≥	根据合同选择		
				断面收缩率 Z（%），≥	冲击吸收功 A_{KV}/J，≥	冲击吸收功 A_{KU}/J，≥
ZG 200-400	200	400	25	40	30	47
ZG 230-450	230	450	22	32	25	35
ZG 270-500	270	500	18	25	22	27
ZG 310-570	310	570	15	21	15	24
ZG 340-640	340	640	10	18	10	16

注 1. 表中所列的各牌号性能，适应于厚度为 100mm 以下的铸件。当铸件厚度超过 100mm 时，表中规定的 R_{eH}（$R_{P0,2}$）屈服强度仅供设计使用。

2. 表中冲击吸收功 A_{KU} 的试样缺口为 2mm。

3.2.10 焊接用的焊条应符合现行国家标准《非合金钢及细晶粒钢焊条》GB/T 5117 和《热强钢焊条》GB/T 5118 的规定。采用的焊条型号应与金属构件或金属连接件的钢材力学性能相适应。

3.3 其他材料

3.3.1 装配式木结构宜采用岩棉、矿渣棉、玻璃棉等保温材料和隔声吸声材料，也可采用符合设计要求的其他具有保温和隔声吸声功能的材料。

3.3.2 岩棉、矿渣棉作为墙体保温隔热材料时，物理性能指标应符合现行国家标准《绝热用岩棉、矿渣棉及其制品》GB/T 11835 的规定。玻璃棉作为墙体保温隔热材料时，物理性能指标应符合现行国家标准《绝热用玻璃棉及其制品》GB/T 13350 的规定。

条文链接 ★**3.3.2**

根据《绝热用岩棉、矿渣棉及其制品》GB/T 11835 的有关规定：

棉及制品的纤维平均直径应不大于 6.0μm，渣球含量（粒径大于 0.25mm）应不大于 7.9%。

根据《绝热用玻璃棉及其制品》GB/T 13350 的有关规定：

棉的物理性能应符合表 3-2 的规定。

条文链接

表 3-2 棉的物理性能指标

玻璃棉种类	导热系数（平均温度 70^{+5}_{-2}℃）/[W/(m·K)]	热荷重收缩温度/℃
1 号	≤0.041	≥400
2 号	≤0.042	

3.3.3 隔墙用保温隔热材料的燃烧性能应符合现行国家标准《建筑设计防火规范》GB 50016 的规定。

3.3.4 防火封堵材料应符合现行国家标准《防火封堵材料》GB 23864 和《建筑用阻燃密封胶》GB/T 24267 的规定。

条文链接 ★**3.3.4**

根据《防火封堵材料》GB 23864 的有关规定：

(1) 除无机堵料外，其他封堵材料的燃烧性能应满足 (2) ~ (4) 的规定。燃烧性能缺陷类别为 A 类。

(2) 阻火包用织物应满足：损毁长度不大于 150mm，续燃时间不大于 5s，阴燃时间不大于 5s，且燃烧滴落物未引起脱脂棉燃烧或阴燃。

(3) 柔性有机堵料和防火密封胶的燃烧性能不低于 GB/T 2408 规定的 HB 级；泡沫封堵材料的燃烧性能应满足：平均燃烧时间不大于 30s，平均燃烧高度不大于 250mm。

(4) 其他封堵材料的燃烧性能不低于 GB/T 2408 规定的 V-0 级。

3.3.5 装配式木结构采用的防火产品应经国家认可的检测机构检验合格，并应符合现行国家标准《建筑设计防火规范》GB 50016 的规定。

3.3.6 密封条的厚度宜为 4 ~ 20mm，并应符合现行国家标准《建筑门窗、幕墙用密封胶条》GB/T 24498 的规定。密封胶应符合现行国家标准《硅酮建筑密封胶》GB/T 14683 和《建筑用硅酮结构密封胶》GB 16776 的规定，并应在有效期内使用；聚氨酯泡沫填缝剂应符合现行行业标准《单组分聚氨酯泡沫填缝剂》JC 936 的规定。

3.3.7 装配式木结构采用的装饰装修材料应符合现行国家标准《民用建筑工程室内环境污染控制规范》GB 50325、《建筑内部装修设计防火规范》GB 50222、《建筑设计防火规范》GB 50016 和《建筑装饰装修工程质量验收规范》GB 50210 的规定。

条文链接 ★**3.3.7**

参考第一部分 11.4.9 条的条文链接 (2)。

3.3.8 装配式木结构用胶粘剂应保证其胶合部位强度要求，胶合强度不应低于木材顺纹抗剪和横纹抗拉强度，并应符合现行行业标准《环境标志产品技术要求胶粘剂》HJ 2541 的规定。胶粘剂防水性、耐久性应满足结构的使用条件和设计使用年限要求。承重结构用胶应符合现行国家标准《胶合木结构技术规范》GB/T 50708 和《结构用集成材》GB/T 26899 的规定。

条文链接 ★**3.3.8**

根据《胶合木结构技术规范》GB/T 50708 的有关规定：

承重结构采用的胶粘剂按其性能指标分为Ⅰ级胶和Ⅱ级胶。在室内条件下，普通的建筑结构可采用Ⅰ级或Ⅱ级胶粘剂。对下列情况的结构应采用Ⅰ级胶粘剂：

条文链接

（1）重要的建筑结构。

（2）使用中可能处于潮湿环境的建筑结构。

（3）使用温度经常大于50℃的建筑结构。

（4）完全暴露在大气条件下，以及使用温度小于50℃，但是所处环境的空气相对湿度经常超过85%的建筑结构。

4 基本规定

4.0.1 装配式木结构建筑应采用系统集成的方法统筹设计、制作运输、施工安装和使用维护，实现全过程的协同。

条文解读

▲4.0.1

符合建筑功能和性能要求是建筑设计的基本要求，建筑、结构、机电设备、室内装饰装修的一体化设计是装配式建筑的主要特点和基本要求。装配式木结构建筑要求设计、制作、安装、装修等单位在各个阶段协同工作。

4.0.2 装配式木结构建筑应模数协调、标准化设计，建筑产品和部品应系列化、多样化、通用化，预制木结构组件应符合少规格、多组合的原则，并应符合现行国家标准《民用建筑设计通则》GB 50352 的规定。

条文解读

▲4.0.2

装配式木结构建筑组件均应在工厂加工制作，为降低造价，提高生产效率，便于安装和质量控制，在满足建筑功能的前提下，拆分的组件单元应尽量标准定型化，提高标准化组件单元的利用率。

4.0.3 木组件和部品的工厂化生产应建立完善的生产质量管理体系，应做好产品标识，并应采取提高生产精度、保障产品质量的措施。

4.0.4 装配式木结构建筑应综合协调建筑、结构、设备和内装等专业，制定相互协同的施工组织方案，并应采用装配式施工。

4.0.5 装配式木结构建筑应实现全装修，内装系统应与结构系统、围护系统、设备与管线系统一体化设计建造。

4.0.6 装配式木结构建筑宜采用建筑信息模型（BIM）技术，应满足全专业、全过程信息化管理的要求。

条文解读

▲4.0.6

装配式建筑设计应采用信息化技术手段（BIM）进行方案、施工图设计。方案设计包括总体设计、性能分析、方案优化等内容；施工图设计包括：建筑、结构、设备等专业协同设计，管线或管道综合设计和构件、组件、部品设计等内容。采用BIM技术能在方案阶段有效避免各专业、各工种间的矛盾，提前将矛盾解决；同时采用BIM技术整体把控整个工程进度，提高构件加工和安装的精度。

4.0.7 装配式木结构建筑宜采用智能化技术，应满足建筑使用的安全、便利、舒适和环保等性能的要求。

4.0.8 装配式木结构建筑应进行技术策划，对技术选型、技术经济可行性和可建造性进行评估，并应科学合理地确定建造目标与技术实施方案。

4.0.9 装配式木结构采用的预制木结构组件可分为预制梁柱构件、预制板式组件和预制空间组件，并应符合下列规定：

（1）应满足建筑使用功能、结构安全和标准化制作的要求。

（2）应满足模数化设计、标准化设计的要求。

（3）应满足制作、运输、堆放和安装对尺寸、形状的要求。

（4）应满足质量控制的要求。

（5）应满足重复使用、组合多样的要求。

条文解读

▲4.0.9

装配式木结构建筑按拆分组件的特征，拆分组件可分为梁柱式组件、板式组件和空间组件。梁柱组件是指胶合木结构的基本受力单元，集成化程度低，运输方便但现场组装工作多；板式组件则是平面构件，包含墙板和楼板，集成化程度较高，是装配式结构中最主要的拆分组件单元，运输方便现场工作少；空间组件集成化程度最高，但对运输和现场安装能力要求高。组件的拆分应符合工业化的制作要求，便于生产制作。

4.0.10 装配式木结构连接设计应有利于提高安装效率和保障连接的施工质量。连接的承载力验算和构造要求应符合现行国家标准《木结构设计规范》GB 50005 的规定。

4.0.11 装配式木结构设计应符合现行国家标准《木结构设计规范》GB 50005、《胶合木结构技术规范》GB/T 50708 和《多高层木结构建筑技术标准》GB/T 51226 的要求，并应符合下列规定：

（1）应采取加强结构体系整体性的措施。

（2）连接应受力明确、构造可靠，并应满足承载力、延性和耐久性的要求。

（3）应按预制组件采用的结构形式、连接构造方式和性能，确定结构的整体计算模型。

条文解读

▲4.0.11

装配式木结构中采用预制的结构组件，应注意组件间的连接，确保连接可靠，保证结构的整体性。计算分析时，应按预制组件的结构特征采用合适的计算模型。

条文链接 ★**4.0.11**

参考第三部分 3.1.2 条的条文链接。

根据《木结构设计规范》GB 50005 的有关规定：

（1）木结构的设计使用年限应按表 3-3 采用。

表 3-3 设计使用年限

类 别	设计使用年限	示 例
1	5 年	临时性结构
2	25 年	易于替换的结构构件
3	50 年	普通房屋和一般构筑物
4	100 年及以上	纪念性建筑和特别重要建筑结构

条文链接

（2）轴线受拉构件的承载能力，应按下式验算。

$$N/A_n \leqslant f_t$$

式中 f_t——木材顺纹抗拉强度设计值（N/mm^2）；

N——轴心受拉构件拉力设计值（N）；

A_n——受拉构件的净截面面积（mm^2）。计算 A_n 时应扣除分布在150mm长度上的缺孔投影面积。

（3）轴心受压构件的承载能力，应按下列公式验算。

1）按强度验算。

$$N/A_n \leqslant f_c$$

2）按稳定验算。

$$N/\varphi A_n \leqslant f_c$$

式中 A_0——受压构件截面的计算面积（mm^2）；

φ——轴心受压构件稳定系数。

4.0.12 装配式木结构中，钢构件设计应符合现行国家标准《钢结构设计规范》GB 50017的规定，混凝土构件设计应符合现行国家标准《混凝土结构设计规范》GB 50010的规定。

条文链接 ★4.0.12

根据《混凝土结构设计规范》GB 50010的有关规定：

预应力混凝土结构构件，除应根据设计状况进行承载力计算及正常使用极限状态验算外，尚应对施工阶段进行验算。

4.0.13 装配式木结构建筑的防火设计应符合现行国家标准《建筑设计防火规范》GB 50016和《多高层木结构建筑技术标准》GB/T 51226的规定。

4.0.14 装配式木结构建筑的防水、防潮和防生物危害设计应符合现行国家标准《木结构设计规范》GB 50005的规定。

条文链接 ★4.0.14

根据《木结构设计规范》GB 50005的有关规定：

木结构中下列部位应采取防潮和通风措施：

（1）在桁架和大梁的支座下应设置防潮层。

（2）在木柱下应设置柱墩，严禁将木柱直接埋入土中。

（3）桁架、大梁的支座节点或其他承重木构件不得封闭在墙、保温层或通风不良的环境中。

（4）处于房屋隐蔽部分的木结构，应设通风孔洞。

（5）露天结构在结构上应避免任何部分有积水的可能，并应在构件之间留有空隙（连接部位除外）。

（6）当室外温差很大时，房屋的围护结构（包括保温吊顶），应采取有效的保温和隔气措施。

4.0.15 装配式木结构建筑的外露预埋件和连接件应按不同环境类别进行封闭或防腐、防锈处理，并应满足耐久性要求。

4.0.16 预制木构件组件和部件，在制作、运输和安装过程中不得与明火接触。

4.0.17 装配式木结构建筑应采用绿色建材和性能优良的木组件和部品。

5 建筑设计

5.1 一般规定

5.1.1 装配式木结构建筑应模数协调，采用模块化、标准化设计，将结构系统、外围护系统、设备与管线系统、内装系统进行集成。

5.1.2 建筑的布局应按当地的气候条件、地理条件进行设计，选址应具备良好工程地质条件，并应满足国家现行标准对建筑防火、防涝的要求。

条文解读

▲**5.1.2**

建筑的朝向、门窗开启面积及方式以及层高、外墙形式均与建筑所在地的气候条件息息相关。

5.1.3 建筑总平面设计应符合预制木结构组件和建筑部品堆放的要求，并应符合运输或吊装设备对操作空间的要求。

条文链接 ★**5.1.3**

根据《木结构工程施工规范》GB/T 50772 的有关规定：

木构件应存放在通风良好的仓库或避雨、通风良好的有顶场所内，应分层分隔堆放，各层垫条厚度应相同，上、下各层垫条应在同一垂线上。

桁架宜竖向站立放置，临时支撑点应设在下弦端节点处，并应在上弦节点处设斜支撑防止侧倾。

5.1.4 建筑设计应采用统一的建筑模数协调尺寸，并应符合现行国家标准《建筑模数协调标准》GB/T 50002 的规定。

条文链接 ★**5.1.4**

参考第一部分 4.2.2～4.2.5 条的条文链接。

5.1.5 预制建筑部品应进行标准化设计，并应满足不同结构材料部品互换的要求。

5.1.6 住宅建筑宜采用基本套型、集成式厨房、集成式卫生间、预制管道井、排烟道等建筑部品进行组合设计。

条文解读

▲**5.1.4～5.1.6**

建筑模数协调的目的是使建筑预制构件、组件、部品设计标准化、通用化，实现少规格、多组合。模数是实现建筑装配式的基本手段，统一的模数，保证了各专业之间协调，同时使装配式木结构建筑各组件、部品工厂化。对于量大面广的住宅等居住建筑宜优先选用标准化的建筑部品。

5.1.7 装配式木结构建筑的隔声性能应符合现行国家标准《民用建筑隔声设计规范》GB 50118的规定。

条文链接 ★**5.1.7**

参考第二部分 4.2.4 条的条文链接。

参考《民用建筑隔声设计规范》GB 50118 第 4.2.1～4.2.8 条。

5.1.8 装配式木结构建筑的热工与节能设计应符合国家现行标准《民用建筑热工设计规范》

GB 50176、《公共建筑节能设计标准》GB 50189、《严寒和寒冷地区居住建筑节能设计标准》JGJ 26、《夏热冬冷地区居住建筑节能设计标准》JGJ 134 和《夏热冬暖地区居住建筑节能设计标准》JGJ 75 的规定。

5.1.9 装配式木结构建筑的采光性能应符合现行国家标准《建筑采光设计标准》GB 50033 的规定。

条文链接 ★5.1.9

根据《建筑采光设计标准》GB 50033 的有关规定：

（1）住宅建筑的卧室、起居室（厅）、厨房应有直接采光。

（2）住宅建筑的卧室、起居室（厅）的采光不应低于采光等级Ⅳ级的采光标准值，侧面采光的采光系数不应低于2.0%，室内天然光照度不应低于300lx。

（3）教育建筑的普通教室的采光不应低于采光等级Ⅲ级的采光标准值，侧面采光的采光系数不应低于3.0%，室内天然光照度不应低于450lx。

（4）医疗建筑的一般病房的采光不应低于采光等级Ⅳ级的采光标准值，侧面采光的采光系数不应低于2.0%，室内天然光照度不应低于300lx。

5.1.10 装配式木结构建筑的装修设计应符合绿色、环保的要求，室内污染物限值应符合现行国家标准《民用建筑工程室内环境污染控制规范》GB 50325 的规定。

条文链接 ★5.1.10

参考第一部分11.4.14条的条文链接。

5.1.11 建筑的室内通风设计应符合现行国家标准《民用建筑供暖通风与空气调节设计规范》GB 50736 的规定。

条文链接 ★5.1.11

根据《民用建筑供暖通风与空气调节设计规范》GB 50736 的有关规定：

凡属下列情况之一时，应单独设置排风系统：

（1）两种或两种以上的有害物质混合后能引起燃烧或爆炸时。

（2）混合后能形成毒害更大或腐蚀性的混合物、化合物时。

（3）混合后易使蒸汽凝结并聚积粉尘时。

（4）散发剧毒物质的房间和设备。

（5）建筑物内设有储存易燃易爆物质的单独房间或有防火防爆要求的单独房间。

（6）有防疫的卫生要求时。

5.1.12 装配式木结构建筑设计应建立信息化协同平台，共享数据信息，应满足建设全过程的管理和控制要求。

5.2 建筑平面与空间

5.2.1 装配式木结构建筑平面与空间的设计应满足结构部件布置、立面基本元素组合及可实施性等要求，平面与空间应简单规则，功能空间应布局合理，并宜满足空间设计的灵活性与可变性要求。

条文解读

▲5.2.1

平面规整简单，符合工业化的要求，结构组件形式、规格统一，方便制作、运输。

5.2.2 装配式木结构建筑应按建筑功能、主体结构、设备管线及装修等要求，确定合理的层高及室内净高尺寸。层高及室内净高尺寸应满足标准化的模数要求。

5.2.3 厨房和卫生间的平面尺寸宜满足标准化橱柜、集成式卫浴设施的设计要求。

条文解读

▲5.2.3

厨房、卫生间的平面尺寸宜符合模数要求，并考虑橱柜、卫浴设施以及设备管道的合理布置，设备管道的接口设计与标准化的建筑部品相协调。由于装配式木结构建筑的楼板、墙体是工厂加工完成的，厨房、卫生间采用整体橱柜和卫浴，一次性完成精装修，可避免破坏设备管线或管道的预留孔洞、防水等。

5.2.4 装配式木结构建筑采用预制空间组件设计时，应符合下列规定：

（1）由多个空间组件构成的整体单元应具有完整的使用功能。

（2）模块单元应符合结构独立性，结构体系相同性和可组合性的要求。

（3）模块单元中设备应为独立的系统，并应与整体建筑协调。

5.2.5 装配式木结构建筑立面设计应满足建筑类型和使用功能的要求，建筑高度应符合现行国家标准《木结构设计规范》GB 50005、《建筑设计防火规范》GB 50016 和《多高层木结构建筑技术标准》GB/T 51226 的规定。

条文链接 **★5.2.5**

根据《建筑设计防火规范》GB 50016 的有关规定：

（1）建筑高度的计算应符合下列规定：

1）建筑屋面为坡屋面时，建筑高度应为建筑室外设计地面至其檐口与屋脊的平均高度。

2）建筑屋面为平屋面（包括有女儿墙的平屋面）时，建筑高度应为建筑室外设计地面至其屋面面层的高度。

3）同一座建筑有多种形式的屋面时，建筑高度应按上述方法分别计算后，取其中最大值。

4）对于台阶式地坪，当位于不同高程地坪上的同一建筑之间有防火墙分隔，各自有符合规范规定的安全出口，且可沿建筑的两个长边设置贯通式或尽头式消防车道时，可分别计算各自的建筑高度。否则，应按其中建筑高度最大者确定该建筑的建筑高度。

5）局部突出屋顶的瞭望塔、冷却塔、水箱间、微波天线间或设施、电梯机房、排风和排烟机房以及楼梯出口小间等辅助用房占屋面面积不大于1/4 者，可不计入建筑高度。

6）对于住宅建筑，设置在底部且室内高度不大于2.2m 的自行车库、储藏室、敞开空间，室内外高差或建筑的地下或半地下室的顶板面高出室外设计地面的高度不大于1.5m 的部分，可不计入建筑高度。

（2）建筑层数应按建筑的自然层数计算，下列空间可不计入建筑层数：

1）室内顶板面高出室外设计地面的高度不大于1.5m 的地下或半地下室。

2）设置在建筑底部且室内高度不大于2.2m 的自行车库、储藏室、敞开空间。

3）建筑屋顶上突出的局部设备用房、出屋面的楼梯间等。

5.2.6 当木构件符合防火要求和耐久性要求时，可直接作为内饰面。

5.3 围护系统

5.3.1 建筑围护系统宜采用尺寸规则的预制木墙板。当采用非矩形或非平面墙板时，预制木墙板的接缝位置和形式应与建筑立面协调统一。

5.3.2 建筑外围护系统应采用支承构件与保温材料、饰面材料、防水隔气层等材料的一体化集成系统，应符合结构、防火、保温、防水、防潮以及装饰的设计要求。

5.3.3 建筑围护系统设计时，应按建筑的使用功能、结构设计、经济性和立面设计的要求划分围护墙体的预制单元，并应满足工业化生产、制造、运输以及安装的要求。

条文解读

▲5.3.3

建筑集成技术是装配式建筑的主要技术特征之一。建筑集成技术包括外围护系统集成技术，室内装修集成技术，机电设备集成技术。其中外围护系统集成技术设计应满足外围护系统的性能要求。

5.3.4 建筑围护系统宜采用轻型木质组合墙体或正交胶合木墙体，洞口周边和转角处宜增设加强措施。当采用木骨架组合墙体作为非承重的填充墙时，应符合现行国家标准《木骨架组合墙体技术规范》GB/T 50361 的规定。

条文解读

▲5.3.4

作为承重构件的轻型木质组合墙体包括了木骨架组合墙体和木框架剪力墙。正交胶合木墙体是建造多高层木结构建筑的主要构件之一，其适用范围广泛。

5.3.5 预制木墙体的接缝和门窗洞口等防水薄弱部位，宜采用防水材料与防水构造措施相结合的做法，并应符合下列规定：

（1）墙板水平接缝宜采用高低缝或企口缝构造措施。

（2）墙板竖缝可采用平口或槽口构造措施。

（3）当板缝空腔内设置排水导管时，板缝内侧应采用密封构造措施。

5.3.6 门窗部品的尺寸设计应符合现行国家标准《建筑门窗洞口尺寸系列》GB/T 5824 和《建筑门窗洞口尺寸协调要求》GB/T 30591 的规定。门窗部品的气密性、水密性和抗风压性能应符合国家现行相关标准的规定。玻璃幕墙的气密性等级应符合现行国家标准《建筑幕墙、门窗通用技术条件》GB/T 31433 的规定。

5.3.7 预制非承重内墙应采取防止装饰面层开裂剥落的构造措施，墙体接缝应根据墙体使用要求和板材端部的形式采取加强接缝整体性的措施。

5.3.8 当建筑外围护系统采用外挂装饰板时，应符合下列规定：

（1）外挂装饰板应采用合理的连接节点，并应与主体结构可靠连接。

（2）支承外挂装饰板的结构构件应具有足够的承载力和刚度。

（3）外挂装饰板与主体结构宜采用柔性连接，连接节点应安全可靠，应与主体结构变形协调，并应采取防腐、防锈和防火措施。

（4）外挂装饰板之间的接缝应符合防水、隔声的要求，并应符合变形协调的要求。

5.3.9 建筑外围护系统应具有连续的气密层，并应加强气密层接缝处连接点和接触面局部密封的构造措施。

条文解读

▲5.3.9

因为气密性与冬季室内温度的高低和能耗高低有直接的联系，形成连续的气密层，有利于提高建筑物的性能和使用寿命，同时有利于建筑节能环保和使用者的舒适度。

5.3.10 建筑围护系统应具有一定的强度、刚度，并应满足组件在地震作用和风荷载作用下的受力及变形要求。

5.3.11 装配式木结构建筑屋面宜采用坡屋面，屋面坡度宜为1∶3～1∶4，屋檐四周宜设置挑檐。屋面设计应符合现行国家标准《屋面工程技术规范》GB 50345的规定。

条文解读

▲5.3.11

坡屋面利于解决屋面排水。坡屋面比较适合体量较小（单层、多层木结构建筑）的建筑形式，对于多高层及大跨度建筑，应以体现建筑结构美为宜。设置挑檐可以保护墙体免受雨水淋湿。

条文链接 **★5.3.11**

根据《屋面工程技术规范》GB 50345的有关规定：

屋面工程应根据建筑物的建筑造型、使用功能、环境条件，对下列内容进行设计：

（1）屋面防水等级和设防要求。

（2）屋面构造设计。

（3）屋面排水设计。

（4）找坡方式和选用的找坡材料。

（5）防水层选用的材料、厚度、规格及其主要性能。

（6）保温层选用的材料、厚度、燃烧性能及其主要性能。

（7）接缝密封防水选用的材料及其主要性能。

5.3.12 烟囱、风道、排气管等高出屋面的构筑物与屋面结构应有可靠的连接，并应采取防水排水、防火隔热和抗风的构造措施。

5.3.13 楼梯部品宜采用梯段与平台分离的方式。

5.4 集成化设计

5.4.1 建筑的结构系统、外围护系统、内装饰系统和设备与管线系统均应进行集成化设计，应符合提高集成度、施工精度和安装效率的要求。

5.4.2 室内装修应与建筑、结构、设备一体化设计，设备管线管道宜采用集中布置，管线管道的预留、预埋位置应准确。建筑设备、管道之间的连接应采用标准化接口。

条文解读

▲5.4.1～5.4.2

建筑集成技术是装配式建筑的主要技术特征之一。建筑集成技术包括外围护系统集成技术，室内装修集成技术，机电设备集成技术。装配式建筑应在建筑设计的同时进行室内装饰装修设计，水、暖、电等专业的设备设施管线或管道及接口宜定型定位，并与标准化设计相协调，在预制构件与建筑部品中做好预留或预埋，避免后期装修重新开槽、钻孔等二次作业。

5.4.3 室内装饰装修设计应符合下列规定：

（1）应满足工厂预制、现场装配的要求，装饰材料应具有一定的强度、刚度和硬度。

（2）应对不同部品之间的连接和不同装饰材料之间的连接进行设计。

（3）室内装修的标准构（配）件宜采用工业化产品，非标准构（配）件可在现场统一制作，应减少施工现场的湿作业。

5.4.4 装配式木结构建筑的室内装修材料应符合下列规定：

（1）宜选用易于安装、拆卸且隔声性能良好的轻质材料。

（2）隔墙板的面层材料宜与隔墙板形成整体。

（3）用于潮湿房间的内隔墙板的面层应采用防水、易清洗的材料。

（4）装饰材料应符合防火要求。

（5）厨房隔墙面层材料应为不燃材料。

条文链接 ★5.4.4

根据《建筑材料及制品燃烧性能分级》GB 8624 的有关规定：

建筑材料及制品的燃烧性能等级见表 3-4。

表 3-4　建筑材料及制品的燃烧性能等级

燃烧性能等级	名　称
A	不燃材料（制品）
B_1	难燃材料（制品）
B_2	可燃材料（制品）
B_3	易燃材料（制品）

5.4.5　建筑装修材料、设备与预制木结构组件连接，宜采用预留埋件的安装固定方式。当采用其他安装固定方式时，不应影响预制木结构组件的完整性与结构安全。

5.4.6　预制木结构组件或部品内预留管线接口、管道接口、吊挂配件的孔洞、套管及沟槽应避开结构受力薄弱位置，并应符合装修设计和设备使用要求，且应采取防水、防火和隔声等措施。

5.4.7　给水排水及供暖设计应符合下列规定：

（1）管材、管件应符合国家现行有关产品标准的要求。

（2）管道设计时应合理设置管道连接，管道连接应牢固可靠、密封性好和耐腐蚀。

（3）应减少管道接头的设置，接头不应设置在隐蔽部位或不宜检修部位，接头处应有便于查找的明显标志。

（4）集成式厨房、卫生间应预留相应的给水排水管道接口，给水系统配水管道接口的形式和位置应便于检修。

（5）当采用太阳能热水系统集热器和储热设备时，设备安装应与建筑进行一体化设计，并应采用可靠的预留预埋措施。

（6）建筑排水宜采用同层排水方式。当采用同层降板排水方式时，降板方案应按房间净高、楼板跨度、设备管道布置等因素进行确定。

条文解读

▲5.4.7

相对于传统的隔层排水处理方式，同层排水方案最根本的理念改变是通过本层内的管道合理布局，彻底摆脱了相邻楼层间的束缚，避免了由于排水横管侵占下层空间而造成的一系列麻烦和隐患，包括产权不明晰、噪声干扰、渗漏隐患、空间局限等，同时采用壁挂式卫生器具，地面上不再有任何卫生死角，清洁打扫变得格外方便。同层排水是卫生间排水系统中的一个新颖技术，排水管道在本层内敷设，采用了一个共用的水封管配件代替诸多的 P 弯、S 弯，整体结构合理，所以不易发生堵塞，而且容易清理、疏通，用户可以根据自己的爱好和意愿，个性化地布置卫生间洁具的位置。

5.4.8　装配式木结构建筑的设备设计应符合下列规定：

（1）当设备的荷载由木组件承担时，应考虑设备荷载对木组件的影响。

（2）当木组件内安装有设备时，应在相应部位预留必要的检修孔洞。

（3）敷设易产生高温管道的通道应采用不燃材料制作，并应采取通风措施。

（4）敷设易产生冷凝水管道的通道应采用耐水材料制作，并应采取通风措施。

（5）厨房的排油烟管道应采取隔热措施，排烟管道不应直接与木材接触。

5.4.9　建筑电气设计应符合下列规定：

（1）电缆、电线宜采用低烟无卤阻燃交联聚乙烯绝缘或无烟无卤阻燃性 B 类的线缆。

（2）预制木结构组件或部品中内置电气设备时，应采取满足隔声及防火要求的措施。

（3）防雷设计应符合国家现行标准《建筑物防雷设计规范》GB 50057 和《民用建筑电气设计规范》JGJ 16 的规定。

（4）竖向电气管线宜统一设置在预制板内或装饰墙面内。墙板内竖向电气管线间应保持安全间距。

条文链接 ★**5.4.9**

根据《建筑物防雷设计规范》GB 50057 的有关规定：

各类防雷建筑物应设内部防雷装置，并应符合下列规定：

（1）在建筑物的地下室或地面层处，下列物体应与防雷装置做防雷等电位连接：

1）建筑物金属体。

2）金属装置。

3）建筑物内系统。

4）进出建筑物的金属管线。

（2）除（1）措施外，外部防雷装置与建筑物金属体、金属装置、建筑物内系统之间，尚应满足间隔距离的要求。

5.4.10　装配式木结构建筑的智能化设计应符合现行国家标准《智能建筑设计标准》GB 50314的规定。

条文链接 ★**5.4.10**

根据《智能建筑设计标准》GB 50314 的有关规定：

智能化系统工程的设计要素应按智能化系统工程的设计等级、架构规划及系统配置等工程架构确定。

5.4.11　燃气设计应符合下列规定：

（1）楼板、墙体等建筑部品内应在燃气管道穿越楼板或墙体处预留钢套管。

（2）燃气管道应明敷，不得封闭隐藏。

（3）使用燃气的房间应安装燃气泄漏报警系统，宜安装紧急切断电磁阀。

5.4.12　设备管线或管道综合设计应符合下列规定：

（1）设备管线或管道应减少平面交叉，竖向管线或管道宜集中布置，并应满足维修更换的要求。

（2）机电设备管线宜设置在管线架空层或吊顶空间中，管线宜同层敷设。

（3）当受条件限制管线或管道必须暗埋时宜结合建筑垫层或装饰基层进行设计。

条文解读

▲**5.4.12**

装配式木结构建筑应采用管线综合设计，应用 BIM 在内的建筑信息技术手段进行三维管线综合设计与管线碰撞检查，并在预制木构件上预开的套管、孔洞做好定位及定型，减少现场加工。

6 结构设计

6.1 一般规定

6.1.1 装配式木结构建筑的结构体系应符合下列规定：

（1）应满足承载能力、刚度和延性要求。

（2）应采取加强结构整体性的技术措施。

（3）结构应规则平整，在两个主轴方向的动力特性的比值不应大于10%。

（4）应具有合理明确的传力路径。

（5）结构薄弱部位，应采取加强措施。

（6）应具有良好的抗震能力和变形能力。

6.1.2 装配式木结构应采用以概率理论为基础的极限状态设计方法进行设计。

6.1.3 装配式木结构的设计基准期应为50年，结构安全等级应符合现行国家标准《建筑结构可靠度设计统一标准》GB 50068的规定。装配式木结构组件的安全等级，不应低于结构的安全等级。

6.1.4 装配式木结构建筑抗震设计应按设防类别、烈度、结构类型和房屋高度采用相应的计算方法，并应符合现行国家标准《建筑抗震设计规范》GB 50011、《木结构设计规范》GB 50005和《多高层木结构建筑技术标准》GB/T 51226的规定。

条文链接 ★6.1.4

根据《建筑抗震设计规范》GB 50011的有关规定：

（1）抗震设防烈度为6度及以上地区的建筑，必须进行抗震设计。

（2）抗震设防烈度和设计基本地震加速度取值的对应关系，应符合表3-5的规定。设计基本地震加速度为0.15g和0.30g地区内的建筑，除本规范另有规定外，应分别按抗震设防烈度7度和8度的要求进行抗震设计。

表3-5 抗震设防烈度和设计基本地震加速度值的对应关系

抗震设防烈度	6	7	8	9
设计基本地震加速度值	0.05g	0.10（0.15）g	0.20（0.30）g	0.40g

注：g为重力加速度。

6.1.5 装配式木结构建筑抗震设计时，对于装配式纯木结构，在多遇地震验算时结构的阻尼比可取0.03，在罕遇地震验算时结构的阻尼比可取0.05。对于装配式木混合结构，可按位能等效原则计算结构阻尼比。

条文链接 ★6.1.5

根据《组合结构设计规范》JGJ 138的有关规定：

组合结构在多遇地震作用下的结构阻尼比可取为0.04，房屋高度超过200m时，阻尼比可取为0.03；当楼盖梁采用钢筋混凝土梁时，相应结构阻尼比可增加0.01；风荷载作用下楼层位移验算和构件设计时，阻尼比可取为0.02～0.04；结构舒适度验算时的阻尼比可取为0.01～0.02。

6.1.6 装配式木结构建筑的结构平面不规则和竖向不规则应按表3-6的规定进行划分，并应符合下列规定：

（1）当结构符合表3-6中一项不规则结构类型时，为不规则结构。

（2）当结构符合表 3-6 中两项或两项以上不规则结构类型时，为特别不规则结构。

（3）当结构符合表 3-6 中一项不规则结构类型，且不规则定义指标超过规定的 30% 时，为特别不规则结构。

（4）当结构两项或两项以上不规则结构类型符合第（3）款的规定时，为严重不规则结构。

表 3-6　不规则结构类型表

序号	不规则方向	不规则结构类型	不规则定义
1	平面不规则	扭转不规则	在具有偶然偏心的水平力作用下，楼层两端抗侧力构件的弹性水平位移或层间位移的最大值与平均值的比值大于 1.2 倍
2		凹凸不规则	结构平面凹进的尺寸大于相应投影方向总尺寸的 30%
3		楼板局部不连续	（1）有效楼板宽度小于该层楼板标准宽度的 50% （2）开洞面积大于该层楼面面积的 30% （3）楼层错层超过层高的 1/3
4	竖向不规则	侧向刚度不规则	（1）该层的侧向刚度小于相邻上一层的 70% （2）该层的侧向刚度小于其上相邻三个楼层侧向刚度平均值的 80% （3）除顶层或出屋面的小建筑外，局部收进的水平向尺寸大于相邻下一层的 25%
5		竖向抗侧力构件不连续	竖向抗侧力构件的内力采用水平转换构件向下传递
6		楼层承载力突变	抗侧力结构的层间受剪承载力小于相邻上一楼层的 80%

6.1.7　装配式木结构竖向布置应连续、均匀，应避免抗侧力结构的侧向刚度和承载力沿竖向突变，并应符合现行国家标准《建筑抗震设计规范》GB 50011 的规定。

条文链接　**★6.1.7**

根据《建筑抗震设计规范》GB 50011 的有关规定：

（1）建筑设计应重视其平面、立面和竖向剖面的规则性对抗震性能及经济合理性的影响，宜择优选用规则的形体，其抗侧力构件的平面布置宜规则对称、侧向刚度沿竖向宜均匀变化、竖向抗侧力构件的截面尺寸和材料强度宜自下而上逐渐减小、避免侧向刚度和承载力突变。

不规则建筑的抗震设计应符合（2）的有关规定。

（2）建筑形体及其构件布置的平面、竖向不规则性，应按下列要求划分：

1）混凝土房屋、钢结构房屋和钢-混凝土混合结构房屋存在表 3-7 所列举的某项平面不规则类型或表 3-8 所列举的某项竖向不规则类型以及类似的不规则类型，应属于不规则的建筑。

表 3-7　平面不规则的主要类型

不规则类型	定义和参考指标
扭转不规则	在规定的水平力作用下，楼层的最大弹性水平位移或（层间位移），大于该楼层两端弹性水平位移（或层间位移）平均值的 1.2 倍
凹凸不规则	平面凹进的尺寸，大于相应投影方向总尺寸的 30%
楼板局部不连续	楼板的尺寸和平面刚度急剧变化，例如，有效楼板宽度小于该层楼板典型宽度的 50%，或开洞面积大于该层楼面面积的 30%，或较大的楼层错层

条文链接

表 3-8　竖向不规则的主要类型

不规则类型	定义和参考指标
侧向刚度不规则	该层的侧向刚度小于相邻上一层的70%，或小于其上相邻三个楼层侧向刚度平均值的80%；除顶层或出屋面小建筑外，局部收进的水平向尺寸大于相邻下一层的25%
竖向抗侧力构件不连续	竖向抗侧力构件（柱、抗震墙、抗震支撑）的内力由水平转换构件（梁、桁架等）向下传递
楼层承载力突变	抗侧力结构的层间受剪承载力小于相邻上一楼层的80%

2）砌体房屋、单层工业厂房、单层空旷房屋、大跨屋盖建筑和地下建筑的平面和竖向不规则性的划分，应符合本规范有关章节的规定。

3）当存在多项不规则或某项不规则超过规定的参考指标较多时，应属于特别不规则的建筑。

6.1.8　结构设计时采用的荷载和效应的标准值、荷载分项系数、荷载效应组合、组合值系数应符合现行国家标准《建筑结构荷载规范》GB 50009 的规定；木材强度设计值应符合现行国家标准《木结构设计规范》GB 50005 的规定。

条文链接 **★6.1.8**

参考第二部分 7.2.2 条的条文链接。

6.1.9　结构设计时应采取减小木材因干缩、蠕变而产生的不均匀变形、受力偏心、应力集中的加强措施，并应采取防止不同材料温度变化和基础差异沉降等不利影响的措施。

6.1.10　木组件的拆分单元应按内力分析结果，结合生产、运输和安装条件确定。

6.1.11　当装配式木结构建筑的结构形式采用框架支撑结构或框架剪力墙结构时，不应采用单跨框架体系。

6.1.12　预制木结构组件应进行翻转、运输、吊运、安装等短暂设计状况下的施工验算。验算时，应将木组件自重标准值乘以动力放大系数后作为等效静力荷载标准值。运输、吊装时，动力放大系数宜取 1.5，翻转及安装过程中就位、临时固定时，动力放大系数可取 1.2。

6.1.13　进行木组件设计时，应进行吊点和吊环的设计。

6.2　结构分析

6.2.1　装配式木结构建筑的结构体系的选用应按项目特点确定，并应符合组件单元拆分便利性、组件制作可重复性以及运输和吊装可行性的原则。

6.2.2　结构分析模型应按结构实际情况确定，可选择空间杆系、空间杆-墙板元及其他组合有限元等计算模型。所选取的计算模型应能准确反映结构构件的实际受力状态，连接的假定应符合结构实际采用的连接形式。

条文解读

▲6.2.2

装配式木结构建筑的结构分析模型应按实际情况确定，模型的建立、必要的简化计算与处理应符合结构的实际工作状况，模型中连接节点的假定应符合结构中节点的实际工作性能。所有分析模型计算结果，应经分析、判断确认其合理和有效后方可用于工程设计。若无可靠的理论依据时，应采取试验或专家评审会的方式做专题研究后确定。

6.2.3　体型复杂、结构布置复杂以及特别不规则结构和严重不规则结构的多层装配式木结构建筑，应采用至少两个不同的结构分析软件进行整体计算。

6.2.4　结构内力计算可采用弹性分析。内力与位移计算时，当采取了保证楼板平面内整体刚度的措施，可假定楼板平面为无限刚性进行计算；当楼板具有较明显的面内变形，计算时应考虑楼板面内变形的影响，或对按无限刚性假定方法的计算结果进行适当调整。

条文解读

▲6.2.4

承载能力极限状态验算时，结构分析所用材料弹性模量的取值应符合下列规定：

（1）对于一阶弹性分析，当结构内力分布不受荷载持续时间影响时，可采用未经使用条件系数和设计使用年限系数调整的弹性模量设计值。

（2）对于一阶弹性分析，当结构内力分布受到荷载持续时间影响时，需采用经使用条件系数和设计使用年限系数调整的弹性模量设计值，相关调整系数取值应符合现行国家标准《木结构设计规范》GB 50005 的规定。

（3）对于二阶弹性分析，可采用未经使用条件系数和设计使用年限系数调整的弹性模量设计值。

6.2.5　按弹性方法计算的风荷载或多遇地震标准值作用下的楼层层间位移角应符合下列规定：

（1）轻型木结构建筑不得大于1/250。

（2）多高层木结构建筑不得大于1/350。

（3）轻型木结构建筑和多高层木结构建筑的弹塑性层间位移角不得大于1/50。

条文解读

▲6.2.5

层间位移角即层间最大位移与层高的比值。

6.2.6　装配式木结构中抗侧力构件承受的剪力，对于柔性楼盖、屋盖宜按面积分配法进行分配；对于刚性楼、屋盖宜按抗侧力构件等效刚度的比例进行分配。

6.3　梁柱构件设计

6.3.1　梁柱构件的设计应符合下列规定：

（1）梁柱构件的设计验算应符合现行国家标准《木结构设计规范》GB 50005 和《胶合木结构技术规范》GB/T 50708 的规定。

（2）在长期荷载作用下，应进行承载力和变形等验算。

（3）在地震作用和火灾状况下，应进行承载力验算。

6.3.2　用于固定结构连接件的预埋件不宜与预埋吊件、临时支撑用的预埋件兼用；当必须兼用时，应同时满足所有设计工况的要求。预制构件中预埋件的验算应符合现行国家标准《木结构设计规范》GB 50005、《钢结构设计规范》GB 50017 和《木结构工程施工规范》GB/T 50772 规定。

6.4　墙体、楼盖、屋盖设计

6.4.1　装配式木结构的楼板、墙体，均应按现行国家标准《木结构设计规范》GB 50005 的规定进行验算。

6.4.2　墙体、楼盖和屋盖按预制程度不同，可分为开放式组件和封闭式组件。

6.4.3　预制木墙体的墙骨柱、顶梁板、底梁板以及墙面板应按现行国家标准《木结构设计规范》GB 50005 和《多高层木结构建筑技术标准》GB/T 51226 的规定进行设计，并应符合下列规定：

（1）应验算墙骨柱与顶梁板、底梁板连接处的局部承压承载力。

（2）顶梁板与楼盖、屋盖的连接应进行平面内、平面外的承载力验算。

（3）外墙中的顶梁板、底梁板与墙骨柱的连接应进行墙体平面外承载力验算。

6.4.4 预制木墙板在竖向及平面外荷载作用时，墙骨柱宜按两端铰接的受压构件设计，构件在平面外的计算长度应为墙骨柱长度；当墙骨柱两侧布置木基结构板或石膏板等覆面板时，可不进行平面内的侧向稳定验算，平面内只需进行强度计算；墙骨柱在竖向荷载作用下，在平面外弯曲的方向考虑0.05倍墙骨柱截面高度的偏心距。

6.4.5 预制木墙板中外墙骨柱应考虑风荷载效应的组合，应按两端铰接的压弯构件设计。当外墙维护材料较重时，应考虑维护材料引起的墙体平面外的地震作用。

6.4.6 墙板、楼面板和屋面板应采用合理的连接形式，并应进行抗震设计。连接节点应具有足够的承载力和变形能力，并应采取可靠的防腐、防锈、防虫、防潮和防火措施。

6.4.7 当非承重的预制木墙板采用木骨架组合墙体时，其设计和构造要求应符合国家标准《木骨架组合墙体技术规范》GB/T 50361 的规定。

条文链接 ★**6.4.7**

根据《木骨架组合墙体技术规范》GB/T 50361 的有关规定：

木骨架组合墙体可用作6层及6层以下住宅建筑和办公楼的非承重外墙和房间隔墙，以及房间面积不超过100m^{2}的7～18层普通住宅和高度为50m以下的办公楼的房间隔墙。

6.4.8 正交胶合木墙体的设计应符合国家标准《多高层木结构建筑技术标准》GB/T 51226的要求，并应符合下列规定：

（1）剪力墙的高宽比不宜小于1，并不应大于4；当高宽比小于1时，墙体宜分为两段，中间应用耗能金属件连接。

（2）墙应具有足够的抗倾覆能力，当结构自重不能抵抗倾覆力矩时，应设置抗拔连接件。

6.4.9 装配式木结构中楼盖宜采用正交胶合木楼盖、木搁栅与木基结构板材楼盖。

6.4.10 装配式木结构中屋盖系统可采用正交胶合木屋盖、椽条式屋盖、斜撑梁式屋盖和桁架式屋盖。

6.4.11 椽条式屋盖和斜梁式屋盖的组件单元尺寸应按屋盖板块大小及运输条件确定。

6.4.12 桁架式屋盖的桁架应在工厂加工制作。桁架式屋盖的组件单元尺寸应按屋盖板块大小及运输条件确定，并应符合结构整体设计的要求。

6.4.13 楼盖体系应按现行国家标准《木结构设计规范》GB 50005 的规定进行搁栅振动验算。

6.5 其他组件设计

6.5.1 装配式木结构建筑中的木楼梯和木阳台宜在工厂按一定模数预制成组件。

6.5.2 预制木楼梯与支撑构件之间宜采用简支连接，并应符合下列规定：

（1）预制楼梯宜一端设置固定铰，另一端设置滑动铰，其转动及滑动能力应满足结构层间位移的要求，在支撑构件上的最小搁置长度不宜小于100mm。

（2）预制楼梯设置滑动铰的端部应采取防止滑落的构造措施。

6.5.3 装配式木结构建筑中的预制木楼梯可采用规格材、胶合木、正交胶合木制成。楼梯的梯板梁应按压弯构件计算。

6.5.4 装配式木结构建筑中的阳台可采用挑梁式预制阳台或挑板式预制阳台。其结构构件的内力和正常使用阶段变形应按现行国家标准《木结构设计规范》GB 50005 的规定进行验算。

条文链接 ★6.5.4

根据《建筑结构荷载规范》GB 50009 的有关规定：

对于正常使用极限状态，应根据不同的设计要求，采用荷载的标准组合、频遇组合或准永久组合，并应按下列设计表达式进行设计：

$$S_d \leq C$$

式中　C——结构或结构构件达到正常使用要求的规定限值，例如变形、裂缝、振幅、加速度、应力等的限值，应按各有关建筑结构设计规范的规定采用。

6.5.5　楼梯、电梯井、机电管井、阳台、走道、空调板等组件宜整体分段制作，设计时应按构件的实际受力情况进行验算。

7 连接设计

7.1　一般规定

7.1.1　工厂预制的组件内部连接应符合强度和刚度的要求，其设计应符合现行国家标准《木结构设计规范》GB 50005、《胶合木结构技术规范》GB/T 50708 和《多高层木结构建筑技术标准》GB/T 51226 的规定。组件间的连接质量应符合加工制作工厂的质量检验要求。

7.1.2　预制组件间的连接可按结构材料、结构体系和受力部位采用不同的连接形式。连接的设计应符合下列规定：

（1）应满足结构设计和结构整体性要求。

（2）应受力合理，传力明确，应避免被连接的木构件出现横纹受拉破坏。

（3）应满足延性和耐久性的要求；当连接具有耗能作用时，可进行特殊设计。

（4）连接件宜对称布置，宜满足每个连接件能承担按比例分配的内力的要求。

（5）同一连接中不得考虑两种或两种以上不同刚度连接的共同作用，不得同时采用直接传力和间接传力两种传力方式。

（6）连接节点应便于标准化制作。

条文解读

▲7.1.1～7.1.2

本章的连接既包括预制木结构组件内部各组成部分之间的连接和预制木结构组件之间的连接，也包括由于组装单元的拆分造成的预制组件之间连接以及预制组件和其他结构之间的连接。对于工厂加工制作的组件，其组成部分之间的连接设计和构造要求与现场制作时采用的连接相同。

7.1.3　木组件现场装配的连接设计和构造措施，应符合现行国家标准《木结构设计规范》GB 50005、《胶合木结构技术规范》GB/T 50708 和《多高层木结构建筑技术标准》GB/T 51226 的规定，并应确保其符合施工质量的现场质量检验要求。

条文解读

▲7.1.3

现场装配连接包括了组装单元的拆分造成的预制组件之间连接，以及预制组件和其他结构之间的连接。设计时应按结构分析获得的连接处最不利内力进行计算。

7.1.4　连接设计时应选择适宜的计算模型。当无法确定计算模型时，应提供试验验证或工程验证的技术文件。

条文解读

▲7.1.4

实际工程中，当采用新型的连接方式或难以确定计算模型的连接方式，以及采用传统的榫卯连接时，为了保证连接的传力可靠性，应通过试验验证或工程验证有效后方可采用。

7.1.5 连接应设置合理的安装公差，应满足安装施工及精度控制要求。

7.1.6 预制木结构组件与其他结构之间宜采用锚栓或螺栓进行连接。锚栓或螺栓的直径和数量应按计算确定，计算时应考虑风荷载和地震作用引起的侧向力，以及风荷载引起的上拔力。上部结构产生的水平力或上拔力应乘以1.2倍的放大系数。当有上拔力时，尚应采用抗拔金属连接件进行连接。

7.1.7 当预制组件之间的连接件采用隐藏式时，连接件部位应预留安装洞口，安装完成后，宜采用在工厂预先按规格切割的板材封堵洞口。

7.1.8 建筑部品之间、建筑部品与主体结构之间以及建筑部品与木结构组件之间的连接应稳固牢靠、构造简单、安装方便，连接处应采取防水、防潮和防火的构造措施，并应符合保温隔热材料的连续性以及气密性的要求。

7.2 木组件之间连接

7.2.1 木组件与木组件的连接方式可采用钉连接、螺栓连接、销钉连接、齿板连接、金属连接件连接或榫卯连接。当预制次梁与主梁、木梁与木柱之间连接时，宜采用钢插板、钢夹板和螺栓进行连接。

7.2.2 钉连接和螺栓连接可采用双剪连接或单剪连接。当钉连接采用的圆钉有效长度小于4倍钉直径时，不应考虑圆钉的抗剪承载力。

条文解读

▲7.2.2

钉的有效长度取钉的实际长度扣除钉尖长度，钉尖长度按1.5倍钉直径计算。

7.2.3 处于腐蚀环境、潮湿或有冷凝水环境的木桁架不宜采用齿板连接。齿板不得用于传递压力。

7.2.4 预制木结构组件之间应通过连接形成整体，预制单元之间不应相互错动。

7.2.5 在单个楼盖、屋盖计算单元内，可采用能提高结构整体抗侧能力的金属拉条进行加固。金属拉条可用作下列构件之间的连接构造措施：

（1）楼盖、屋盖边界构件间的拉结或边界构件与外墙间的拉结。

（2）楼盖、屋盖平面内剪力墙之间或剪力墙与外墙的拉结。

（3）剪力墙边界构件的层间拉结。

（4）剪力墙边界构件与基础的拉结。

7.2.6 当金属拉条用于楼盖、屋盖平面内拉结时，金属拉条应与受压构件共同受力。当平面内无贯通的受压构件时，应设置填块。填块的长度应按计算确定。

7.3 木组件与其他结构连接

7.3.1 木组件与其他结构的水平连接应符合组件间内力传递的要求，并应验算水平连接处的强度。

7.3.2 木组件与其他结构的竖向连接，除应符合组件间内力传递的要求外，尚应符合被连接组件在长期荷载作用下的变形协调要求。

7.3.3 木组件与其他结构的连接宜采用销轴类紧固件的连接方式。连接时应在混凝土结构中设置预埋件。预埋件应按计算确定，并应满足《混凝土结构设计规范》GB 50010 的规定。

条文链接 ★7.3.3

根据《混凝土结构设计规范》GB 50010 的有关规定：

(1) 预埋件锚筋中心至锚板边缘的距离不应小于 $2d$ 和 20mm。预埋件的位置应使锚筋位于构件的外层主筋的内侧。

(2) 预埋件的受力直锚筋直径不宜小于 8mm，且不宜大于 25mm。直锚筋数量不宜少于 4 根，且不宜多于 4 排；受剪预埋件的直锚筋可采用 2 根。

(3) 对受拉和受弯预埋件（图 3-1），其锚筋的间距 b、b_1 和锚筋至构件边缘的距离 c、c_1，均不应小于 $3d$ 和 45mm。

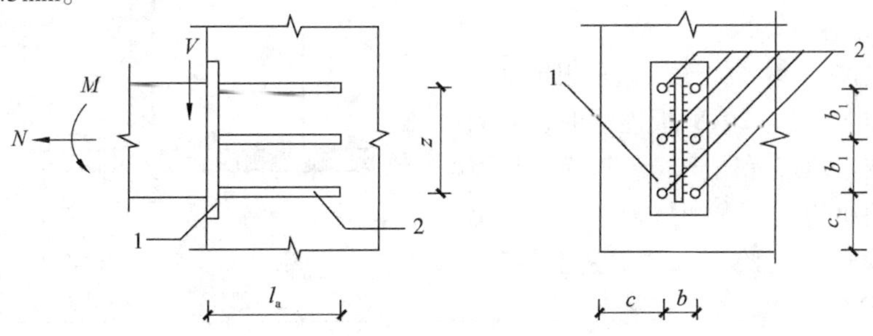

图 3-1　由锚板和直锚筋组成的预埋件

1—锚板　2—直锚筋

(4) 对受剪预埋件（图 3-1），其锚筋的间距 b 及 b_1 不应大于 300mm，且 b_1 不应小于 $6d$ 和 70mm；锚筋至构件边缘的距离 c_1 不应小于 $6d$ 和 70mm，b、c 均不应小于 $3d$ 和 45mm。

(5) 受拉直锚筋和弯折锚筋的锚固长度不应小于本规范第 8.3.1 条规定的受拉钢筋锚固长度；当锚筋采用 HPB300 级钢筋时末端还应有弯钩。当无法满足锚固长度的要求时，应采取其他有效的锚固措施。受剪和受压直锚筋的锚固长度不应小于 $15d$，d 为锚筋的直径。

7.3.4　木组件与混凝土结构的连接锚栓和轻型木结构地梁板与基础的连接锚栓应进行防腐处理。连接锚栓应承担由侧向力产生的全部基底水平剪力。

条文解读

▲7.3.4

锚栓的防腐处理可采用热浸镀锌或其他方式，也可以直接采用不锈钢。

7.3.5　轻型木结构的锚栓直径不得小于 12mm，间距不应大于 2.0m，埋入深度不应小于 25 倍锚栓直径；地梁板的两端 100～300mm 处，应各设一个锚栓。

7.3.6　当木组件的上拔力大于重力荷载代表值的 0.65 倍时，预制剪力墙两侧边界构件的层间连接、边界构件与混凝土基础的连接，应采用金属连接件或抗拔锚固件连接。连接应按承受全部上拔力进行设计。

7.3.7　当木屋盖和木楼盖作为混凝土或砌体墙体的侧向支撑时（图 3-2），应采用锚固连接件直接将墙体与木屋盖、楼盖连接。锚固连接件

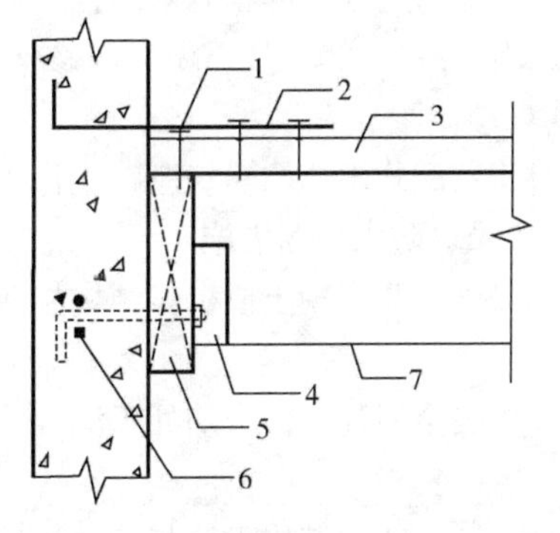

图 3-2　木楼盖作为墙体侧向支撑示意

1—边界钉连接　2—预埋拉条　3—结构胶合板　4—搁栅挂构件　5—封头搁栅　6—预埋钢筋　7—搁栅

的承载力应按墙体传递的水平荷载计算，且锚固连接沿墙体方向的抗剪承载力不应小于3.0kN/m。

条文解读

▲7.3.7

预制木组件和混凝土结构之间的连接不得采用斜钉连接，试验表明这种连接方式在横向力的作用下不可靠。

7.3.8 装配式木结构的墙体应支承在混凝土基础或砌体基础顶面的混凝土梁上，混凝土基础或梁顶面砂浆应平整，倾斜度不应大于2‰。

7.3.9 木组件与钢结构连接宜采用销轴类紧固件的连接方式。当采用剪板连接时，紧固件应采用螺栓或木螺钉（图3-3），剪板采用可锻铸铁制作。剪板构造要求和抗剪承载力计算应符合现行国家标准《胶合木结构技术规范》GB/T 50708的规定。

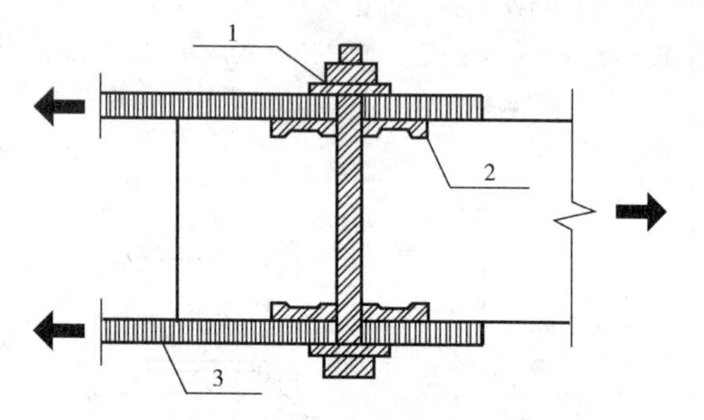

图3-3 木构件与钢构件剪板连接

1—螺栓 2—剪板 3—钢板

8 防护

8.0.1 装配式木结构建筑的防护设计应符合现行国家标准《木结构设计规范》GB 50005的规定。设计文件中应规定采取的防腐措施和防生物危害措施。

条文解读

▲8.0.1

木结构设计时，首先应采取既经济又有效的构造措施。在采取构造措施后仍有可能遭受菌害的结构或部位，需要另外采取防腐、防虫措施。

条文链接 **★8.0.1**

参考第三部分4.0.14条的条文链接。

8.0.2 需防腐处理的预制木结构组件应在机械加工工序完成后进行防腐处理，不宜在现场再次进行切割或钻孔。当现场需做局部修整时，应对修整后的木材切口表面采用符合设计要求的药剂作防腐处理。

8.0.3 装配式木结构建筑应在干作业环境下施工，预制木结构组件在制作、运输、施工和使用过程中应采取防水防潮措施。

8.0.4 直接与混凝土或砌体结构接触的预制木结构组件应进行防腐处理，并应在接触面设置防潮层。

8.0.5 当金属连接件长期处于潮湿、结露或其他易腐蚀条件时，应采取防锈蚀措施或采用不锈钢金属连接件。

8.0.6 装配式木结构建筑与室外连接的设备管道穿孔处应使用防虫网、树脂或符合设计要求的封堵材料进行封闭。

8.0.7 外墙板接缝、门窗洞口等防水薄弱部位除应采用防水材料外，尚应采用与防水构造措施相结合的方法进行保护。

8.0.8　装配式木结构建筑的防水、防潮应符合下列规定：

（1）室内地坪宜高于室外地面450mm，建筑外墙下应设置混凝土散水。

（2）外墙宜按雨幕原理进行设计，外墙门窗处宜采用成品金属泛水板。

（3）宜设置屋檐，并宜采用成品雨水排水管道。

（4）屋面、阳台、卫生间楼地面等应进行防水设计。

（5）与其他建筑连接时，应采取防止不同建筑结构的沉降、变形等引起的渗漏的措施。

8.0.9　装配式木结构建筑的防虫应符合下列规定：

（1）施工前应对建筑基础及周边进行除虫处理。

（2）连接处应结合紧密，并应采取防虫措施。

（3）蚁害多发区，白蚁防治应符合现行行业标准《房屋白蚁预防技术规程》JGJ/T 245 的规定。

（4）基础或底层建筑围护结构上的孔、洞、透气装置应采取防虫措施。

条文链接　★**8.0.9**

根据《房屋白蚁预防技术规程》JGJ/T 245 的有关规定：

（1）无地下室的房屋底层使用的木质材料不得直接接触土壤。与土壤接触或在白蚁防护屏障下部的建筑材料，应具有抗白蚁性能。

（2）卫生间、厨房和其他有上下水管的部位，不宜采用空心砖墙结构和木质材料。

9 制作、运输和储存

9.1　一般规定

9.1.1　预制木结构组件应按设计文件在工厂制作，制作单位应具备相应的生产场地和生产工艺设备，并应有完善的质量管理体系和试验检测手段，且应建立组件制作档案。

9.1.2　预制木结构组件和部品制作前应对其技术要求和质量标准进行技术交底，并应制定制作方案。制作方案应包括制作工艺、制作计划、技术质量控制措施、成品保护、堆放及运输方案等项目。

9.1.3　预制木结构组件制作过程中宜采取控制制作及储存环境的温度、湿度的技术措施。

9.1.4　预制木结构组件和部品在制作、运输和储存过程中，应采取防水、防潮、防火、防虫和防止损坏的保护措施。

9.1.5　预制木结构组件制作完成时，除应按现行国家标准《木结构工程施工质量验收规范》GB 50206 的要求提供文件和记录外，尚应提供下列文件和记录：

（1）工程设计文件、预制组件制作和安装的技术文件。

（2）预制组件使用的主要材料、配件及其他相关材料的质量证明文件、进场验收记录、抽样复验报告。

（3）预制组件的预拼装记录。

9.1.6　预制木结构组件检验合格后应设置标识，标识内容宜包括产品代码或编号、制作日期、合格状态、生产单位等信息。

9.2　制作

9.2.1　预制木结构组件在工厂制作时，木材含水率应符合设计文件的规定。

条文解读

▲9.2.1

由于胶合木在层板厚度方向无胶粘剂的约束作用，木材含水率的变化将导致面积较大的干缩和湿胀变形，因此在木结构组件加工时，应考虑该因素，并应考虑木组件含水率变化造成尺寸变化的影响预留伸缩量。

9.2.2 预制层板胶合木构件的制作应符合现行国家标准《胶合木结构技术规范》GB/T 50708和《结构用集成材》GB/T 26899 的规定。

条文链接 ★9.2.2

参考第三部分 3.1.2 条的条文链接。

9.2.3 预制木结构组件制作过程中宜采用 BIM 信息化模型校正，制作完成后宜采用 BIM 信息化模型进行组件预拼装。

条文解读

▲9.2.3

木构件制作过程中宜采用 BIM 信息化模型，以保证尺寸、规格以及深加工的正确性。考虑到木构件和金属连接件的加工通常由不同单位分别完成，且木构件和金属连接件均包含各自允许范围内的加工误差，为保证装配施工的质量，避免增加现场加工工作量，预制木构件、部件制作完成后应在工厂进行预组装。

9.2.4 对有饰面材料的组件，制作前应绘制排版图，制作完成后应在工厂进行预拼装。

9.2.5 预制木结构组件制作误差应符合现行国家标准《木结构工程施工质量验收规范》GB 50206的规定。预制正交胶合木构件的厚度宜小于 500mm，且制作误差应符合表 3-9 的规定。

表 3-9 正交胶合木构件尺寸偏差表

类　别	允许偏差
厚度 h	≤（1.6mm 与 0.02h 中较大值）
宽度 b	≤3.2mm
长度 L	≤6.4mm

条文链接 ★9.2.5

根据《木结构工程施工质量验收规范》GB 50206 的有关规定：

（1）方木、原木结构和胶合木结构桁架、梁和柱的支座误差，应符合表 3-10 的规定。

表 3-10 方木、原木结构和胶合木结构桁架、梁和柱的允许偏差

项　次	项　目		允许偏差/mm	检验方法
1	构件截面尺寸	方木和胶合木构件截面的高度、宽度	-3	钢尺量
		板材厚度、宽度	-2	
		原木构件梢径	-5	

条文链接

（续）

项次	项目			允许偏差/mm	检验方法
2	构件长度	长度不大于15m		±10	钢尺量桁架支座节点中心间距，梁、柱全长
		长度大于15m		±15	
3	桁架高度	长度不大于15m		±10	钢尺量脊节点中心与下弦中心距离
		长度大于15m		±15	
4	受压或压弯构件纵向弯曲	方木、胶合木构件		$L/500$	拉线钢尺量
		原木构件		$L/200$	
5	弦杆节点间距			±5	钢尺量
6	齿连接刻槽深度			±2	
7	支座节点受剪面	长度		-10	钢尺量
		宽度	方木、胶合木	-3	
			原木	-4	
8	螺栓中心间距	进孔处		$\pm 0.2d$	
		出孔处	垂直木纹方向	$\pm 0.5d$ 且不大于 $4B/100$	
			顺木纹方向	$\pm 1d$	
9	钉进孔处的中心间距			$\pm 1d$	—
10	桁架起拱			±20	以两支座节点下弦中心线为准，拉一水平线，用钢尺量
				-10	两跨中下弦中心线与拉线之间距离

注：d 为螺栓或钉的直径；L 为构件长度；B 为板的总厚度。

（2）轻型木结构的制作安装误差应符合表3-11的规定。

表3-11 轻型木结构的制作安装允许偏差

项次	项目			允许偏差/mm	检验方法
1	楼盖主梁、柱子及连接件	楼盖主梁	截面宽度/高度	±6	钢板尺量
			水平度	±1/200	水平尺量
			垂直度	±3	直角尺和钢板尺量
			间距	±6	钢尺量
			拼合梁的钉间距	±30	钢尺量
			拼合梁的各构件的截面高度	±3	钢尺量
			支承长度	-6	钢尺量

条文链接

（续）

项次	项目			允许偏差/mm	检验方法
2	楼盖主梁、柱子及连接件	柱子	截面尺寸	±3	钢尺量
			拼合柱的钉间距	+30	钢尺量
			柱子长度	±3	钢尺量
			垂直度	±1/200	靠尺量
3		连接件	连接件的间距	±6	钢尺量
			同一排列连接件之间的错位	±6	钢尺量
			构件上安装连接件开槽尺寸	连接件尺寸±3	卡尺量
			端距/边距	±6	钢尺量
			连接钢板的构件开槽尺寸	±6	卡尺量
4	楼（屋）盖施工	楼（屋）盖	搁栅间距	±40	钢尺量
			楼盖整体水平度	±1/250	水平尺量
			楼盖局部水平度	±1/150	水平尺量
			搁栅截面高度	±3	钢尺量
			搁栅支承长度	−6	钢尺量
5			规定的钉间距	+30	钢尺量
			钉头嵌入楼、屋面板表面的最大深度	+3	卡尺量
6		楼（屋）盖齿板连接桁架	桁架间距	±40	钢尺量
			桁架垂直度	±1/200	直角尺和钢尺量
			齿板安装位置	±6	钢尺量
			弦杆、腹杆、支撑	19	钢尺量
			桁架高度	13	钢尺量
7	墙体施工	墙骨柱	墙骨间距	±40	钢尺量
			墙体垂直度	±1/200	直角尺和钢尺量
			墙体水平度	±1/150	水平尺量
			墙体角度偏差	±1/270	直角尺和钢尺量
			墙骨长度	±3	钢尺量
			单根墙骨柱的出平面偏差	±3	钢尺量
8		顶梁板、底梁板	顶梁板、底梁板的平直度	+1/150	水平尺量
			顶梁板作为弦杆传递荷载时的搭接长度	±12	钢尺量
9		墙面板	规定的钉间距	+30	钢尺量
			钉头嵌入墙面板表面的最大深度	+3	卡尺量
			木框架上墙面板之间的最大缝隙	+3	卡尺量

9.2.6　对预制层板胶合木构件，当层板宽度大于180mm时，可在层板底部顺纹开槽；对预制正交胶合木构件，当正交胶合木层板厚度大于40mm时，层板宜采用顺纹开槽的措施，开槽深度不应大于层板厚度的0.9倍，槽宽不应大于4mm（图3-4），槽间距不应小于40mm，开槽位置距离层板边沿不应小于40mm。

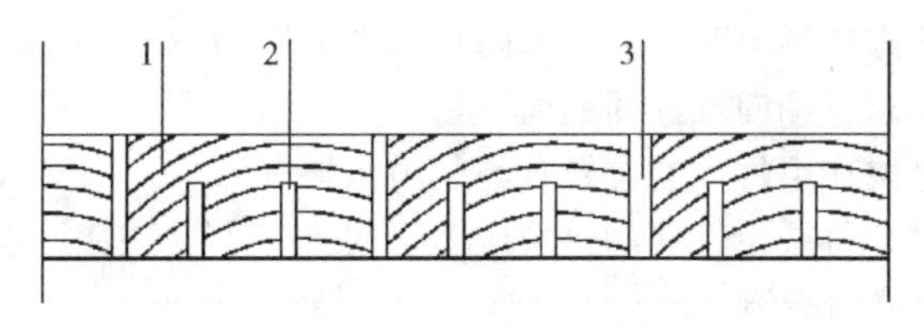

图3-4　正交胶合木层板刻槽尺寸示意

1—木材层板　2—槽口　3—层板间隙

条文解读

▲9.2.6

正交胶合木的幅面尺寸通常较大，且其层板数量较少（一般为3或5层），构件更易发生变形，为提高构件的装配质量，并保证构件使用过程中的品质。当所采用规格材的截面尺寸较大时，宜采用变形控制构造措施，通过开槽释放应力，减小变形。

9.2.7　预制木结构构件宜采用数控加工设备进行制作，宜采用铣刀开槽。槽的深度余量不应大于5mm，槽的宽度余量不应大于1.5mm。

9.2.8　层板胶合木和正交胶合木的最外层板不应有松软节和空隙。当对外观有较高要求时，对直径30mm的孔洞和宽度大于3mm、侧边裂缝长度40～100mm的缺陷，应采用同质木料进行修补。

9.3　运输和储存

9.3.1　对预制木结构组件和部品的运输和储存应制定实施方案，实施方案可包括运输时间、次序、堆放场地、运输路线、固定要求、堆放支垫及成品保护措施等项目。

9.3.2　对大型组件、部品的运输和储存应采取专门的质量安全保证措施。在运输与堆放时，支承位置应按计算确定。

9.3.3　预制木结构组件装卸和运输时应符合下列规定：

（1）装卸时，应采取保证车体平衡的措施。

（2）运输时，应采取防止组件移动、倾倒、变形等的固定措施。

9.3.4　预制木结构组件存储设施和包装运输应采取使其达到要求含水率的措施，并应有保护层包装，边角部位宜设置保护衬垫。

9.3.5　预制木结构组件水平运输时，应将组件整齐地堆放在车厢内。梁、柱等预制木组件可分层分隔堆放，上、下分隔层垫块应竖向对齐，悬臂长度不宜大于组件长度的1/4。板材和规格材应纵向平行堆垛、顶部压重存放。

9.3.6　预制木桁架整体水平运输时，宜竖向放置，支承点应设在桁架两端节点支座处，下弦杆的其他位置不得有支承物；在上弦中央节点处的两侧应设置斜撑，应与车厢牢固连接；应按桁架的跨度大小设置若干对斜撑。数榀桁架并排竖向放置运输时，应在上弦节点处用绳索将各桁架彼此系牢。

9.3.7　预制木结构墙体宜采用直立插放架运输和储存，插放架应有足够的承载力和刚度，并应支垫稳固。

9.3.8　预制木结构组件的储存应符合下列规定：

（1）组件应存放在通风良好的仓库或防雨、通风良好的有顶部遮盖场所内，堆放场地应平整、坚实，并应具备良好的排水设施。

（2）施工现场堆放的组件，宜按安装顺序分类堆放，堆垛宜布置在起重机工作范围内，且不受其他工序施工作业影响的区域。

（3）采用叠层平放的方式堆放时，应采取防止组件变形的措施。

（4）吊件应朝上，标志宜朝向堆垛间的通道。

（5）支垫应坚实，垫块在组件下的位置宜与起吊位置一致。

（6）重叠堆放组件时，每层组件间的垫块应上下对齐，堆垛层数应按组件、垫块的承载力确定，并应采取防止堆垛倾覆的措施。

（7）采用靠架堆放时，靠架应具有足够的承载力和刚度，与地面倾斜角度宜大于80°。

（8）堆放曲线形组件时，应按组件形状采取相应保护措施。

9.3.9 对现场不能及时进行安装的建筑模块，应采取保护措施。

10 安装

10.1 一般规定

10.1.1 装配式木结构建筑施工前应编制施工组织设计，制定专项施工方案；施工组织设计的内容应符合现行国家标准《建筑施工组织设计规范》GB/T 50502 的规定；专项施工方案的内容应包括安装及连接方案、安装的质量管理及安全措施等项目。

条文解读

▲10.1.1

施工组织设计是指导施工的重要依据。装配式木结构建筑安装为吊装作业，对吊装设备、人员、安装顺序要求较高。为保证工程的顺利进行，施工前应编制施工组织设计和专项方案。专项施工方案应综合考虑工程特点、组件规格、施工环境、机械设备等因素，体现装配式木结构的施工特点和施工工艺。

10.1.2 施工现场应具有质量管理体系和工程质量检测制度，实现施工过程的全过程质量控制，并应符合现行国家标准《工程建设施工企业质量管理规范》GB/T 50430 的规定。

条文解读

▲10.1.2

装配式木结构建筑安装吊装工作量大，存在较大的施工风险，对施工单位的素质要求较高。为保证施工及结构的安全，要求施工单位具备相应的施工能力及管理能力。

10.1.3 装配式木结构建筑安装应符合现行国家标准《木结构工程施工规范》GB/T 50772 的规定。

10.1.4 装配式木结构建筑安装应按结构形式、工期要求、工程量以及机械设备等现场条件，合理设计装配顺序，组织均衡有效的安装施工流水作业。

条文解读

▲10.1.4

本条为编制专项施工方案的主要内容，应重点描述，指导施工作业。

10.1.5 吊装用吊具应按国家现行有关标准的规定进行设计、验算或试验检验。

条文解读

▲10.1.5

吊装前应选择适当的吊具。对吊带、吊钩、分配梁等吊具应进行施工验算。

10.1.6 组件安装可按现场情况和吊装等条件采用下列安装单元进行安装：

（1）采用工厂预制组件作为安装单元。

（2）现场对工厂预制组件进行组装后作为安装单元。

（3）同时采用本条第（1）、（2）款两种单元的混合安装单元。

条文解读

▲10.1.6

现场施工应按施工方案，灵活安排吊装作业，既可以单组件吊装，也可以将多个组件在地面上组装作为一个安装单元整体吊装。

10.1.7 预制组件吊装时应符合下列规定：

（1）经现场组装后的安装单元的吊装，吊点应按安装单元的结构特征确定，并应经试吊证明符合刚度及安装要求后方可开始吊装。

（2）刚度较差的组件应按提升时的受力情况采用附加构件进行加固。

（3）组件吊装就位时，应使其拼装部位对准预设部位垂直落下，并应校正组件安装位置并紧固连接。

（4）正交胶合木墙板吊装时，宜采用专用吊绳和固定装置，移动时宜采用锁扣扣紧。

条文解读

▲10.1.7

预制组件吊装时有以下几点需要注意：

（1）由多个组件组装成的安装单元吊装前应进行吊点的设计、复核，满足组件的强度、刚度要求，并经试吊后正式吊装，既要保证组件顺利就位，也要保证组件与组件之间无变形、错位。

（2）对于细长杆式组件、体量较大的板式组件、空间模块组件，应考虑吊装过程中组件的安全性，可以采用分配梁、多吊点等方式。

（3）组件安装就位后，一般情况下，首先校正轴线位置，然后调整垂直度，并初步紧固连接节点。待周边相关组件调整就位后，紧固连接节点。

（4）组件吊装时应有防脱措施。

10.1.8 现场安装时，未经设计允许不应对预制木结构组件进行切割、开洞等影响其完整性的行为。

条文解读

▲10.1.8

组件作为一个整体，统一考虑了保温、隔声、防火、防护等措施，不得随意切割、开洞。如因特定原因，必须进行切割或开洞时，应采取相应措施，并经设计确认。

10.1.9 现场安装全过程中，应采取防止预制组件、建筑附件及吊件等受潮、破损、遗失或污染的措施。

10.1.10 当预制木结构组件之间的连接件采用暗藏方式时，连接件部位应预留安装孔。安装完成后，安装孔应予以封堵。

条文解读

▲10.1.10

连接部位的封堵应考虑防火、防护及保温隔声等因素，做法应在设计中明确说明或取得设计认可。

10.1.11 装配式木结构建筑安装全过程中，应采取安全措施，并应符合现行行业标准《建筑施工高处作业安全技术规范》JGJ 80、《建筑施工起重吊装工程安全技术规范》JGJ 276、《建筑机械使用安全技术规程》JGJ 33 和《施工现场临时用电安全技术规范》JGJ 46 等的规定。

条文链接 ★10.1.11

根据《建筑施工高处作业安全技术规范》JGJ 80 的有关规定：

安全防护设施验收应包括下列主要内容：

（1）防护栏杆的设置与搭设。

（2）攀登与悬空作业的用具与设施搭设。

（3）操作平台及平台防护设施的搭设。

（4）防护棚的搭设。

（5）安全网的设置。

（6）安全防护设施、设备的性能与质量、所用的材料、配件的规格。

（7）设施的节点构造，材料配件的规格、材质及其与建筑物的固定、连接状况。

10.2 安装准备

10.2.1 装配式木结构建筑施工前，应按设计要求和施工方案进行施工验算。施工验算时，动力放大系数应符合本标准第 6.1.12 条的规定。当有可靠经验时，动力放大系数可按实际受力情况和安全要求适当增减。

10.2.2 预制木结构组件安装前应合理规划运输通道和临时堆放场地，并应对成品堆放采取保护措施。

10.2.3 安装前，应检验混凝土基础部分满足木结构部分的施工安装精度要求。

10.2.4 安装前，应检验组件、安装用材料及配件符合设计要求和国家现行相关标准的规定。当检验不合格时，不得继续进行安装。检测内容应包括下列内容：

（1）组件外观质量、尺寸偏差、材料强度、预留连接位置等。

（2）连接件及其他配件的型号、数量、位置。

（3）预留管线或管道、线盒等的规格、数量、位置及固定措施等。

10.2.5 组件安装时应符合下列规定：

（1）应进行测量放线，应设置组件安装定位标识。

（2）应检查核对组件装配位置、连接构造及临时支撑方案。

（3）施工吊装设备和吊具应处于安全操作状态。

（4）现场环境、气候条件和道路状况应满足安装要求。

10.2.6 对安装工艺复杂的组件，宜选择有代表性的单元进行试安装，并宜按试安装结果调整施工方案。

10.2.7 设备与管线安装前应按设计文件核对设备及管线参数，并应对预埋套管及预留孔洞的尺寸、位置进行复核，合格后方可施工。

10.3 安装

10.3.1 组件吊装就位后，应及时校准并应采取临时固定措施。

10.3.2　组件吊装就位过程中，应监测组件的吊装状态，当吊装出现偏差时，应立即停止吊装并调整偏差。

10.3.3　组件为平面结构时，吊装时应采取保证其平面外稳定的措施，安装就位后，应设置防止发生失稳或倾覆的临时支撑。

10.3.4　组件安装采用临时支撑时，应符合下列规定：

（1）水平构件支撑不宜少于2道。

（2）预制柱或墙体组件的支撑点距底部的距离不宜大于柱或墙体高度的2/3，且不应小于柱或墙体高度的1/2。

（3）临时支撑应设置可对组件的位置和垂直度进行调节的装置。

10.3.5　竖向组件安装应符合下列规定：

（1）底层组件安装前，应复核基层的标高，并应设置防潮垫或采取其他防潮措施。

（2）其他层组件安装前，应复核已安装组件的轴线位置、标高。

10.3.6　水平组件安装应符合下列规定：

（1）应复核组件连接件的位置，与金属、砖、石、混凝土等的结合部位应采取防潮防腐措施。

（2）杆式组件吊装宜采用两点吊装，长度较大的组件可采取多点吊装；细长组件应复核吊装过程中的变形及平面外稳定。

（3）板类组件、模块化组件应采用多点吊装，组件上应设有明显的吊点标志。吊装过程应平稳，安装时应设置必要的临时支撑。

10.3.7　预制墙体、柱组件的安装应先调整组件标高、平面位置，再调整组件垂直度。组件的标高、平面位置、垂直偏差应符合设计要求。调整组件垂直度的缆风绳或支撑夹板应在组件起吊前绑扎牢固。

条文解读

▲10.3.7

对于墙、柱类组件，吊装前设定控制点，吊装时一般先调整组件下部控制点的标高，再调整平面位置，然后调整组件垂直度，上述调整完成后，复核组件顶部控制点坐标。

10.3.8　安装柱与柱之间的梁时，应监测柱的垂直度。除监测梁两端柱的垂直度变化外，尚应监测相邻各柱因梁连接影响而产生的垂直度变化。

10.3.9　预制木结构螺栓连接应符合下列规定：

（1）木结构的各组件结合处应密合，未贴紧的局部间隙不得超过5mm，接缝处理应符合设计要求。

（2）用木夹板连接的接头钻孔时应将各部分定位并临时固定一次钻通；当采用钢夹板不能一次钻通时应采取保证各部件对应孔的位置、大小一致的措施。

（3）除设计文件规定外，螺栓垫板的厚度不应小于螺栓直径的0.3倍，方形垫板边长或圆垫板直径不应小于螺栓直径的3.5倍，拧紧螺帽后螺杆外露长度不应小于螺栓直径的0.8倍。

11 验收

11.1 规定

11.1.1　装配式木结构工程施工质量验收应符合现行国家标准《建筑工程施工质量验收统一标准》GB 50300、《木结构工程施工质量验收规范》GB 50206及国家现行相关标准的规定。当国家现行标准对工程中的验收项目未做具体规定时，应由建设单位组织设计、施工、监理等相关单位制定验收具体要求。

11.1.2 装配式木结构子分部工程应由木结构制作安装与木结构防护两分项工程组成，并应在分项工程皆验收合格后，再进行子分部工程的验收。

11.1.3 装配式木结构子分部工程质量验收的程序和组织，应符合现行国家标准《建筑工程施工质量验收统一标准》GB 50300 的有关规定。

条文链接 ★**11.1.3**

根据《建筑工程施工质量验收统一标准》GB 50300 的有关规定：

建设单位收到工程竣工报告后，应由建设单位项目负责人组织监理、施工、设计、勘察等单位项目负责人进行单位工程验收。

11.1.4 工厂预制木组件制作前应按设计要求检查验收采用的材料，出厂前应按设计要求检查验收木组件。

11.1.5 装配式木结构工程中，木结构的外观质量除设计文件另有规定外，应符合下列规定：

（1）A级，结构构件外露，构件表面洞孔应采用木材修补，木材表面应用砂纸打磨。

（2）B级，结构构件外露，外表可采用机具刨光，表面可有轻度漏刨、细小的缺陷和空隙，不应有松软节的孔洞。

（3）C级，结构构件不外露，构件表面可不进行加工刨光。

11.1.6 装配式木结构子分部工程质量验收应符合下列规定：

（1）检验批主控项目检验结果应全部合格。

（2）检验批一般项目检验结果应有大于80%的检查点合格，且最大偏差不应超过允许偏差的1.2倍。

（3）子分部工程所含分项工程的质量验收均应合格。

（4）子分部工程所含分项工程的质量资料和验收记录应完整。

（5）安全功能检测项目的资料应完整，抽检的项目均应合格。

（6）外观质量验收应符合本标准第11.1.5条的规定。

11.1.7 用于加工装配式木结构组件的原材料，应具有产品合格证书；每批次应做下列检验：

（1）每批次进厂目测分等规格材应由专业分等人员做目测等级检验或抗弯强度见证检验；每批次进厂机械分等规格材应做抗弯强度见证检验。

（2）每批次进厂规格材应做含水率检验。

（3）每批次进厂的木基结构板应做静曲强度和静曲弹性模量检验；用于屋面、楼面的木基结构板应有干态湿态集中荷载、均布荷载及冲击荷载检验报告。

（4）采购的结构复合木材和工字形木搁栅应有产品质量合格证书、符合设计文件规定的平弯或侧立抗弯性能检测报告并应做荷载效应标准组合作用下的结构性能检验。

（5）设计文件规定钉的抗弯屈服强度时，应做钉抗弯强度检验。

11.1.8 装配式木结构材料、构（配）件的质量控制以及制作安装质量控制应划分为不同的检验批。检验批的划分应符合《木结构工程施工质量验收规范》GB 50206 的规定。

条文链接 ★**11.1.8**

根据《木结构工程施工质量验收规范》GB 50206 的有关规定：

检验批及木结构分项工程质量合格，应符合下列规定：

（1）检验批主控项目检验结构应全部合格。

（2）检验批一般项目检验结果应有80%以上的检查点合格，且最大偏差不应超过允许偏差的1.2倍。

（3）木结构分项工程所含检验批检验结果均应为合格，且应有各检验批质量验收的完整记录。

11.1.9 装配式木结构钢连接板、螺栓、销钉等连接用材料的验收应符合现行国家标准《木结构工程施工质量验收规范》GB 50206 的规定。

11.1.10 装配式木结构验收时，除应按现行国家标准《木结构工程施工质量验收规范》GB 50206的要求提供文件和记录外，尚应提供以下文件和记录：

（1）工程设计文件、预制组件制作和安装的深化设计文件。

（2）预制组件、主要材料、配件及其他相关材料的质量证明文件、进场验收记录、抽样复验报告。

（3）预制组件的安装记录。

（4）装配式木结构分项工程质量验收文件。

（5）装配式木结构工程的质量问题的处理方案和验收记录。

（6）装配式木结构工程的其他文件和记录。

11.1.11 装配式木结构建筑内装系统施工质量要求和验收标准应符合现行国家标准《建筑装饰装修工程质量验收规范》GB 50210 的规定。

11.1.12 建筑给水排水及采暖工程的施工质量要求和验收标准应符合现行国家标准《建筑给水排水及采暖工程施工质量验收规范》GB 50242 的规定。

条文链接 **★11.1.12**

根据《建筑给水排水及采暖工程施工质量验收规范》GB 50242 的有关规定：

建筑给水、排水及采暖工程的检验和检测应包括下列主要内容：

（1）承压管道系统和设备及阀门水压试验。

（2）排水管道灌水、通球及通水试验。

（3）雨水管道灌水及通水试验。

（4）给水管道通水试验及冲洗、消毒检测。

（5）卫生器具通水试验，具有溢流功能的器具满水试验。

（6）地漏及地面清扫口排水试验。

（7）消火栓系统测试。

（8）采暖系统冲洗及测试。

（9）安全阀及报警联动系统动作测试。

（10）锅炉 48h 负荷试运行。

11.1.13 通风与空调工程的施工质量要求和验收标准应符合现行国家标准《通风与空调工程施工质量验收规范》GB 50243 的规定。

条文链接 **★11.1.13**

参考第一部分 11.5.4 条的条文链接。

11.1.14 建筑电气工程的施工质量要求和验收标准应符合现行国家标准《建筑电气工程施工质量验收规范》GB 50303 的规定。

11.1.15 智能化系统施工质量验收应符合现行国家标准《智能建筑工程质量验收规范》GB 50339的规定。

11.2 主控项目

11.2.1 预制组件使用的结构用木材应符合设计文件的规定，并应有产品质量合格证书。

检验数量：检验批全数。

检验方法：实物与设计文件对照，检查质量合格证书、标识。

条文链接 ★11.2.1

参考第三部分11.1.8条的条文链接。

11.2.2 装配式木结构的结构形式、结构布置和构件截面尺寸应符合设计文件的规定。
检查数量：检验批全数。
检验方法：实物与设计文件对照、尺量。

条文链接 ★11.2.2

参考第三部分9.2.5条的条文链接。

11.2.3 安装组件所需的预埋件的位置、数量及连接方式应符合设计要求。
检查数量：全数检查。
检验方法：目测、尺量。

11.2.4 预制组件的连接件类别、规格和数量应符合设计文件的规定。
检验数量：检验批全数。
检验方法：目测、尺量。

11.2.5 现场装配连接点的位置和连接件的类别、规格及数量应符合设计文件的规定。
检查数量：检验批全数。
检查方法：实物与设计文件对照、尺量。

条文解读

▲11.2.4～11.2.5

针对装配式木结构的特点，本标准将节点连接分为工厂预制和现场装配两类，复杂和关键节点进行工厂预制更能保证质量。连接的施工质量直接影响结构安全，相关条文应严格执行，杜绝发生不符合设计文件规定的情况。

11.2.6 胶合木构件平均含水率不应大于15%，同一构件各层板间含水率差别不应大于5%，层板胶合木含水率检验数量应为每一检验批每一规格胶合木构件随机抽取5根；轻型木结构中规格材含水率不应大于20%。检验方法应符合现行国家标准《木结构工程施工质量验收规范》GB 50206的规定。

11.2.7 胶合木受弯构件应做荷载效应标准组合作用下的抗弯性能见证检验，检查数量和检验方法应符合现行国家标准《木结构工程施工质量验收规范》GB 50206的规定。

11.2.8 胶合木弧形构件的曲率半径及其偏差应符合设计文件的规定，层板厚度不应大于曲率半径的0.8%。
检验数量：检验批全数。
检验方法：钢尺尺量。

11.2.9 装配式轻型木结构和装配式正交胶合木结构的承重墙、剪力墙、柱、楼盖、屋盖布置、抗倾覆措施及屋盖抗掀起措施等，应符合设计文件的规定。
检验数量：检验批全数。
检验方法：实物与设计文件对照。

条文解读

▲11.2.9

装配式方木、原木结构，胶合木结构主要为梁柱或框架体系，其中木柱与基础的连接本身就能

条文解读

起到抗倾覆作用。装配式轻型木结构和正交胶合木结构为板壁式结构体系，除抵抗风与地震水平作用力外，应特别注意其抗倾覆与抗掀起措施的设置。

11.3 一般项目

11.3.1 装配式木结构的尺寸偏差应符合设计文件的规定。

检验数量：检验批全数。

检验方法：目测、尺量。

11.3.2 螺栓连接预留孔尺寸应符合设计文件的规定。

检验数量：检验批全数。

检验方法：日测、尺量。

11.3.3 预制木结构建筑混凝土基础平整度应符合设计文件的规定。

检验数量：检验批全数。

检验方法：目测、尺量。

11.3.4 预制墙体、楼盖、屋盖组件内填充材料应符合设计文件的规定。

检验数量：检验批全数。

检验方法：目测，实物与设计文件对照，检查质量合格证书。

11.3.5 预制木结构建筑外墙的防水防潮层应符合设计文件的规定。

检验数量：检验批全数。

检验方法：目测，检查施工记录。

11.3.6 装配式木结构中胶合木构件的构造及外观检验按现行国家标准《木结构工程施工质量验收规范》GB 50206 的规定进行。

11.3.7 装配式木结构中木骨架组合墙体的下列各项应符合设计文件的规定，且应符合现行国家标准《木结构设计规范》GB 50005 的规定：

（1）墙骨间距。

（2）墙体端部、洞口两侧及墙体转角和交界处，墙骨的布置和数量。

（3）墙骨开槽或开孔的尺寸和位置。

（4）地梁板的防腐、防潮及与基础的锚固措施。

（5）墙体顶梁板规格材的层数、接头处理及在墙体转角和交接处的两层顶梁板的布置。

（6）墙体覆面板的等级、厚度。

（7）墙体覆面板与墙骨钉连接用钉的间距。

（8）墙体与楼盖或基础间连接件的规格尺寸和布置。

检查数量：检验批全数。

检验方法：对照实物目测检查。

11.3.8 装配式木结构中楼盖体系的下列各项应符合设计文件的规定，且应符合现行国家标准《木结构设计规范》GB 50005 的规定：

（1）楼盖拼合连接节点的形式和位置。

（2）楼盖洞口的布置和数量；洞口周围构件的连接、连接件的规格尺寸及布置。

检查数量：检验批全数。

检验方法：目测、尺量。

11.3.9 装配式木结构中屋面体系的下列各项应符合设计文件的规定，且应符合现行国家标准《木结构设计规范》GB 50005 的规定：

（1）椽条、天棚搁栅或齿板屋架的定位、间距和支撑长度。

（2）屋盖洞口周围椽条与顶棚搁栅的布置和数量；洞口周围椽条与顶棚搁栅间的连接、连接件的规格尺寸及布置。

（3）屋面板铺钉方式及与搁栅连接用钉的间距。

检查数量：检验批全数。

检验方法：目测、尺量。

11.3.10 预制梁柱组件的制作与安装偏差宜分别按梁、柱构件检查验收，且应符合现行国家标准《木结构工程施工质量验收规范》GB 50206 的规定。

条文链接 **★11.3.10**

根据《木结构工程施工质量验收规范》GB 50206 的有关规定：

（1）方木、原木结构和胶合木结构桁架、梁和柱的制作误差，应符合表 3-10 的规定。

（2）方木、原木结构和胶合木结构桁架、梁和柱的安装误差，应符合表 3-12 的规定。

表 3-12 方木、原木结构和胶合木结构桁架、梁和柱的安装允许偏差

项　次	项　目	允许偏差/mm	检验方法
1	结构中心线的间距	±20	钢尺量
2	垂直度	$H/200$ 且不大于 15	吊线钢尺量
3	受压或压弯构件纵向弯曲	$L/300$	吊（拉）线钢尺量
4	支座轴线对支承面中心位移	10	钢尺量
5	支座标高	±5	用水准仪

注：H 为桁架或柱的高度；L 为构件长度。

（3）方木、原木结构和胶合木结构屋面木构架的安装误差，应符合表 3-13 的规定。

表 3-13 方木、原木结构和胶合木结构屋面木构架的安装允许偏差

项　次	项　目		允许偏差/mm	检验方法
1	檩条、椽条	方木、胶合木截面	−2	钢尺量
		原木梢径	−5	钢尺量，椭圆时取大小径的平均值
		间距	−10	钢尺量
		方木、胶合木上表面平直	4	沿坡拉线钢尺量
		原木上表面平直	7	
2	油毡搭接宽度		−10	钢尺量
3	挂瓦条间距		±5	
4	封山、封檐板平直	下边缘	5	拉 10m 线，不足 10m 拉通线，钢尺量
		表面	8	

11.3.11 预制轻型木结构墙体、楼盖、屋盖的制作与安装偏差应符合现行国家标准《木结构工程施工质量验收规范》GB 50206 的规定。

条文链接 **★11.3.11**

参考第三部分 9.2.5、11.3.10 条的条文链接。

11.3.12 外墙接缝处的防水性能应符合设计要求。

检查数量：按批检验。每 $1000m^2$ 或不足 $1000m^2$ 外墙面积划分为一个检验批，每个检验批每

$100m^2$应至少抽查一处，每处不得少于$10m^2$。

检验方法：检查现场淋水试验报告。

12 使用和维护

12.1 规定

12.1.1 装配式木结构建筑设计时应采取方便使用期间检测和维护的措施。

条文解读

▲12.1.1

为了方便使用期间对建筑物进行检测和维护，在装配式木结构建筑设计时，就应结合检测和维护的相关要求采取适当的措施。比如，设置检修孔、检修平台或检修通道，以及预留检测设备或设施等。

12.1.2 装配式木结构建筑工程移交时应提供房屋使用说明书，房屋使用说明书中应包括下列内容：

（1）设计单位、施工单位、组件部品生产单位。

（2）结构类型。

（3）装饰、装修注意事项。

（4）给水、排水、电、燃气、热力、通信、消防等设施配置的说明。

（5）有关设备、设施安装预留位置的说明和安装注意事项。

（6）承重墙、保温墙、防水层、阳台等部位注意事项的说明。

（7）门窗类型和使用注意事项。

（8）配电负荷。

（9）其他需要说明的问题。

12.1.3 在使用初期，应制定明确的装配式木结构建筑检查和维护制度。

12.1.4 在使用过程中，应详细准确记录检查和维修的情况，并应建立检查和维修的技术档案。

12.1.5 当发现装配式木构件有腐蚀或虫害的迹象时，应按腐蚀的程度、虫害的性质和损坏程度制定处理方案，并应及时进行补强加固或更换。

12.1.6 装配式木结构建筑的日常使用应符合下列规定：

（1）木结构墙体应避免受到猛烈撞击和与锐器接触。

（2）纸面石膏板墙面应避免长时间接近超过50℃的高温。

（3）木构件、钢构件和石膏板应避免遭受水的浸泡。

（4）室内外的消防设备不得随意更改或取消。

12.1.7 使用过程中不应随意变更建筑物用途、变更结构布局、拆除受力构件。

12.1.8 装配式木结构建筑应每半年对防雷装置进行检查，检查应包括下列项目：

（1）防雷装置的引线、连接件和固定装置的松动变形情况。

（2）金属导体腐蚀情况。

（3）防雷装置的接地情况。

12.2 检查要求

12.2.1 装配式木结构建筑工程竣工使用1年时，应进行全面检查，此后宜按当地气候特点、建筑使用功能等，每隔3～5年进行检查。

12.2.2 装配式木结构建筑应进行下列检查：

（1）使用环境检查：检查装配式木结构建筑的室外标高变化、排水沟、管道、虫蚁洞穴等情况。

（2）外观检查：检查装配式木结构建筑装饰面层老化破损、外墙渗漏、天沟、檐沟、雨水管道、防水防虫设施等情况。

（3）系统检查：检查装配式木结构组件、组件内和组件间连接、屋面防水系统、给水排水系统、电气系统、暖通系统、空调系统的安全和使用状况。

12.2.3 装配式木结构建筑的检查应包括下列项目：

（1）预制木结构组件内和组件间连接松动、破损或缺失情况。

（2）木结构屋面防水、损坏和受潮等情况。

（3）木结构墙面和顶棚的变形、开裂、损坏和受潮等情况。

（4）木结构组件之间的密封胶或密封条损坏情况。

（5）木结构墙体面板固定螺钉松动和脱落情况。

（6）室内卫生间、厨房的防水和受潮等情况。

（7）消防设备的有效性和可操控性情况。

（8）虫害、腐蚀等生物危害情况。

12.2.4 装配式木结构建筑的检查可采用目测观察或手动检查。当发现隐患时宜选用其他无损或微损检测方法进行深入检测。

12.2.5 当有需要时，装配式木结构建筑可进行门窗组件气密性、墙体和楼面隔声性能、楼面振动性能、建筑围护结构传热系数、建筑物动力特性等专项测试。

12.2.6 对大跨和高层装配式木结构建筑，宜进行长期监测，长期监测内容可包括：

（1）环境相对湿度、环境温度和木材含水率监测。

（2）结构和关键构件水平位移、竖向位移和长期蠕变监测。

（3）结构和关键构件应变和应力监测。

（4）能耗监测。

条文解读

▲12.2.6

大跨装配式木结构建筑是指跨度大于30m的木结构建筑，高层装配式木结构建筑是指层数大于6层的木结构建筑。由于我国对于大跨和高层木结构建筑的研究少，因此，建议有条件时，对大跨和高层木结构建筑进行长期监测，为后续研究积累实际经验。

12.2.7 当连续监测结果与设计差异较大时，应评估装配式木结构的安全性，并应采取保证其正常使用的措施。

12.3 维护要求

12.3.1 对于检查项目中不符合要求的内容，应组织实施一般维修。一般维修包括：

（1）修复异常连接件。

（2）修复受损木结构屋盖板，并清理屋面排水系统。

（3）修复受损墙面、顶棚。

（4）修复外墙围护结构渗水。

（5）更换或修复已损坏或已老化零部件。

（6）处理和修复室内卫生间、厨房的渗漏水和受潮。

（7）更换异常消防设备。

12.3.2 对一般维修无法修复的项目，应组织专业施工单位进行维修、加固和修复。